色　大きさ　開花順で引ける

季節の
野草・山草
図鑑

監修／高村忠彦

日本文芸社

はじめに

　野や山に自然に生えている野草や山草（山野草）を観察したり、園芸店で購入して自分で育てて楽しんでいる方はたくさんいます。しかし、花を見てもすぐに名前が分からない、あるいは似たような植物との見分け方が分からないという場合が多々あります。

　本書では、身近な野草・山草約600種を開花期順にまとめ、さらに見つけやすいよう花の色、花の大きさ、草丈から探せるさくいんを載せています。また、原則として自然に生育している状態の写真を中心に、花の拡大、葉や実など植物の特徴が分かるような写真を掲載しました。

　野草・山草観察のひとつの手掛かりとして、少しでも役立てていただければ、編者として望外の幸いであります。

Contents

はじめに・もくじ	2
本書の使い方	3
花色もくじ	4
花の大きさもくじ	34
草丈(茎長)もくじ	36
葉の構造・花の構造	38
春から咲く野草・山草	*41*
夏から咲く野草・山草	*155*
秋・冬から咲く野草・山草	*325*
植物名50音順さくいん	*360*

■ 本書の使い方

- 漢字名
- 標準名
- 別名
- メイン写真

カキツバタ・カキドオシ

カキツバタ
杜若　　　　　　別名：山茗荷

- 識別ポイント
- 名前の由来
- 花ことば
- 特徴

識別ポイント　水湿地〜浅水中に群生する
名前の由来　花の汁で布を染めていたことから
花ことば　やさしい人
特徴　アヤメの仲間で、もっとも湿地を好む。「いずれがアヤメかカキツバタ」と言われるように、アヤメやヒオウギアヤメと、外花被片に網目がないことで簡単に識別できるが、ハナショウブとの識別が難しいとされている。ノハナショウブは、普通外花被片の紋が黄色だが、本種は白色となる。

DATA
- 園芸分類
- 科／属名
- 原産地
- 花色
- 草丈
- 花径
- 花期
- 生育環境

園芸分類　多年草
科／属名　アヤメ科アヤメ属
原産地　日本、シベリア、中国東北部
花色　■
草丈　40〜90cm
花径　6〜8cm
花期　5〜6月
生育環境　池中、湿原

MEMO (観察のポイント)
北海道〜四国、九州に分布し、池中や水辺の湿地に生息。横に這い分岐群生する根径は、水中でなければ生育できない。茎は、円柱形で直立。葉の先はとがる。

from Spring

59

アヤメの仲間でもっとも湿地を好む

カキドオシ
垣通し　　　　　別名：カントリソウ（疳取草）

識別ポイント　春に咲く花は、紫色系の唇形花
名前の由来　茎がつる状で、垣根を通り抜けることから
花ことば　陰謀
特徴　生薬としても使われる薬草。連銭草と呼ばれたり、子供の疳を取り除くことから、疳取草の名もある。カキドオシは、利尿、消炎薬として、黄疸、胆道結石、腎臓結石、膀胱結石などに用いられる。また、血糖降下作用が強く、糖尿病治療にも応用できることが期待されている。

DATA
園芸分類　多年草
科／属名　シソ科カキドオシ属
原産地　日本
花色　■
草丈　5〜25cm
花径　1.5〜2.5cm
花期　4〜5月
生育環境　野原

- 観察のポイント

MEMO (観察のポイント)
北海道〜四国、九州に分布し、野原や道端に生育している。茎は地面を這い、花期には立ち上がるが、花が終わるとまたつる状に地面を這う性質をもつ。葉は、腎臓形で長い柄があり対生。ふちには、ギザギザがある。花は、葉のわきにつき、唇形。

唇形の花を1〜3個つける

- 拡大写真

3

写真でわかる 花色もくじ

掲載植物を花色別に50音順で並べました。

赤・桃色系

アオカモジグサ……42

アカザ……326

アカソ……156

アカツメクサ……42

アキノウナギツカミ……157

アツモリソウ……43

イカリソウ……45

イヌタデ……166

イヌノフグリ……47

イノコズチ……166

イモカタバミ……167

イワウチワ……47

イワカガミ……48

イワカラクサ……48

ウツボグサ……172	エゾスカシユリ……51	エビネ……52	オオケタデ……180	赤・桃色系
オドリコソウ……56	カキドオシ……59	カタクリ……60	カノコソウ……61	
カモジグサ……61	カラスノエンドウ……62	カラスムギ……201	カワラナデシコ……205	
キツネアザミ……66	キツネノカミソリ……210	キツネノマゴ……210	クサフジ……71	
クズ……215	クリンソウ……72	ゲンゲ……74	コスミレ……75	

5

赤・桃色系

コニシキソウ……221	コバノタツナミ……76	コバンソウ……77	コヒルガオ……222
コブナグサ……336	サイハイラン……79	サクラソウ……80	サクラタデ……225
シオン……337	シナノナデシコ……230	シモツケソウ……230	シャガ……83
シャジクソウ……231	シュウカイドウ……337	シュウメイギク……339	ショウジョウバカマ……84
シラン……87	スイバ……89	スズメノエンドウ……90	セッコク……92

6

セリバオウレン……93	センノウ……238	タイアザミ……343	タイワンホトトギス……343
タチツボスミレ……95	タチフウロ……242	タツナミソウ……95	チガヤ……97
チダケサシ……246	チチコグサ……98	チチコグサモドキ……99	トウバナ……101
トキソウ……102	トキワハゼ……102	ナズナ……103	ナツエビネ……255
ナツズイセン……256	ナンザンスミレ……104	ナンテンハギ……257	ナンバンギセル……258

赤・桃色系

7

赤・桃色系

ヤマルリソウ……………147
ヨツバヒヨドリ……………321
ヨメナ……………………320
ラセイタソウ……………321
リンネソウ………………322
レンゲショウマ…………322
ワレモコウ………………324

黄・橙色系

アカソ……………………156
アキノキリンソウ…………157
アキノノゲシ……………158
アサザ……………………160
アメリカセンダングサ……327
アワコガネギク…………328
イ…………………………161
イソギク…………………328
イヌガラシ…………………46
イヌキクイモ……………164

黄・橙色系

イヌナズナ ……46	イワベンケイ ……171	ウマゴヤシ ……49	ウマノアシガタ ……49
エンレイソウ ……52	オオアレチノギク ……177	オオアワダチソウ ……178	オオキンケイギク ……180
オオジシバリ ……54	オオダイコンソウ ……181	オオバキスミレ ……181	オオバコ ……55
オオハンゴンソウ ……185	オオブタクサ ……184	オオマツヨイグサ ……186	オカオグルマ ……55
オグルマ ……188	オタカラコウ ……189	オトギリソウ ……189	オトコヨモギ ……331

11

黄・橙色系

オナモミ …………………191	オニタビラコ ………………57	オニノゲシ …………………57	オニユリ ……………………192
オヘビイチゴ ………………58	オミナエシ …………………193	オランダガラシ ……………194	カズノコグサ ………………197
カセンソウ …………………198	カタバミ ……………………60	カナムグラ …………………199	カノコユリ …………………198
カワラケツメイ ……………204	カワラマツバ ………………206	ガンクビソウ ………………207	カントウタンポポ ……………63
キイジョウロウホトトギス333	キエビネ ……………………64	キオン ………………………207	キクイモ ……………………334

キケマン ……65	キジムシロ ……65	キショウブ ……66	キツネノボタン ……67
キツリフネ ……211	キバナアキギリ ……334	キリンソウ ……212	キンミズヒキ ……213
キンラン ……68	クサノオウ ……70	クサレダマ ……215	ケキツネノボタン ……73
コウゾリナ ……75	コウホネ ……218	コウリンタンポポ ……219	コオニユリ ……219
コガマ ……220	コバイケイソウ ……76	コマツナギ ……222	コメツブウマゴヤシ ……77

黄・橙色系

黄・橙色系

コメツブツメクサ……78	コモチマンネングサ……78	サワオグルマ……81	サワギク……227
シオギク……336	シオデ……82	ジシバリ……83	ジュズダマ……232
ショウブ……86	シロバナタンポポ……88	シロバナノヘビイチゴ……88	スイセン……341
スカシユリ……235	スズメノヤリ……91	スベリヒユ……236	セイタカアワダチソウ……342
セイヨウタンポポ……359	セキショウ……92	センダイハギ……93	ダイコンソウ……240

14

タイトゴメ………241	タカトウダイ………242	タヌキモ………244	タマガワホトトギス………245
ダンドボロギク………245	ツチアケビ………248	ツルナ………100	ツワブキ………345
テンニンソウ………346	トウダイグサ………101	ドクダミ………253	トコロ………252
ヤクシソウ………302	ナツトウダイ………103	ニガナ………106	ニッコウキスゲ………259
ネコノシタ………260	ノウルシ………109	ノカンゾウ………261	ノゲシ………109

黄・橙色系

メドハギ……355	メナモミ……355	メマツヨイグサ……300	ヤエムグラ……142
ヤクシマススキ……303	ヤブカンゾウ……305	ヤブタバコ……306	ヤブタビラコ……144
ヤブヘビイチゴ……145	ヤマオダマキ……309	ヤマシロギク……311	ヤマハハコ……312
ヤマブキソウ……147	ユウスゲ……318		
ヨウシュヤマゴボウ……318	ヨシ……319	リュウキンカ……152	

黄・橙色系

17

紫・青色系

アキチョウジ……326
アキノタムラソウ……158
アサマフウロ……159
アヤメ……44
イヌゴマ……164
イブキジャコウソウ……167
イワギボウシ……169
イワシャジン……329
イワダレソウ……169
ウマノスズクサ……174
ウリクサ……175
エゾクガイソウ……175
エゾリンドウ……329
オオイヌノフグリ……53
オオニワゼキショウ……54
オキナグサ……56
ガガイモ……195
カキツバタ……59

カゼクサ……196	カメバヒキオコシ……200	カリガネソウ……203	カワミドリ……204	
キキョウ……208	キキョウソウ……209	キランソウ……68	クガイソウ……214	
クマガイソウ……71	クマツヅラ……216	クロバナヒキオコシ……217	ゲンジスミレ……74	
コバギボウシ……221	サワギキョウ……226	サワヒヨドリ……227	シキンカラマツ……228	
シデシャジン……228	ジャノヒゲ……231	ジュンサイ……233	スミレ……91	

紫・青色系

19

紫・青色系

センボンヤリ …………94	ソバナ …………240	タヌキマメ …………244	ダンギク …………344
チカラシバ …………246	チョウジソウ …………99	ツユクサ …………249	ツリガネニンジン …………345
ツリフネソウ …………249	ツルボ …………250	ツルリンドウ …………251	トリカブト …………346
ナギナタコウジュ …………347	ナツノタムラソウ …………256	ナミキソウ …………257	ニオイスミレ …………105
ノハナショウブ …………264	ハシリドコロ …………113	ハルリンドウ …………121	

紫・青色系

ヒオウギアヤメ……………276
ヒキオコシ…………………349
ヒメシャガ…………………124
ヒメヤブラン………………280
フジアザミ…………………282
フジカンゾウ………………282
フデリンドウ………………128
ホテイアオイ………………290
ホトトギス…………………353
マツムシソウ………………291
ママコナ……………………292
ミズアオイ…………………353
ミゾコウジュ………………134
ミソハギ……………………295
ムシャリンドウ……………297
ムラサキカタバミ…………298

ムラサキケマン………140	ムラサキサギゴケ………141	ムラサキハナナ………141	ムラサキミミカキグサ……298
メハジキ………299	モリアザミ………356	ヤブマメ………306	ヤブラン………307
ヤマエンゴサク………145	ヤマトラノオ………312	ヤマトリカブト………313	ヤマホロシ………316
リンドウ………358	ヤマラッキョウ………356	ラショウモンカズラ………151
		レンリソウ………151	ワスレナグサ………154

白色系

アケボノソウ …………327　アズマイチゲ …………43

アマドコロ …………44　イケマ …………162　イタドリ …………163　イチリンソウ …………45

イヌショウマ …………165　イワイチョウ …………168　イワウメ …………168　イワタバコ …………170

ウスユキソウ …………171　ウド …………173

ウメバチソウ …………174　エイザンスミレ …………50　ウバユリ …………172

白色系

オウレン ……………53	オオイタドリ ……………178	オオイヌタデ ……………179	オオウバユリ ……………179
オオバギボウシ ……………182	オオバジャノヒゲ …………183	オオバノヨツバムグラ ……183	オカトラノオ ……………186
オカヒジキ ……………187	オギ ……………330	オケラ ……………330	オサバグサ ……………188
オトコエシ ……………190	オニシモツケ ……………191	オモダカ ……………195	オヤマボクチ ……………331
オランダミミナグサ ………58	ガガブタ ……………196	カラスウリ ……………202	カラマツソウ ……………203

カワラハハコ……………205	キカラスウリ……………208	キクザキイチゲ……………64	キヌタソウ……………211
キュウリグサ……………67	ギンラン……………69	ギンリョウソウ……………69	クサタチバナ……………214
ゲンノショウコ……………217	コウヤボウキ……………335	ゴゼンタチバナ……………220	ゴマナ……………223
コミヤマカタバミ……………223	コメガヤ……………224	サギゴケ……………79	サギソウ……………224
ササバギンラン……………80	サジオモダカ……………225	サラシナショウマ……………226	サンカヨウ……………82

白色系

25

白色系

シシウド……229　シモバシラ……338　ジュウニヒトエ……84
シュンラン……85　シライトソウ……86
シラヤマギク……233　シロツメクサ……87　ジンジソウ……234　スズメウリ……234
スズラン……236　セツブンソウ……342　セリ……237　セントウソウ……94
センニンソウ……238　センブリ……239　ソナレムグラ……239　ダイモンジソウ……241

タケニグサ……………243	タネツケバナ……………97	チョウセンアサガオ………247	白色系
チゴユリ………………98	チドメグサ……………247		
ツマトリソウ…………248	ツメクサ………………100	ツメレンゲ……………344	ツルニンジン…………250
ドイツスズラン………251	トウオオバコ…………252	ドクゼリ………………253	トリアシショウマ………254
ナカガワノギク………347	ナガバノコウヤボウキ…255	ナルコユリ……………104	ノコギリソウ…………262

27

白色系

ノジギク………348	ノシラン………263	ノダケ………348	ノブキ………265
ノミノツヅリ………111	ノミノフスマ………111	ノラニンジン………266	バイカイカリソウ………112
バイカオウレン………266	バイケイソウ………267	バイモ………112	ハエドクソウ………268
ハコベ………113	ハタザオ………114	ハッカ………270	ハナウド………114
ハマギク………349	ハマハタザオ………117	ハマボウフウ………273	ハマボッス………119

ハマユウ……272	ハルトラノオ……120	ハルユキノシタ……121	ヒカゲイノコズチ……276
ヒゴスミレ……122	ヒシ……277	ヒツジグサ……278	ヒトリシズカ……122
ヒメジョオン……279	ヒヨドリジョウゴ……280	フッキソウ……127	ヘクソカズラ……285
ヘラオオバコ……129	ヘラオモダカ……287	ホウチャクソウ……129	ホオズキ……287
ホタルブクロ……288	ボタンヅル……289		ボタンボウフウ……289

白色系

29

白色系

マイヅルソウ……………130
マツカゼソウ……………290
マメグンバイナズナ……131
ミクリ……………………293
ミズタマソウ……………293
ミズバショウ……………133
ミスミソウ………………354
ミツガシワ………………134
ミツバ……………………295
ミミナグサ………………136
ミヤマカタバミ…………137
ミヤマヨメナ……………138
ムラサキ…………………140
メヤブマオ………………301
モミジガサ………………302
ヤグルマソウ……………303
ヤブジラミ………………143
ヤブニンジン……………144
ヤブミョウガ……………309

ヤマゴボウ……310	ヤマジノホトトギス……310	ヤマシャクヤク……146	ヤマノイモ……314
ヤマブキショウマ……315	ヤマホトトギス……316	ヤマユリ……317	ユウガギク……317
ユキザサ……148	ユキノシタ……149	ユキモチソウ……148	ユリワサビ……150
ヨツバムグラ……150	リュウノウギク……357		
ワサビ……153	ワタスゲ……323	ワルナスビ……324	

白色系

その他の色

アサギリソウ ……………159
アシタバ ……………161
イシミカワ ……………162 
ウラシマソウ ……………50 
エノコログサ ……………176
オオアワガエリ ……………177
オオハンゲ ……………184 
オヒシバ ……………192 
ガマ ……………200
カヤツリグサ ……………201
カラスビシャク ……………63 
カワラヨモギ ……………332 
カンアオイ ……………332
ギシギシ ……………209
キンエノコロ ……………213 
クワクサ ……………335    
グンバイナズナ ……………73
コアカザ ……………218

ザゼンソウ …… 81	 シロザ …… 340	 ススキ …… 341	 スズメノテッポウ …… 90	
 タヌキラン …… 96	 ノチドメ …… 264	 ヒメコバンソウ …… 123	 ヒメガマ …… 279	
 フキ …… 126	 ブタクサ …… 284	 フトイ …… 285	 マムシグサ …… 132	
 ミミガタテンナンショウ …… 135	 ムサシアブミ …… 138	 メヒシバ …… 300	 モウセンゴケ …… 301	
ヤブガラシ …… 305	 ヤブレガサ …… 308	 ヤマネコノメソウ …… 146	 ヨモギ …… 357	

その他の色

33

～花の大きさもくじ～

＊花の大きさは、その植物の生育環境によって変わってきます。本書では、目安として①1㎝前後の花、②5㎝前後の花、③10㎝前後の花、④15㎝以上の花に大別し、それぞれ50音順に並べました。

①1㎝前後の花

植物名	掲載ページ
アオカモジグサ	42
アカザ	326
アカソ	156
アカツメクサ	42
アカネ	156
アキチョウジ	326
アキノウナギツカミ	157
アキノキリンソウ	157
アキノタムラソウ	158
アキノノゲシ	158
アケボノソウ	327
アサギリソウ	159
アシタバ	161
アマドコロ	44
アメリカセンダングサ	327
アワコガネギク	328
イ	161
イケマ	162
イシミカワ	162
イソギク	328
イチリンソウ	45
イヌガラシ	46
イヌゴマ	164
イヌショウマ	165
イヌタデ	166
イヌナズナ	46
イヌノフグリ	47
イノコズチ	166
イブキジャコウソウ	167
イモカタバミ	167
イワイチョウ	168
イワウメ	168
イワカガミ	47
イワカラクサ	48
イワギボウシ	169
イワシャジン	329
イワタバコ	170
イワダレソウ	169
イワベンケイ	171
ウツボグサ	172
ウド	173
ウマゴヤシ	49
ウマノアシガタ	49
ウマノスズクサ	174
ウメバチソウ	174
ウリクサ	175
エイザンスミレ	50
エノコログサ	176
エビネ	52
エンレイソウ	52
オウレン	53
オオアレチノギク	177
オオアワガエリ	177
オオアワダチソウ	178
オオイヌタデ	179
オオイヌノフグリ	53
オオケタデ	180
オオジシバリ	54
オオダイコンソウ	181
オオバコ	55
オオバジャノヒゲ	183
オオバノヨツバムグラ	183
オオハンゲ	184
オオブタクサ	184
オオカトラノオ	186
オカヒジキ	187
オギ	330
オキナグサ	56
オケラ	330
オサバグサ	188
オトギリソウ	189
オトコエシ	190
オトコヨモギ	331
オドリコソウ	56
オニシモツケ	191
オニタビラコ	57
オニノゲシ	57
オヒシバ	192
オヘビイチゴ	58
オミナエシ	193
オモダカ	195
オランダガラシ	194
オランダミミナグサ	58
ガガイモ	195
カキドオシ	59
カズノコグサ	197
カタバミ	60
カナムグラ	199
カノコソウ	61
カメバヒキオコシ	200
カモジグサ	61
カヤツリグサ	201
カラスノエンドウ	62
カラスムギ	201
カラマツソウ	203
カリガネソウ	203
カワミドリ	204
カワラケツメイ	204
カワラハハコ	205
カワラマツバ	206
カワラヨモギ	332
カンアオイ	332
ガンクビソウ	207
キイジョウロウホトトギス	333
キオン	207
キキョウソウ	209
キケマン	65
ギシギシ	209
キジムシロ	65
キツネアザミ	66
キツネノマゴ	210
キツネノボタン	67
キヌタソウ	211
キバナアキギリ	334
キュウリグサ	67
キランソウ	68
キリンソウ	212
キンエノコロ	213
キンミズヒキ	213
キンラン	69
ギンラン	69
ギンリョウソウ	69
クガイソウ	214
クサタチバナ	214
クサノオウ	70
クサフジ	71
クサレダマ	215
クズ	215
クマツヅラ	216
クリンソウ	72
クロバナヒキオコシ	217
クワクサ	335
グンバイナズナ	73
ケキツネノボタン	73
ゲンゲ（レンゲ）	74
ゲンジスミレ	74
ゲンノショウコ	217
コアカザ	218
コウゾリナ	75
コウヤボウキ	335
コウリンタンポポ	219
コスミレ	75
ゴゼンタチバナ	220
コニシキソウ	221
コバイケイソウ	76
コバノタツナミ	76
コバンソウ	77
コブナグサ	336
コマツナギ	222
ゴマナ	223
コミヤマカタバミ	223
コメガヤ	224
コメツブウマゴヤシ	77
コメツブツメクサ	78
コモチマンネングサ	78
サギゴケ	79
サクラソウ	80
サクラタデ	225
ササバギンラン	80
サジオモダカ	225
ザゼンソウ	81
サワギキョウ	226
サワギク	227
サワヒヨドリ	227
サンカヨウ	82
シオギク	336
シオデ	82
シオン	337
ジシバリ	83
シデシャジン	228
シナノナデシコ	230
シモツケソウ	230
シモバシラ	338
シャジクソウ	231
ジャノヒゲ	231
シュウカイドウ	337
ジュウニヒトエ	84
ジュズダマ	232
ジュンサイ	233
ショウブ	86
シラヤマギク	233
シロザ	340
シロツメクサ	87
シロバナノヘビイチゴ	88
ジンジソウ	234
スイバ	89
スズメウリ	234
スズメノエンドウ	90
スズメノテッポウ	90
スズメノヤリ	91
スズラン	236
スベリヒユ	236
スミレ	91
セイタカアワダチソウ	342
セッコク	92
セツブンソウ	342
セリ	237
セリバオウレン	93
センダイハギ	93
セントウソウ	94
センニンソウ	238
センブリ	239
センボンヤリ	94
ソナレムグラ	239
ソバナ	240
タイアザミ	343
ダイコンソウ	240
タイトゴメ	241
ダイモンジソウ	241
タイワンホトトギス	343
タカトウダイ	242
タケニグサ	243
タチツボスミレ	95
タチフウロ	242
タツナミソウ	95
タヌキマメ	244
タヌキモ	244
タヌキラン	96
タネツケバナ	97
タマガワホトトギス	245
ダンギク	344
ダンドボロギク	245
チカラシバ	246
チゴユリ	98
チダケサシ	246
チチコグサ	98
チチコグサモドキ	99
チドメグサ	247
チョウジソウ	99
ツチアケビ	248
ツマトリソウ	248
ツメクサ	100
ツメレンゲ	344
ツユクサ	249
ツリガネニンジン	345
ツリフネソウ	249
ツルナ	100
ツルボ	250
ツルリンドウ	251
テンニンソウ	346
ドイツスズラン	251
トウオオバコ	252
トウダイグサ	101
トウバナ	101
トキソウ	102
トキワハゼ	102
ドクゼリ	253
ドクダミ	253
トコロ	252
トチバニンジン	254
トリアシショウマ	254
トリカブト	346
ナガバノコウヤボウキ	255
ナギナタコウジュ	347
ナズナ	103
ナツエビネ	255
ナツトウダイ	103
ナツノタムラソウ	256
ナミキソウ	257
ナルコユリ	104
ナンザンスミレ	104
ナンテンハギ	257
ニオイスミレ	105
ニオイタチツボスミレ	105
ニガナ	106
ニリンソウ	45
ニワゼキショウ	107
ヌスビトハギ	260
ネコノシタ	260
ネジバナ	107
ノウルシ	109
ノゲシ	109
ノコギリソウ	262

34

ノコンギク	262	ミセバヤ	354	エゾクガイソウ	175	レンゲショウマ	322
ノササゲ	263	ミゾソバ	294	エゾリンドウ	329		
ノシラン	263	ミソハギ	295	オオイタドリ	178	③10cm前後の花	
ノダケ	348	ミツガシワ	134	オオキンケイギク	180		
ノチドメ	264	ミツバ	295	オオバギボウシ	182	イヌキクイモ	164
ノハラアザミ	265	ミツバツチグリ	135	オオハンゴウソウ	185	エゾスカシユリ	51
ノビネチドリ	110	ミヤコグサ	137	オオマツヨイグサ	186	オニユリ	192
ノビル	110	ミヤマアキノキリンソウ	296	オカオグルマ	55	カキツバタ	59
ノボロギク	359	ミョウガ	297	オグルマ	188	カノコユリ	198
ノミノツヅリ	111	ムシトリナデシコ	139	オタカラコウ	189	ガマ	200
ノミノフスマ	111	ムシャリンドウ	297	オヤマボクチ	331	カラスウリ	202
ノラニンジン	266	ムラサキ	140	カセンソウ	198	カラスビシャク	63
バイカオウレン	266	ムラサキカタバミ	298	カタクリ	60	キショウブ	66
バイカイカリソウ	112	ムラサキケマン	140	カワラナデシコ	205	クマガイソウ	71
バイレイソウ	267	ムラサキサギゴケ	141	カントウタンポポ	63	コオニユリ	219
ハガクレツリフネ	267	ムラサキハナナ	141	キカラスウリ	208	コガマ	220
ハキダメギク	269	ムラサキミミカキグサ	298	キキョウ	208	シライトソウ	86
ハクサンチドリ	269	メタカラコウ	299	キクイモ	334	スカシユリ	235
ハコベ	113	メナモミ	355	キクザキイチゲ	64	セキショウ	92
ハシリドコロ	113	メハジキ	299	キツネノカミソリ	210	チガヤ	97
ハタザオ	114	モウセンゴケ	301	キツリフネ	211	チョウセンアサガオ	247
ハツカ	270	モミジガサ	302	コウホネ	218	ノハナショウブ	264
ハナウド	114	モリアザミ	356	コバギボウシ	221	ハマカンゾウ	271
ハナニガナ	115	ヤエムグラ	142	コヒルガオ	222	ハマユウ	272
ハハコグサ	115	ヤクシソウ	302	サイハイラン	79	ヒオウギアヤメ	276
ハマエンドウ	116	ヤクシマススキ	303	サギソウ	224	フジアザミ	282
ハマダイコン	116	ヤグルマソウ	303	ザゼンソウ	81	フユノハナワラビ	351
ハマナデシコ	272	ヤナギラン	304	サワオグルマ	81	メヤブマオ	301
ハマハタザオ	117	ヤブガラシ	305	シャガ	83	ヤブラン	307
ハマボウフウ	273	ヤブジラミ	143	シュウメイギク	339	ユウスゲ	318
ハマボッス	119	ヤブタバコ	306	シュンラン	85		
ハルジオン	117	ヤブタビラコ	144	ショウジョウバカマ	84	④15cm以上の花	
ハルトラノオ	120	ヤブヘビイチゴ	145	シラン	87		
ハルユキノシタ	121	ヤブマメ	306	スイセン	341	オオウバユリ	179
ハルリンドウ	121	ヤブミョウガ	309	ススキ	341	サラシナショウマ	226
ヒカゲイノコズチ	276	ヤブレガサ	308	セイヨウタンポポ	359	ハンゲショウ	274
ヒキオコシ	349	ヤマエンゴサク	145	センノウ	238	ヒガンバナ	350
ヒゴスミレ	122	ヤマゴボウ	310	ツルニンジン	250	ヒメガマ	279
ヒシ	277	ヤマシロギク	311	ツワブキ	345	メヒシバ	300
ヒダカミセバヤ	277	ヤマトキソウ	311	ナカガワノギク	347	ヤマユリ	317
ヒトリシズカ	122	ヤマトラノオ	312	ナツズイセン	256	ヨシ（アシ）	319
ヒナタイノコズチ	278	ヤマネコノメソウ	146	ニッコウキスゲ	259		
ヒメオドリコソウ	123	ヤマノイモ	314	ノアザミ	108		
ヒメコバンソウ	123	ヤマハハコ	312	ノゲイトウ	261		
ヒメジョオン	279	ヤマブキショウマ	315	ノジギク	348		
ヒメヤブラン	280	ヤマホロシ	316	バイモ	112		
ヒヨドリジョウゴ	280	ヤマラッキョウ	356	ハチジョウナ	270		
ヒヨドリバナ	281	ヤマルリソウ	147	ハマアザミ	271		
ヒレアザミ	125	ユウガギク	317	ハマギク	349		
フキ		ユキザサ	148	ハマヒルガオ	118		
フジカンゾウ	282	ユキノシタ	149	ヒオウギ	275		
フジバカマ	283	ユキモチソウ	148	ヒツジグサ	278		
ブタクサ	284	ユリワサビ	150	ヒメシャガ	124		
フタリシズカ	127	ヨウシュヤマゴボウ	318	ヒルガオ	281		
フッキソウ	127	ヨツバヒヨドリ	321	フクジュソウ	352		
フデリンドウ	128	ヨツバムグラ	150	フシグロセンノウ	283		
フトイ	285	ヨモギ	357	ブタナ	284		
ヘクソカズラ	285	ラセイタソウ	321	ホタルブクロ	288		
ベニバナイチヤクソウ	286	リュウキンカ	152	ホテイアオイ	290		
ベニバナボロギク	286	リンネソウ	322	ホトトギス	353		
ヘビイチゴ	128	レンリソウ	151	マツムシソウ	291		
ヘラオモダカ	287	ワサビ	153	マツヨイグサ	131		
ホオズキ	287	ワタスゲ	323	ミヤマカタバミ	137		
ボタンヅル	289	ワルナスビ	324	ミヤマヨメナ	138		
ボタンボウフウ	289	ワレモコウ	324	ムサシアブミ	138		
ホトケノザ	130			メマツヨイグサ	300		
マイヅルソウ	130	②5cm前後の花		ヤブカンゾウ	305		
マツカゼソウ	290			ヤマオダマキ	309		
ママコナ	292	アサマフウロ	159	ヤマジノホトトギス	310		
マムシグサ	132	アズマイチゲ	43	ヤマシャクヤク	146		
マメグンバイナズナ	131	アツモリソウ	43	ヤマトリカブト	313		
マルバルコウ	292	アヤメ	44	ヤマブキソウ	147		
ミクリ	293	イカリソウ	45	ヤマホタルブクロ	315		
ミズアオイ	353	イシミカワ	162	ヤマホトトギス	316		
ミズタマソウ	293	イタドリ	163	ヨメナ	320		
ミズヒキ	294	ウバユリ	172	ラショウモンカズラ	151		
ミスミソウ	354	ウラシマソウ	50	リュウノウギク	357		
				リンドウ	358		

花の大きさもくじ

35

～草丈（茎長）もくじ～

* 草丈、茎長は、その植物の生育環境によって変わってきます。本書では、目安として①10cm前後、②50cm前後、③80cm前後、④1m以上、に大別し、それぞれ50音順に並べました。

①10cm前後

植物名	掲載ページ
アカネ	156
アサギリソウ	159
アサザ	160
アズマイチゲ	43
イカリソウ	45
イソギク	328
イチリンソウ	45
イブキジャコウソウ	167
イヌナズナ	46
イヌノフグリ	47
イモカタバミ	167
イワウチワ	47
イワウメ	168
イワカガミ	48
イワカラクサ	48
イワタバコ	170
イワダレソウ	169
イワベンケイ	171
ウツボグサ	172
ウメバチソウ	174
ウリクサ	175
エイザンスミレ	50
オオイヌノフグリ	53
オオジシバリ	54
オオニワゼキショウ	54
オオバキスミレ	181
オオバジャノヒゲ	183
オカヒジキ	187
オキナグサ	56
オサバグサ	188
オヘビイチゴ	58
オモダカ	195
ガガブタ	196
カキドオシ	59
カタクリ	60
カタバミ	60
カンアオイ	332
カントウタンポポ	63
キカラスウリ	208
キクザキイチゲ	64
キジムシロ	65
キツネノマゴ	210
キバナアキギリ	334
キュウリグサ	67
キランソウ	68
キリンソウ	212
ギンラン	69
ギンリョウソウ	69
ゲンゲ（レンゲ）	74
ゲンジスミレ	74
コウホネ	218
コスミレ	75
ゴゼンタチバナ	220
コニシキソウ	221
コバノタツナミ	76
コミヤマカタバミ	223
コモチマンネングサ	78
サギゴケ	79
シオギク	336
ジシバリ	83
ジャノヒゲ	231
ジュウニヒトエ	84
シュンラン	85
シライトソウ	86
シロツメクサ	87
シロバナノヘビイチゴ	88
ジンジソウ	234
スイセン	341
スズメノヤリ	91
スズラン	236
スベリヒュ	236
スミレ	91
セイヨウタンポポ	359
セキショウ	92
セッコク	92
セツブンソウ	342
セリバオウレン	93
セントウソウ	94
センニンソウ	238
センブリ	239
センボンヤリ	94
ソナレムグラ	239
タイトゴメ	241
ダイモンジソウ	241
タチツボスミレ	95
タヌキモ	244
タネツケバナ	97
チゴユリ	98
チチコグサ	98
チチコグサモドキ	99
チドメグサ	247
ツマトリソウ	248
ツメクサ	100
ツメレンゲ	344
ツルニンジン	250
ツルボ	250
ツルリンドウ	251
ドイツスズラン	251
トウダイグサ	101
トウバナ	101
トキソウ	102
トキワハゼ	102
ドクダミ	253
トチバニンジン	254
ナンザンスミレ（ベニバナナンザンスミレ）	104
ナンバンギセル	258
ニオイスミレ	105
ニオイタチツボスミレ	105
ニリンソウ	347
ニワゼキショウ	107
ネコノシタ	260
ノビル	110
ノボロギク	359
ノミノツヅリ	111
バイカイカリソウ	112
バイカオウレン	266
ハクサンチドリ	269
ハコベ	113
ハハコグサ	115
ハマアザミ	271
ハマヒルガオ	118
ハマボウフウ	273
ハルトラノオ	120
ハルユキノシタ	121
ハルリンドウ	121
ヒゴスミレ	122
ヒシ	277
ヒダカミセバヤ	277
ヒトリシズカ	122
ヒメオドリコソウ	123
ヒメシャガ	124
ヒメヤブラン	280
フクジュソウ	352
フッキソウ	127
フデリンドウ	128

フユノハナワラビ	351
ベニバナイチヤクソウ	286
ヘビイチゴ	128
ホテイアオイ	290
ホトケノザ	130
マイヅルソウ	130
ミズアオイ	353
ミズバショウ	133
ミスミソウ	354
ミセバヤ	354
ミツバツチグリ	135
ミミナグサ	136
ミヤマアキノキリンソウ	296
ミヤマカタバミ	137
ムサシアブミ	138
ムシャリンドウ	297
ムラサキカタバミ	298
ムラサキサギゴケ	141
ムラサキミミカキグサ	298
モウセンゴケ	301
ヤブタビラコ	144
ヤブヘビイチゴ	145
ヤマエンゴサク	145
ヤマトキソウ	311
ヤマネコノメソウ	146
ヤマルリソウ	147
ユキモチソウ	148
ユリワサビ	150

②50cm前後

アカツメクサ	42
アツモリソウ	43
アマドコロ	44
アヤメ	44
イヌガラシ	46
イヌタデ	166
イワイチョウ	168
イワギボウシ	169
イワシャジン	329
ウスユキソウ・ハヤチネウス	
ユキソウ	171
ウマノアシガタ	49
ウラシマソウ	50
エビネ	52
エンレイソウ	52
オウレン	53
オオバコ	55
オオバノヨツバムグラ	183
オオハンゲ	184
オカオグルマ	55
オグルマ	188
オトギリソウ	189
オドリコソウ	56
オヒシバ	192
オランダガラシ	194
オランダミミナグサ	58
カヤツリグサ	201
カラスビシャク	63
カワラケツメイ	204
カワラハハコ	205
キエビネ	64
キキョウソウ	209
キツネノカミソリ	210
キツネノボタン	67
キツリフネ	211
キヌタソウ	211
キンラン	68
クサタチバナ	214
クマガイソウ	71

クリンソウ	72
クワクサ	335
グンバイナズナ	73
ケキツネノボタン	73
ゲンノショウコ	217
コアカザ	218
コウリンタンポポ	219
コバギボウシ	221
コバンソウ	77
コヒルガオ	222
コブナグサ	336
コメガヤ	224
コメツブウマゴヤシ	77
コメツブツメクサ	78
サイハイラン	79
サギソウ	224
サクラソウ	80
ササバギンラン	80
ザゼンソウ	81
サンカヨウ	82
シナノナデシコ	230
シャガ	83
シャジクソウ	231
シュウカイドウ	337
ショウジョウバカマ	84
シラン	87
シロバナタンポポ	88
スズメノエンドウ	90
スズメノテッポウ	90
セリ	237
センノウ	238
ダイコンソウ	240
タツナミソウ	95
タヌキマメ	244
ダンギク	344
チガヤ	97
チダケサシ	246
ツユクサ	249
ツルナ	100
トリアシショウマ	254
ナギナタコウジュ	347
ナズナ	103
ナツエビネ	255
ナツズイセン	256
ナツトウダイ	103
ナツノタムラソウ	256
ナミキソウ	257
ネジバナ	107
ノウルシ	109
ノビネチドリ	110
ノブキ	265
バイモ	112
ハエドクソウ	268
ハキダメギク	269
ハシリドコロ	113
ハタザオ	114
ハッカ	270
ハナニガナ	115
ハマナデシコ	272
ハマハタザオ	117
ハマボッス	119
ハルジオン	117
ヒガンバナ	350
ヒメコバンソウ	123
ヒメスイバ	125
フキ	126
フシグロセンノウ	283
フタリシズカ	127
ベニバナボロギク	286
ホウチャクソウ	129

マツヨイグサ	131	スカシユリ	235	イタドリ	163	トコロ	252
ママコナ	292	センダイハギ	93	イヌキクイモ	164	トリカブト	346
マメグンバイナズナ	131	タカトウダイ	242	イノコズチ	166	ナガバノコウヤボウキ	255
ミズタマソウ	293	タチフウロ	242	ウド	173	ノアザミ	108
ミツガシワ	134	タヌキラン	96	ウバユリ	172	ノゲイトウ	261
ミミガタテンナンショウ	135	タマガワホトトギス	245	ウマノスズクサ	174	ノゲシ	109
ミヤコグサ	137	チカラシバ	246	エゾヅカイソウ	175	ノコギリソウ	262
ミヤマヨメナ	138	チョウジソウ	99	オオアレチノギク	177	ノコンギク	262
ムシトリナデシコ	139	ツリフネソウ	249	オオアワガエリ	177	ノササゲ	263
ムラサキケマン	140	ツワブキ	345	オオアワダチソウ	178	ノダケ	348
ヤブジラミ	144	トウオオバコ	252	オオイタドリ	178	ノハナショウブ	264
ヤブラン	307	ナルコユリ	104	オオイヌタデ	179	ノハラアザミ	265
ヤブレガサ	308	ナンテンハギ	257	オオウバユリ	179	ノラニンジン	266
ヤマオダマキ	309	ニガナ	106	オオケタデ	180	ベンケイソウ	267
ヤマジノホトトギス	310	ニッコウキスゲ	259	オオダイコンソウ	181	ハナウド	114
ヤマシャクヤク	146	ヌスビトハギ	260	オオハンゴウソウ	185	ハマカンゾウ	271
ヤマトラノオ	312	ノカンゾウ	261	オオブタクサ	184	ハマギク	349
ヤマハハコ	312	ノジギク	348	オオマツヨイグサ	186	ヒメガマ	279
ヤマブキソウ	147	ハガクレツルフネ	267	オギ	330	ヒメジョオン	279
ヤマラッキョウ	356	ハチジョウナ	270	オケラ	330	ヒヨドリジョウゴ	280
ユウスゲ	318	ハマエンドウ	116	オタカラコウ	189	ヒヨドリバナ	281
ユキザサ	148	ハマダイコン	116	オトコエシ	190	ヒルガオ	281
ユキノシタ	149	ハマユウ	272	オトコヨモギ	331	ヒレアザミ	125
ヨツバムグラ	150	ハンゲショウ	274	オナモミ	191	フジバカマ	283
ラショウモンカズラ	151	ヒオウギ	275	オニシモツケ	191	フトイ	285
リュウキンカ	152	ヒオウギアヤメ	276	オニノゲシ	57	ヘクソカズラ	285
ワサビ	153	ヒカゲイノコヅチ	276	オニユリ	192	ボタンヅル	289
ワスレナグサ	154	ヒキオコシ	349	オミナエシ	193	ボタンボウフウ	289
ワタスゲ	323	ヒナタイノコヅチ	278	オヤマボクチ	331	ホトトギス	353
		フジアザミ	282	ガガイモ	195	マルバルコウ	292
③80cm前後		フジバカマ	282	カナムグラ	199	ミクリ	293
		ブタクサ	284	カノコユリ	198	ミゾソバ	294
アオカモジグサ	42	ブタナ	284	ガマ	200	ミソハギ	295
アカソ	156	ヘラオオバコ	129	カラスウリ	202	ミョウガ	297
アキノウナギツカミ	157	ヘラオモダカ	287	カラスノエンドウ	62	ムラサキハナナ	141
アキノキリンソウ	157	ホオズキ	287	カラマツソウ	203	メナモミ	355
アキノタムラソウ	158	ホタルブクロ	288	カリガネソウ	203	メヤブマオ	301
アケボノソウ	327	マツカゼソウ	290	カワミドリ	204	モミジガサ	302
アサマフウロ	159	マツムシソウ	291	カワラヨモギ	332	モリアザミ	356
イヌゴマ	164	マムシグサ	132	ガンクビソウ	207	ヤグルマソウ	303
イヌショウマ	165	ミズヒキ	294	キオン	207	ヤナギラン	304
ウマゴヤシ	49	ミゾコウジュ	134	キキョウ	208	ヤブガラシ	305
エゾスカシユリ	51	ミツバ	295	キクイモ	334	ヤブタバコ	306
エゾリンドウ	329	ムラサキ	140	ギシギシ	209	ヤブマメ	306
エノコログサ	176	メドハギ	355	クガイソウ	214	ヤブミョウガ	309
オオキンケイギク	180	メタカラコウ	299	クサフジ	71	ヤマトリカブト	313
オオハギボウシ	182	メハジキ	299	クズ	215	ヤマノイモ	314
オカトラノオ	186	メヒシバ	300	クロバナヒキオコシ	217	ヤマホロシ	316
オニタビラコ	57	メマツヨイグサ	300	コウゾリナ	75	ヤマユリ	317
カキツバタ	59	ヤエムグラ	142	コウヤボウキ	335	ユウガギク	317
カズノコグサ	197	ヤクシソウ	302	コガマ	220	ヨウシュヤマゴボウ	318
カゼクサ	196	ヤクシマススキ	303	コバイケイソウ	76	ヨシ（アシ）	319
カセンソウ	198	ヤブカンゾウ	305	ゴマナ	223	ヨツバヒヨドリ	321
カノコソウ	61	ヤブジラミ	143	サクラタデ	225	ヨメナ	320
カメバヒキオコシ	200	ヤマゴボウ	310	サジオモダカ	225	ヨモギ	357
カモジグサ	61	ヤマシロギク	311	サラシナショウマ	226	リンネソウ	322
カラスムギ	201	ヤマブキショウマ	315	サワギキョウ	226		
カワラナデシコ	205	ヤマホタルブクロ	315	シオデ	82		
カワラマツバ	206	ヤマホトトギス	316	シオン	337		
キイジョウロウホトトギス	333	ラセイタソウ	321	シキンカラマツ	228		
キケマン	65	リュウノウギク	357	シシウド	229		
キショウブ	66	リンドウ	358	シデシャジン	228		
キツネアザミ	66	レンゲショウマ	322	ジュズダマ	232		
キンエノコロ	213	レンリソウ	151	シラヤマギク	233		
キンミズヒキ	213	ワルナスビ	324	シロザ	340		
クサノオウ	70	ワレモコウ	324	ススキ	341		
クサレダマ	215			スズメウリ	234		
クマツヅラ	216	**④1m以上**		セイタカアワダチソウ	342		
コオニユリ	219			ソバナ	240		
コマツナギ	222	アカザ	326	タイアザミ	343		
サワオグルマ	81	アキチョウジ	326	タイワンホトトギス	343		
サワギク	227	アキノノゲシ	158	タケニグサ	243		
サワヒヨドリ	227	アシタバ	161	ダンドボロギク	245		
シモツケソウ	230	アメリカセンダングサ	300	チョウセンアサガオ	247		
シモバシラ	338	アワコガネギク	328	ツチアケビ	248		
シュウメイギク	339	イ	161	ツリガネニンジン	345		
ショウブ	86	イケマ	162	テンニンソウ	346		
スイバ	89	イシミカワ	162	ドクゼリ	253		

草丈〈茎長〉もくじ

37

葉の構造

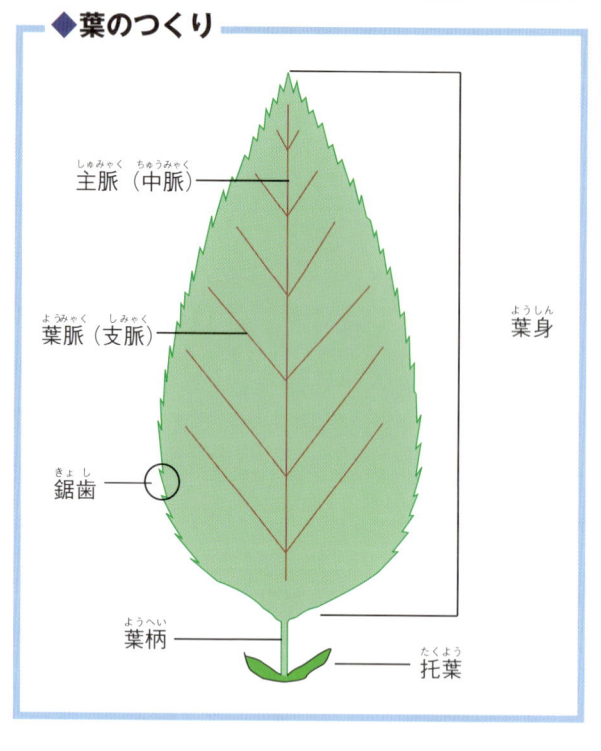

◆葉のつくり

- 主脈（中脈）　しゅみゃく　ちゅうみゃく
- 葉脈（支脈）　ようみゃく　しみゃく
- 鋸歯　きょし
- 葉身　ようしん
- 葉柄　ようへい
- 托葉　たくよう

◆葉の形

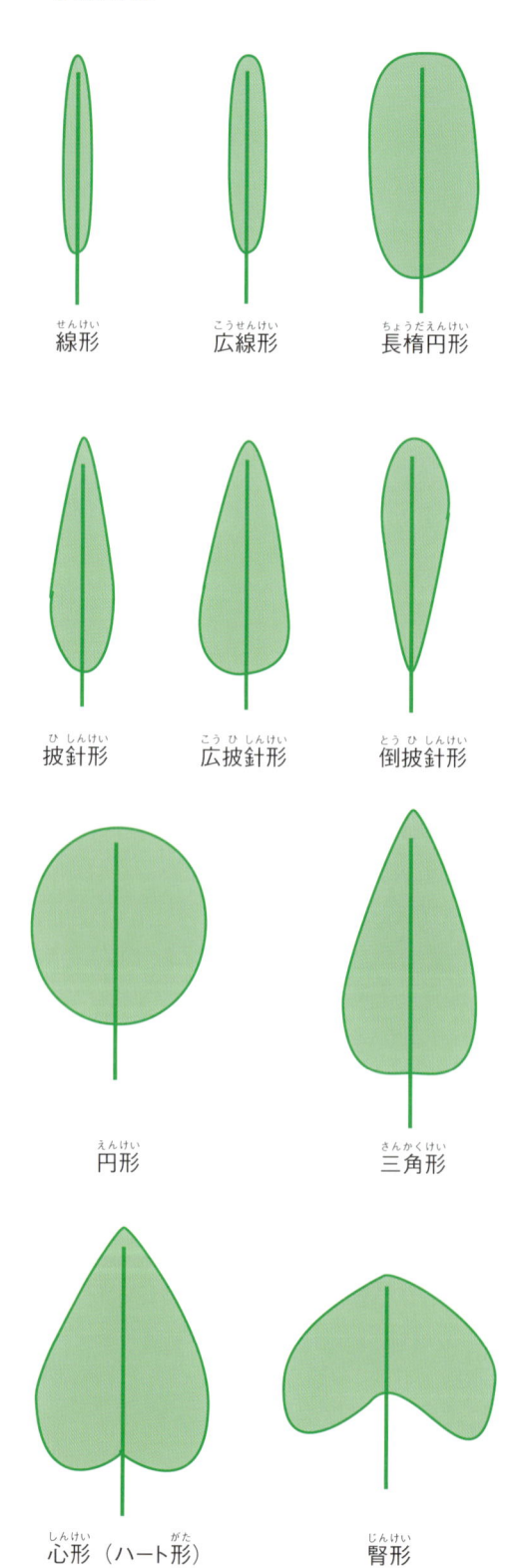

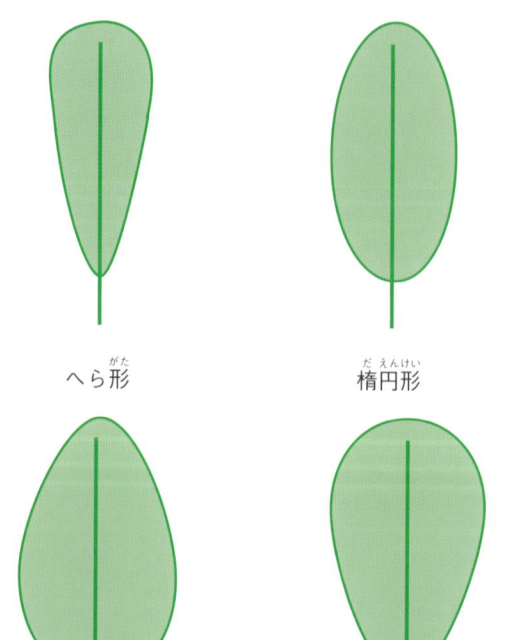

- 線形（せんけい）
- 広線形（こうせんけい）
- 長楕円形（ちょうだえんけい）
- 披針形（ひしんけい）
- 広披針形（こうひしんけい）
- 倒披針形（とうひしんけい）
- へら形（へらがた）
- 楕円形（だえんけい）
- 円形（えんけい）
- 三角形（さんかくけい）
- 卵形（らんけい）
- 倒卵形（とうらんけい）
- 心形（ハート形）（しんけい）
- 腎形（じんけい）

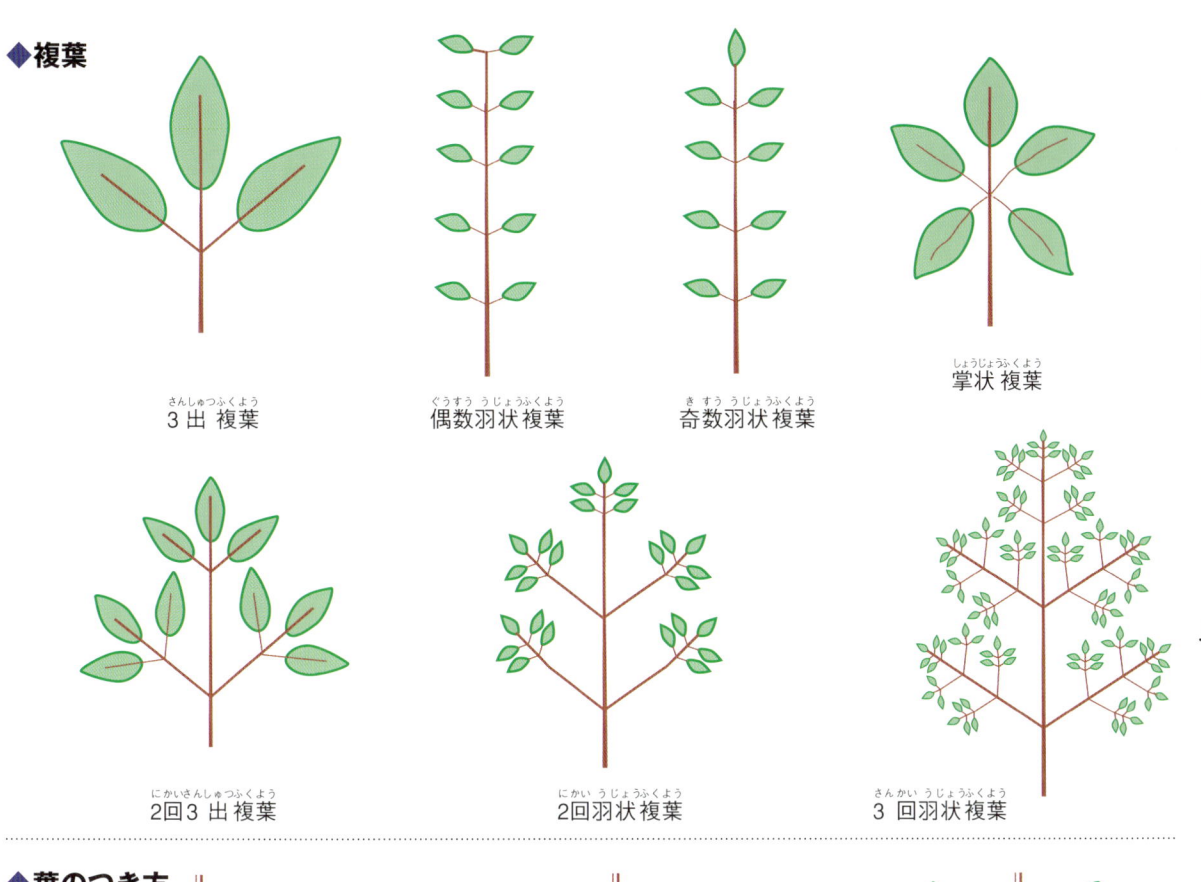

葉の構造

◆ 複葉

3出複葉（さんしゅつふくよう）　　偶数羽状複葉（ぐうすううじょうふくよう）　　奇数羽状複葉（きすううじょうふくよう）　　掌状複葉（しょうじょうふくよう）

2回3出複葉（にかいさんしゅつふくよう）　　2回羽状複葉（にかいうじょうふくよう）　　3回羽状複葉（さんかいうじょうふくよう）

◆ 葉のつき方

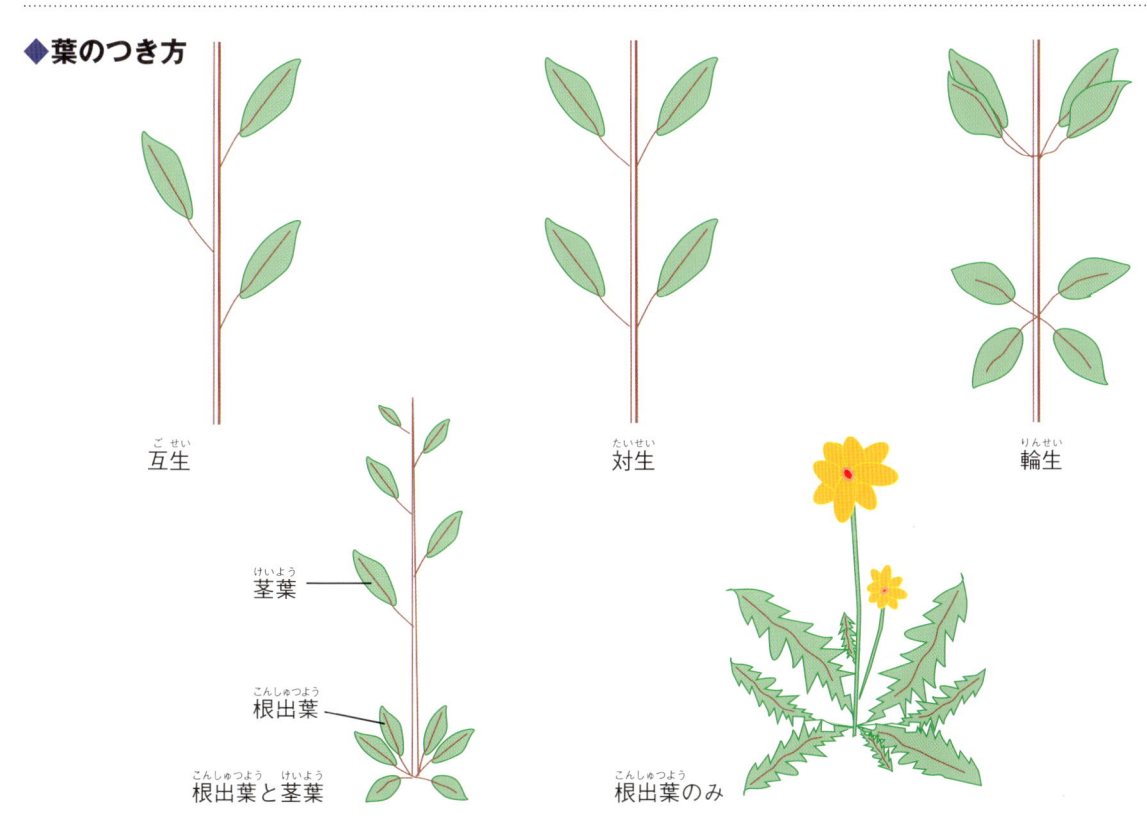

互生（ごせい）　　対生（たいせい）　　輪生（りんせい）

茎葉（けいよう）
根出葉（こんしゅつよう）

根出葉と茎葉（こんしゅつようとけいよう）　　根出葉のみ（こんしゅつようのみ）

花の構造

◆花のつくり

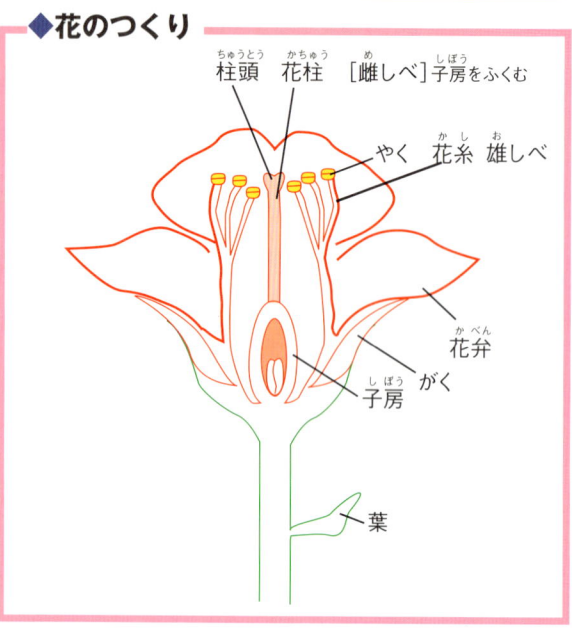

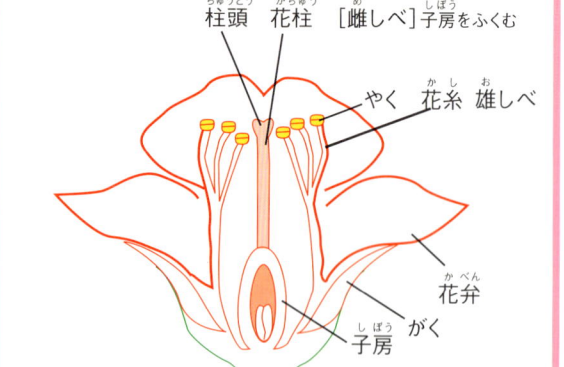

- 柱頭（ちゅうとう）
- 花柱（かちゅう）
- [雌しべ] 子房（しぼう）をふくむ
- やく
- 花糸（かし）
- 雄しべ（お）
- 花弁（かべん）
- がく
- 子房（しぼう）
- 葉

◆花の形

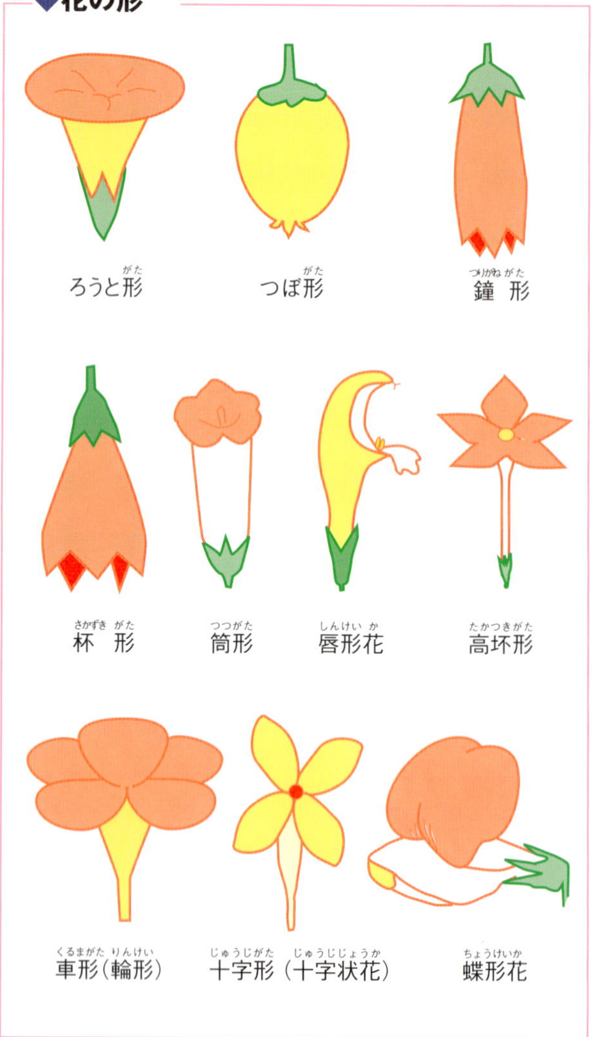

- ろうと形（がた）
- つぼ形（がた）
- 鐘形（つりがねがた）
- 杯形（さかずきがた）
- 筒形（つつがた）
- 唇形花（しんけいか）
- 高坏形（たかつきがた）
- 車形（輪形）（くるまがた・りんけい）
- 十字形（十字状花）（じゅうじがた・じゅうじじょうか）
- 蝶形花（ちょうけいか）

◆花のつき方

- 頭状花序（とうじょうかじょ）
- 穂状花序（すいじょうかじょ）
- 総状花序（そうじょうかじょ）
- 散房花序（さんぼうかじょ）
- 散形花序（さんけいかじょ）
- 円錐花序（えんすいかじょ）
- 2出 集散花序（にしゅつしゅうさんかじょ）

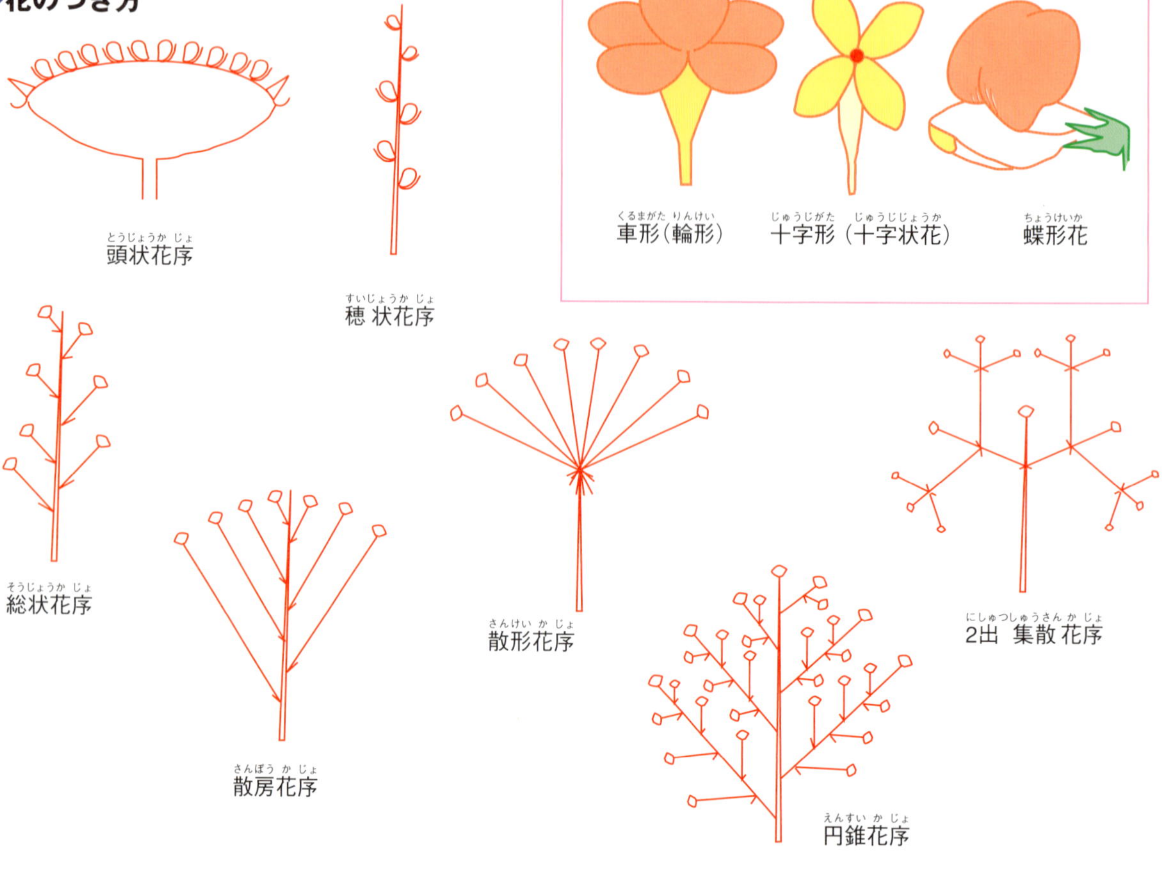

from Spring

春から咲く
野草・山草

202種

■ 春から咲く野草・山草 ■　　　　　　　　　　　　　　　　　　　　　　アオカモジグサ・アカツメクサ

アオカモジグサ

青髭草　　　　　　　別名：ナツノチャヒキ

識別ポイント	カモジグサと比べ、穂と花の色が違う
名前の由来	穂が常に青色であることから
花ことば	子供の頃の思い出
特　徴	草原や道で多く見かけることができる。カモジグサと同じ形をしているが、穂は常に鮮やかな緑色で、葉は線形で平べったい。穂が垂れていることが特徴のひとつ。小さな穂に4～7個の小さな花をつける。

DATA

園芸分類	単子葉植物
科／属名	イネ科アオカモジグサ属
原産地	日本、東アジア
花色	〇
草丈	30～100cm
花径	2cm
花期	5～7月
生育環境	草原、道端

MEMO（観察のポイント）
近種のカモジグサは、アオカモジグサに比べ、花穂が薄紫色をしていることが多いが、本種はその名前のとおり緑色である。地域によっては、多年草として扱われている場合もある。

穂が垂れていることが特徴のひとつ

アカツメクサ

赤詰草　　　　　　　別名：ムラサキツメクサ

識別ポイント	シロツメクサと色が違う
名前の由来	ツメクサのなかでも、花が赤いことから
花ことば	愛らしさ
特　徴	茎は斜立または直立している。葉は互生、有柄。花は頭状に集まり、紅紫色である。茎に紫色の軟毛、葉は3小葉がつく複葉。蝶形花が集まり、球状になる。

DATA

園芸分類	多年草
科／属名	マメ科シャジクソウ属
原産地	ヨーロッパ
花色	●
草丈	20～60cm
花径	2～3cm
花期	5～10月
生育環境	原野

MEMO（観察のポイント）
牧草として輸入されたものが、野生化し全国に広がった。ヨーロッパ原産の帰化植物。頭状花の蜜をミツバチが好んで集めることでも知られている。

花は頭状に集まり、紅紫色

アズマイチゲ

東一華　　別名：ウラベニイチゲ

識別ポイント	葉の鋸歯が尖っていない
名前の由来	主に東日本に多く分布していることが、東（あずま）の由来
花ことば	耐え忍ぶ恋
特　徴	春一番に咲く野草のひとつ。雪国の林で、雪解けと同時にいっせいに花開く。葉をだらりと垂れるように展開する姿が、大きな特徴となっている。

DATA

園芸分類	多年草
科／属名	キンポウゲ科 イチリンソウ属
原産地	日本
花　色	○
草　丈	10〜20cm
花　径	2〜3cm
花　期	3〜5月
生育環境	人里・田畑、山地・低山、森林・林縁

MEMO（観察のポイント）

カタクリとともに群生していることが多い。キクザキイチゲとは葉の形が異なる。雪国に多い野草。

葉をだらりと垂れるように展開する

アツモリソウ

敦盛草　　別名：嫁袋

識別ポイント	クマガイソウと比べて、葉と花が違う
名前の由来	平　敦盛が背負っていた母衣に似ていることから
花ことば	静かな笛の音
特　徴	明るい草原などでよく見ることができたが、現在ではほとんど見ることができない。絶滅が心配されているほど減少している植物のひとつ。葉は長さ15cmほどの卵形である。

DATA

園芸分類	被子植物、単子葉類、多年草
科／属名	ラン科アツモリソウ属
原産地	日本
花　色	●○
草　丈	30〜40cm
花　径	3〜6cm
花　期	5〜7月
生育環境	亜高山帯

MEMO（観察のポイント）

アツモリソウは「絶滅のおそれのある野生動植物の種の保存に関する法律（種の保存法）」に指定されている植物である。

絶滅が心配されているほど減少している

アマドコロ
甘野老
別名：笑草・甘菜

識別ポイント	ナルコユリに比べ茎の断面と、花筒が異なる
名前の由来	地下茎が甘いところから
花ことば	小さな思い出
特徴	地下茎が横に伸び、その先に1本の花茎を立てる。花茎は高さ30～60cmで弓形に曲がる。花は葉腋から下に垂れる。花被の長さは2cm。通常1つの葉腋から1～2個の花が垂れ下がる。

DATA
園芸分類	多年草
科／属名	ユリ科アマドコロ属
原産地	日本、中国、朝鮮半島
花色	○
草丈	30～80cm
花径	2cm
花期	4～5月
生育環境	山地、草原

MEMO（観察のポイント）
花被は、大部分が筒状に合着。淡緑色の先端のみ6枚に裂ける。果実は丸く、暗緑色に熟す。葉は、先がとがった細い卵形をしている。斑入りのアマドコロも人気がある。

花は葉腋から下垂する花柄の先につく

アヤメ
菖蒲、水菖蒲

識別ポイント	カキツバタ、ノハナショウブとは花と葉が異なる
名前の由来	外被片の基部に綾になった目があることから
花ことば	清潔
特徴	やや乾燥した、山野に生育する多年草。葉は長さ30～50cm、直立して生える剣形で基部は鞘状。根元は赤紫になり、先がとがる。外花被片3弁は、下垂し基部に黄色と紫の虎斑模様があり、内花被片は細く直立する。ノハナショウブやカキツバタと異なり、水の中では枯れてしまう。葉の上に花が開花する。

DATA
園芸分類	多年草
科／属名	アヤメ科アヤメ属
原産地	日本
花色	●
草丈	30～60cm
花径	5～8cm
花期	5～7月
生育環境	山野

MEMO（観察のポイント）
北海道～四国、九州に分布している。ノハナショウブや、カキツバタと間違いやすい。まれに、白い花を咲かせる場合もある。古くから文学や芸術の中にその名を残しているが、その栽培起源は未だにはっきりしていない。

葉の上に花が開花する

イカリソウ

錨草、碇草　　　　別名：イカリクサ

- **識別ポイント**　バイカイカリソウに比べ花と葉が異なる
- **名前の由来**　花が船のいかりの形に似ていることから
- **花ことば**　海の彼方へ
- **特徴**　葉は複葉でゆがんだ卵形。茎先につく花は、4弁花で下向きに開く。北海道南部〜本州にかけて分布し、常緑の場合もある。漢方として用いられているのは、中国産のホザキノイカリソウで黄色い花が咲く。

DATA
園芸分類	多年草
科／属名	メギ科イカリソウ属
原産地	日本
花色	●
草丈	20〜40cm
花径	5〜7cm
花期	4〜5月
生育環境	山地

MEMO（観察のポイント）
平野部や低い山地の落葉樹林などに生育。小さい葉をたくさんつけているように見えるが、大きな複葉の一部分。イカリソウの複葉は大きく3つに分かれ、先端がさらに3つずつに分かれて、9枚の小葉がついているのでサンシクヨウソウとも言う。

平野部や低い山地の落葉樹林などに生育

イチリンソウ

一輪草　　　　別名：イチゲ

- **識別ポイント**　ニリンソウと比べて花が大きく、1茎1花
- **名前の由来**　茎に1輪の花を咲かせることから
- **花ことば**　静かな人
- **特徴**　本州〜四国、九州にまで広く分布している。根生葉は多肉質な根茎から伸び、2回3出複葉で小葉は羽状に裂ける。茎葉の間から長い花柄を伸ばし、先端に白い花をつける。イチリンソウ属の特徴は、花弁がなく、5〜6枚のガク片が白い花弁のように見えること。

DATA
園芸分類	多年草
科／属名	キンポウゲ科イチリンソウ属
原産地	日本
花色	○
草丈	20〜25cm
花径	2〜3cm
花期	4〜5月
生育環境	山野

MEMO（観察のポイント）
落葉広葉樹林の中や、山麓の土手の腐植の厚い肥沃地を好む植物。生育地は、ニリンソウに類似しているが、大群落を形成することはない。

花弁がなく、5〜6枚のガク片が白い花弁のように見える

■ 春から咲く野草・山草 ■　　　　　　　　　　　　　　　　　　　　　　　　イヌガラシ・イヌナズナ

イヌガラシ
犬芥子　　　　　　　　　　　別名：庭大根

識別ポイント	スカシタゴボウとは果実で区別
名前の由来	芥子に似ているが、役にたたないことから
花ことば	恋の邪魔者
特徴	道端や空き地や庭先でよく見られる雑草で、古くから日本に分布している植物のひとつ。黄色い小さな花を咲かせる。十文字の黄色の花を枝先に多数つけ、果実は1.5〜2cmの棒状で弓形。茎には毛がなく、草丈は生育環境により異なる。

DATA
園芸分類	多年草
科／属名	アブラナ科イヌガラシ属
原産地	日本
花色	○
草丈	10〜50cm
花径	4〜5mm
花期	4〜9月
生育環境	草原、道、田畑

MEMO（観察のポイント）
日本全国に分布。茎は粗雑に分岐。自然のなかよりも花壇や畑で多く見かけることが多い。イヌガラシの果実は、細長い形状をしているが、スカシタゴボウの実は短い短角果なので区別することができる。

十文字の黄色の花を枝先に多数つける

イヌナズナ
犬薺、犬蓬

識別ポイント	ナズナと比べ、花と葉が違う
名前の由来	ナズナに似ているが食用にならないため
花ことば	無邪気
特徴	道端や農地周辺などでよく見られる2年草。暖かい地方よりも北国でより多く観察できる。ナズナに似ているが、花が黄色く短角果の形も異なる。ナズナ属ともタネツケバナ属ともちがうイヌナズナ属の仲間は、高山帯に近縁種が多く自生している。

DATA
園芸分類	2年草
科／属名	アブラナ科イヌナズナ属
原産地	ヨーロッパ・アルプス〜コーカサス
花色	○
草丈	10〜20cm
花径	4mm
花期	3〜6月
生育環境	田畑、河原、渓流、原野、草原、岩場、礫地

MEMO（観察のポイント）
北海道〜四国、九州に分布。茎は直立し、しばしば分枝。茎に星状毛が密生している。根生葉には束生星状毛があり、へら広形。茎葉には星状毛が生え、葉は厚いギザギザをもつ卵形。柄のある十字状小花が多数集まり、茎先に総状花序をなす。

葉や茎に軟毛や星状毛が密生

イヌノフグリ
犬の陰嚢　　　　　　　　別名：天人唐草

識別ポイント	オオイヌノフグリに比べ花が小さく、色が違う
名前の由来	果実の形が犬の陰嚢に似ていることから
花ことば	子供の頃の思い出
特徴	大正初期、海外からオオイヌノフグリやタチイヌノフグリなどの帰化植物が入り込み、もともと日本に生育していたイヌノフグリは生活の場を奪われ、山間部に行かないと見られなくなってきた。

DATA
園芸分類	1～2年草
科／属名	ゴマノハグサ科クワガタソウ属
原産地	日本
花色	●
草丈	10～25cm
花径	3mm
花期	3～4月
生育環境	道端

MEMO（観察のポイント）
本州～沖縄に分布し、土手や道端などの草地、石垣の間に生える植物。3～4月に、ピンク色に紅紫色のスジがはいる小さな花を咲かせる。茎は底部で分岐しながら地を這って伸び、上部で立ち上がる。葉は広めの卵形。

花はピンク色に紅紫色のスジがはいる

イワウチワ
岩団扇　　　　　　　　別名：トクワカソウ

識別ポイント	イワカガミと比べ花が異なる
名前の由来	葉が団扇に似ているため
花ことば	涼しい風
特徴	常緑の丸い葉の中から花茎を伸ばし、その先にピンク色の花を咲かせる。草丈の割に花が大きく美しい。イワウチワと呼ばれるが、必ずしも岩場にあるとは限らない。繁殖力が強く、群落をつくって生育する。

DATA
園芸分類	多年草
科／属名	イワウメ科イワウチワ属
原産地	日本
花色	●
草丈	5～15cm
花径	2.5～3cm
花期	4～5月
生育環境	山地・低山、森林・林縁、岩場・礫地

MEMO（観察のポイント）
イワウチワは3つの変種に分けられ、北陸から近畿地方に分布するオオイワウチワ。葉の基部が円形～くさび形、まれに心形になるイワウチワ。東北の太平洋側から関東地方に生え、葉の基部が深く心形になり、葉は長さより幅が広いコイワウチワと区別されている。

繁殖力が強く群落をつくって生育

■ 春から咲く野草・山草　　　　　　　　　　　　　　　　　　　　　　　　　　　　　イワカガミ・イワカラクサ

イワカガミ
岩鏡

識別ポイント	イワウチワと花が異なる
名前の由来	葉が手鏡に似ていることから
花ことば	あなたの心の中を教えて
特徴	イワカガミ、コイワカガミ、オオイワカガミ、ヤマイワカガミなどの種類がある。イワカガミはイワウチワに比べて花が小輪。イワカガミの葉は先端が丸くわずかにへこみ、基部は浅い心形、ふちにはギザギザがある。コイワカガミの葉身は円形または広卵形で、先は丸いか少しへこみ、基部は浅い心形になる。

DATA
- 園芸分類　多年草
- 科／属名　イワウメ科イワカガミ属
- 原産地　北海道
- 花色　●○
- 草丈　10〜20cm
- 花径　1〜1.5cm
- 花期　4〜7月
- 生育環境　山地帯〜亜高山帯などの尾根の岩場

MEMO（観察のポイント）
イワカガミは高山や深山の草地、岩場などに群生し、コイワカガミは乾いた草地などに生える。イワカガミは比較的低い山、コイワカガミは高山に多いとされている。

花の縁は薄く裂ける

イワカラクサ
岩唐草

識別ポイント	1属1種の植物
名前の由来	高山の岩場に生育することから
花ことば	清らかな思い出
特徴	淡紅色の小さい花が群がって咲き、美しい矮性の高山植物。山草として知られ、園芸種も多い。ガーデニングや、ロックガーデンによく使われている。ヨーロッパと南アフリカに約8種が自生。南アフリカの種は耐寒性がないため、日本ではエリヌス・アルピヌスが多く栽培されている。

DATA
- 園芸分類　耐寒性多年草
- 科／属名　ゴマノハグサ科エリヌス属
- 原産地　アルプス
- 花色　○●●
- 草丈　10cm
- 花径　1cm
- 花期　5月
- 生育環境　日なた、乾燥地

MEMO（観察のポイント）
ガーデニング等でよく使われている園芸種。ロックガーデンで好まれる傾向が強い。5弁の薄紫の花が5月に開花する。性質は強健、陽光を好むがやや半日陰でも栽培可能。水はけがよいややアルカリの用土を好む。

淡紅色の小さい花が群がって咲く、美しい高山植物

ウマゴヤシ

馬肥やし　　　別名：アルファルファ

識別ポイント	果実には毛状の刺がある
名前の由来	すぐれた飼料になることから
花ことば	栄養価抜群
特徴	明治期に日本に渡来し、北海道などで栽培されるようになったヨーロッパ原産の帰化植物。牧草としてよく知られ、アルファルファとも呼ばれている。芽生えたばかりのものは、生鮮野菜として食用にされる。

DATA
園芸分類	多年草
科／属名	マメ科ウマゴヤシ属
原産地	ヨーロッパ
花色	○
草丈	30〜90cm
花径	5〜6mm
花期	5〜9月
生育環境	草地

MEMO（観察のポイント）
日本各地に分布する多年草。茎は直立し、小葉が細くて長い。仲間には、紫色の花を咲かせるムラサキウマゴヤシ、コウマゴヤシ、コメツブコウマゴヤシなどがあるが、区別は容易。

牧草としてよく知られる

ウマノアシガタ

馬の足型　　　別名：キンポウゲ

識別ポイント	花びらには光沢がある
名前の由来	葉の形が馬のひづめに似ていることから
花ことば	毒舌
特徴	八重咲きのものを、キンポウゲと呼んでいる場合が多い。園芸種として販売されているが、山野草としてはあまり見かけることがない。全草、茎の汁に毒があり、皮膚炎、腹痛、下痢、嘔吐、胃腸炎、麻痺、幻覚などの症状を引き起こすケースもあるため注意する。

DATA
園芸分類	多年草
科／属名	ウマノアシガタ科ウマノアシガタ属
原産地	ヨーロッパ南東部〜南西アジア、日本
花色	○
草丈	40〜60cm
花径	1.5〜2cm
花期	4〜5月
生育環境	山野

MEMO（観察のポイント）
茎には長毛が多く、上部は分岐し、茎先にはつやのある小さな花を咲かせる。英名「バターカップ」と呼ばれるように、花のつやはバターを塗ったケーキカップの内側を想像させる。園芸種のラナンキュラスは、本来野草のウマノアシガタの仲間の属名。

英名「バターカップ」。花のつやはバターを塗ったケーキカップの内側を想像させる

■春から咲く野草・山草　　　　　　　　　　　　　　　　　　　　　　　　　　　　　　　　ウラシマソウ・エイザンスミレ

ウラシマソウ

浦島草　　　　　　　　　　　別名：藪蒟蒻

識別ポイント	長く伸びる付属体で判断が容易
名前の由来	浦島太郎の釣糸を連想することからその名がついた
花ことば	過ぎ去った日々
特徴	肉穂花序の付属体が、糸状に長く伸びるのが特徴。仏炎苞は、紫褐色で葉より下につく。九州や山口県に分布するヒメウラシマソウは、仏炎苞の内面にT字形の紋が目立つ。亜種のナンゴクウラシマソウは付属体下部に横わがあり、突起が出ることもある。

DATA

園芸分類	多年草、球根植物
科／属名	サトイモ科 テンナンショウ属
原産地	本州中国地方、四国、九州
花色	●（仏炎苞）
草丈	20～50cm
花径	2～4cm
花期	3～5月
生育環境	人里、田畑、山地、低山、森林、林縁、海岸

MEMO（観察のポイント）

北海道～本州、四国や九州に分布する植物。平地、低地の林縁や林中に生え、とくに海岸に近い林で見かけることが多い。太い葉が直立し、先が裂け11～17枚の小葉をつける。小葉は長楕円形。

長く伸びる付属体が浦島太郎の釣り糸のよう

エイザンスミレ

叡山菫　　　　　　　　　　　別名：エゾスミレ

識別ポイント	葉が深く裂ける
名前の由来	比叡山で発見されたという説がある
花ことば	愛らしい女性
特徴	ミヤマスミレの亜種に分類されている。葉は元から3つに裂け、両端の葉がさらに2つに裂けているため、一見すると5つに裂けているように見える。花は薄紫だが、白に近いものもあり、園芸種としても扱われている。

DATA

園芸分類	多年草
科／属名	スミレ科スミレ属
原産地	日本
花色	○
草丈	10～15cm
花径	2cm
花期	3～5月
生育環境	山地

MEMO（観察のポイント）

本州、四国、九州の山地に分布する。半日陰の森林内に自生していることが多い。

園芸品種としても扱われる

エゾスカシユリ

蝦夷透百合　　　別名：マサロルンペ

識別ポイント	葉の下部が地下で横に這う
名前の由来	花びらの間にすきまがあることから
花ことば	無邪気
特徴	北海道の原生花園を代表する植物のひとつ。鱗茎をご飯に炊き込んだり、つぶして魚などと混ぜて食べることもできる有用植物。アイヌ語では、砂丘にあるものを意味する「マサロルンペ」と呼ばれる。

DATA

園芸分類	球根植物
科／属名	ユリ科ユリ属
原産地	日本
花色	🟠🟡
草丈	20〜90cm
花径	9〜10cm
花期	6〜8月
生育環境	原野、草原、海岸

MEMO（観察のポイント）

北海道〜本州・東北地方にまで分布。海岸の草地や岩場に生えている、スカシユリの亜種。全体に大きく、つぼみに綿毛があるのが特徴。花は上向きに咲く。花びらの間から下がすけて見えるため、スカシユリと名づけられた。

北海道から本州・東北地方にまで分布

美しい群生

from Spring

■ 春から咲く野草・山草　　　　　　　　　　　　　　　　　　　　　　　　　　　　　エビネ・エンレイソウ

エビネ
海老根　　　　　　　　　　別名：山宇波良

識別ポイント	花期および側花弁と唇弁の色で判別する
名前の由来	横に伸びる偽球茎の形がエビに似ているため
花ことば	誠実
特徴	山草のひとつとして古くから知られているランである。そのため愛好家も多い。栽培する場合は、半日陰の場所を選び、適度な湿度がポイントとなる。夏は風通しがよい場所で育て、水やりは土の表面が乾いたらたっぷり与える。

DATA
園芸分類	多年草、宿根草
科／属名	ラン科エビネ属
原産地	日本
花色	● ● ●
草丈	30〜40cm
花径	2〜3cm
花期	4〜5月
生育環境	山地

MEMO（観察のポイント）
日本全国の人里近くに見ることができる山草植物。葉はやや幅広く、長さは15〜30cm、幅5〜8cm。葉の間から花茎を伸ばし、先端に花を咲かせる。キエビネやナツエビネがあるほか、伊豆七島やヒマラヤには甘い香りをもつ品種もある。

日本全国の人里近くに見られる

エンレイソウ
延齢草　　　　　　　　　　別名：三葉葵

識別ポイント	ふつう花弁はない
名前の由来	長寿（延齢）の妙薬とされていたことから
花ことば	長生きしてください
特徴	エンレイソウには、黒紫色の花を咲かせるエンレイソウと、白花を開くシロバナエンレイソウ（ミヤマエンレイソウ）、やや大きな白い花を咲かせるオオバナノエンレイソウなどがある。昔は薬用にされた記録もあるが、全草に毒性をもつ。春先、ほかの野草や山菜と間違えて食べると、激しい嘔吐に見舞われることもあるので注意。

DATA
園芸分類	多年草
科／属名	ユリ科エンレイソウ属
原産地	日本
花色	● ●
草丈	20〜40cm
花径	1.5〜2cm
花期	4〜6月
生育環境	山地

MEMO（観察のポイント）
北海道〜四国、九州に分布。湿り気がある林に生育している。茎は直立し、基部は鱗片葉に包まれ、葉は茎の上部に3個輪生する。花は葉芯から1本の花柄を伸ばし、その先に1輪咲く。

黒紫色の花を咲かせるエンレイソウ

オウレン
黄蓮　　別名：キクバオウレン

識別ポイント	他の仲間とは葉形で判別する
名前の由来	漢名の「黄蓮」を音読みにした。わうれんと呼ばれることもある
花ことば	胃腸をお大事に
特徴	根茎はかなり苦味があり、漢方処方に多く用いられている。とくに下痢止め、健胃薬などとして重宝された。黄蓮の名は、薬用にする根茎が「珠が連なったようでいて黄色い」ことからつけられたという説もある。

DATA
園芸分類	多年草
科／属名	キンポウゲ科オウレン属
原産地	日本
花色	○
草丈	30〜40cm
花径	1cm
花期	3〜4月
生育環境	山地

MEMO（観察のポイント）
各地の山林などに野生するほか、古くから薬用として栽培も盛んに行われてきた。早春、茎先に小さな白い花を咲かせる。中国産のものはシナオウレンと呼ばれ、日本産のオウレンとは別種とされている。

日本産のオウレン

オオイヌノフグリ
大犬の陰嚢

識別ポイント	イヌノフグリに比べ花が大きく、色も違う
名前の由来	果実が犬の陰囊（ふぐり）に似て、イヌノフグリよりは花が大きいため
花ことば	子供に恵まれる
特徴	ヨーロッパ原産の帰化植物。路傍や畑の畦道などでよく見られ、早春から花を咲かせる。花弁は4裂、雄しべは2本。真冬になると、生長を止め、花芽をつけはじめる。温度差の激しい環境でも育つことができる丈夫な植物。

DATA
園芸分類	2年草
科／属名	ゴマノハグサ科クワガタソウ属
原産地	ヨーロッパ
花色	●
草丈	15〜30cm
花径	7〜10mm
花期	3〜5月
生育環境	道端

MEMO（観察のポイント）
日本各地に分布。日当たりが良い場所に生育する。茎に軟毛があり、根元から分岐してカーペット状に横に広がる。葉は卵形で、ふちにはするどいギザギザがある。上部の葉腋につく花には筋が目立つ。

イヌノフグリに比べ花が大きい

■ 春から咲く野草・山草　　　　　　　　　　　　　　　　　　　　オオジシバリ・オオニワゼキショウ

オオジシバリ
大地縛り　　　　　　　別名：ツルニガナ

識別ポイント	ジシバリと比べると葉の大きさが違う
名前の由来	ジシバリより、花も葉も大きいので
花ことば	ごくふつう
特徴	茎を切ると乳白色の汁が出て、なめると苦いことからニガナと呼ばれる。薬草としては、開花期の全草を採取し、水洗いして日干しにする。鼻づまりや健胃薬に用いられている。

DATA
園芸分類	多年草
科／属名	キク科ニガナ属
原産地	日本
花色	黄
草丈	15〜20cm
花径	2〜3cm
花期	4〜5月
生育環境	野原、草地

MEMO（観察のポイント）
日本全国のやや湿り気がある道端を好む。ジシバリに似ているが、より肥沃な場所で生育する植物。葉はへら形。茎が地面を這い、数か所からランナー（走出枝）を網のようにはりながら、殖えていく。

茎を切ると乳白色の汁が出て、なめると苦い

オオニワゼキショウ
大庭石菖　　別名：ルリニワゼキショウ・アイイロニワゼキショウ

識別ポイント	ニワゼキショウより大きいが花は小さい
名前の由来	花色が藍色のため
花ことば	清らかな貴婦人
特徴	スミレなどの在来種の植物に混ざって多く観察される。オオニワゼキショウは、ニワゼキショウに比べると花の直径はやや小さく、草丈はニワゼキショウよりも高い。白花種もある。

DATA
園芸分類	多年草
科／属名	アヤメ科ニワゼキショウ属
原産地	アメリカ
花色	紫・白
草丈	20〜30cm
花径	約1cm
花期	5〜6月
生育環境	道端

MEMO（観察のポイント）
日本各地の日当たりがよい道端に分布。ニワゼキショウは、草丈10〜20cmなのに比べて、オオニワゼキショウは、高さが20〜30cmとやや大きい。茎は細長い線状で、幅は2〜4mm。花は一見ユリのように見えるが、アヤメの仲間なので1日花。

花はニワゼキショウより小さい

オオバコ
車前草　　　　別名：オバコ

識別ポイント	トウオオバコと違いがある
名前の由来	葉が大きいことから
花ことば	耐え忍ぶ愛
特徴	オオバコの種子の外皮は、通じ薬として広く用いられる。これは、オオバコの種子の外皮に大便を軟らかくし、腸の蠕動を促進する作用があるとされているからだ。また、オオバコの成分には肝臓への脂肪沈着予防、気管支の粘液や消化液の分泌促進などの効果があるという。

DATA
園芸分類	多年草
科／属名	オオバコ科オオバコ属
原産地	ユーラシア大陸
花色	●
草丈	10〜50cm
花径	2.5mm
花期	3〜10月
生育環境	路傍、野原

MEMO（観察のポイント）
日本全土の日当たりがよい場所に生育。オオバコ科は、根強い草の代表種。葉は株立ちで茎がなく根生する。葉柄が長く、葉面は卵形または楕円形。数本の縦の葉脈があるのが特徴。夏には数本の花茎を出し穂状の小花を咲かせる。

下から上へ咲き上がる

オカオグルマ
丘小車

識別ポイント	乾いた場所に生える
名前の由来	丘に自生してサワオグルマに似ているため
花ことば	明るい人
特徴	4月から咲き出すサワオグルマに似ているが、オカオグルマは乾いたところに生え、茎や葉にくも毛が多い。そう果にも毛がある。サワオグルマよりも花つきが少なく、ひっそりとした印象の花。

DATA
園芸分類	多年草
科／属名	キク科キオン属
原産地	日本
花色	●
草丈	20〜65cm
花径	3.5〜5cm
花期	5〜6月
生育環境	野原

MEMO（観察のポイント）
本州〜四国、九州に分布。乾燥地に多く自生している。根生葉はロゼット状になる。茎葉は、先がとがり、根生葉、茎葉にくも毛が密集している。

サワオグルマに似ているが、花つきは少ない

春から咲く野草・山草　　　　　　　　　　　　　　　　　　　　　　　　オキナグサ・オドリコソウ

オキナグサ
翁草　　　　　　　　　別名：フデクサ（筆草）

識別ポイント 欧米で分布・栽培される交配種はセイヨウオキナグサ

名前の由来 果実につく毛が老人の白髪に似ていることから

花ことば 博学なあなたへ

特徴 オキナグサの魅力は、花のみではなく花の後、翁(老人)のひげのような種子を風で飛ばすところにある。地方によっては「バンバ」とも呼ばれている。

DATA
園芸分類　多年草
科／属名　キンポウゲ科オキナグサ属
原産地　日本
花色　●
草丈　10～20cm
花径　3cm
花期　4～5月
生育環境　山地

MEMO（観察のポイント）
本州～四国、九州の山地に生息する。多肉質の太い根から生える根生葉は長い柄をもち、2回羽状複葉。花は釣鐘形で、下向きに咲く。花、葉、茎、種子が銀色の毛で覆われる。

果実　　　　　　　　　　下向きに咲く

オドリコソウ
踊り子草　　　　　　　別名：オドリバナ（踊花）

識別ポイント 花は段状に咲く

名前の由来 花の形が笠を被った踊り子の姿に似ているため

花ことば 陽気な娘

特徴 人里や草地の林縁に多く生育しているが、山地の林のなかで見られることもある。若い葉芽は山菜として食用になる。花の色は淡紅紫色と白色。地域によって、どちらかに決まっていて、両方が混生することは少ない。同じ属で同じ頃に花が咲くものは、ヒメオドリコソウやホトケノザもある。

DATA
園芸分類　多年草
科／属名　シソ科オドリコ属
原産地　東アジア
花色　●○
草丈　30～50cm
花径　3～3.5cm
花期　4～6月
生育環境　山野

MEMO（観察のポイント）
葉は広めの卵形で対生、ふちに粗いギザギザがある。花は上部の葉わきに輪生する。つぼみのときは横向きだが、開花時に花の付け根から直角に曲がり、踊り子の手のように見える。

唇形の花が輪生する

オニタビラコ
鬼田平子

識別ポイント	果実に生える白い毛が目立つ。ヤブタビラコと比べ、茎の立ち方が違う
名前の由来	タビラコに似て大きいので
花ことば	仲間と一緒に
特徴	どこにでも見かける野草。羽状に切れ込んだロゼットから長い茎を立て、その先で花序が分岐し、いくつかの頭花が集まり開花する。花が終わるとタンポポの綿毛のような、小さな果実ができる。よく似たコオニタビラコは、茎が地面を這い、果実に冠毛がないため区別することができる。

DATA
園芸分類	1～2年草
科／属名	キク科オニタビラコ属
原産地	日本、オーストラリア、ポリネシア
花色	〇
草丈	20～80cm
花径	7～8mm
花期	4～10月
生育環境	人里、田畑、原野、草原、都市、市街地

MEMO（観察のポイント）
日本全国に分布。道端や庭先に生育している。場所によっては群生するが、独立していることも多い。茎や葉を切ると、白い乳液が出る。根生葉は、ロゼット状につき、茎葉は少ない。

どこにでも見かける野草

オニノゲシ
鬼野罌粟　　別名：ウバガチ

識別ポイント	ノゲシと比べ葉が違う
名前の由来	ノゲシの仲間だが、トゲが多いため
花ことば	毒舌
特徴	葉の形がケシに似ているため、ケシの仲間だと思われていたが、類縁はない。茎は角ばり、切ると白い汁がでる。ノゲシに似ているところもあるが、オニノゲシは葉に触ってみると刺があり痛い。もうひとつの識別点は、葉の基部が耳状に反ること。ノゲシは反らずに茎を抱きこむ。

DATA
園芸分類	1～2年草
科／属名	キク科ハチジョウナ属
原産地	ヨーロッパ
花色	〇
草丈	40～120cm
花径	2cm
花期	4～10月
生育環境	道端、荒地

MEMO（観察のポイント）
日本各地に分布し、雑草として扱われることが多い。ヨーロッパ原産の帰化植物。葉が厚く光沢があり、羽状に切れ込みが入る。茎の先につく花は、全て舌状花。

葉の形はケシに似ている

春から咲く野草・山草　　　　　　　　　　　　　　　　　　　　オヘビイチゴ・オランダミミナグサ

オヘビイチゴ
雄蛇苺

識別ポイント	5出複葉が目立つ
名前の由来	ヘビイチゴより大きいため「雄」がついた
花ことば	迷わせる
特徴	ヘビイチゴのような赤い実をつけることはない。勇ましい名前だが、花は可愛い。黄色い花が地べたで目立って咲き乱れる。

DATA
園芸分類	多年草
科／属名	バラ科キジムシロ属
原産地	日本
花色	◯
草丈	10～30cm
花径	8mm
花期	5～6月
生育環境	田の畔など湿った場所、野原

MEMO（観察のポイント）
本州～四国、九州に分布。茎は褐色で、全体に伏毛があり、地面にへばりつくように這う。ヘビイチゴは、ガク片の下に大きな副ガク片があるのに対して本種は、副ガク片が小さく、ガク片とほとんど変わらない大きさ。葉形もヘビイチゴ類と比較すると、見た目は5小葉が目立つが、3小葉や1小葉もある。艶があり小葉の幅が狭くとがる。

勇ましい名前だが、花は可愛い

オランダミミナグサ
和蘭耳菜草

識別ポイント	花の集まりが薄緑色で密集する
名前の由来	ヨーロッパ原産のミミナグサなので
花ことば	聞き上手
特徴	帰化植物で知られる。茎が暗紫色にならないことで、ミミナグサと区別される。最近は、日本原産のミミナグサを放逐する勢いで繁殖している。ミミナグサに比べ、柄が短い花を咲かせる。

DATA
園芸分類	2年草
科／属名	ナデシコ科ミミナグサ属
原産地	ヨーロッパ
花色	◯
草丈	10～60cm
花径	7～8mm
花期	4～5月
生育環境	道端

MEMO（観察のポイント）
ヨーロッパ原産の帰化植物として知られ、日本各地に分布している。全体に灰黄色の軟毛と腺毛が密生。茎は数本群がって、立ち上がる。葉は細めの楕円形。茎の先に白い花を咲かせる。とくに道端の日当たりに多く生育している。

ヨーロッパ原産の帰化植物として知られる

カキツバタ
杜若　　　　　　　　　別名：山茗荷

識別ポイント	水湿地～浅水中に群生する
名前の由来	花の汁で布を染めていたことから
花ことば	やさしい人
特徴	アヤメの仲間で、もっとも湿地を好む。「いずれがアヤメかカキツバタ」と言われるように、アヤメやヒオウギアヤメと、外花被片に網目がないことで簡単に識別できるが、ハナショウブとの識別が難しいとされている。ノハナショウブは、普通外花被片の紋が黄色だが、本種は白色となる。

DATA
園芸分類	多年草
科／属名	アヤメ科アヤメ属
原産地	日本、シベリア、中国東北部
花色	●
草丈	40～90cm
花径	6～8cm
花期	5～6月
生育環境	池中、湿原

MEMO（観察のポイント）
北海道～四国、九州に分布し、池中や水辺の湿地に生息。横に這い分岐群生する根径は、水中でなければ生育できない。茎は、円柱形で直立。葉の先はとがる。

アヤメの仲間でもっとも湿地を好む

カキドオシ
垣通し　　　　　　　　別名：カントリソウ（疳取草）

識別ポイント	春に咲く花は、紫色系の唇形花
名前の由来	茎がつる状で、垣根を通り抜けることから
花ことば	陰謀
特徴	生薬としても使われる薬草。連銭草と呼ばれたり、子供の疳を取り除くことから、疳取草の名もある。カキドオシは、利尿、消炎薬として、黄疸、胆道結石、腎臓結石、膀胱結石などに用いられる。また、血糖降下作用が強く、糖尿病治療にも応用できることが期待されている。

DATA
園芸分類	多年草
科／属名	シソ科カキドオシ属
原産地	日本
花色	●
草丈	5～25cm
花径	1.5～2.5cm
花期	4～5月
生育環境	野原

MEMO（観察のポイント）
北海道～四国、九州に分布し、野原や道端に生育している。茎は地面を這い、花期には立ち上がるが、花が終わるとまたつる状に地面を這う性質をもつ。葉は、腎臓形で長い柄があり対生。ふちには、ギザギザがある。花は、葉のわきにつき、唇形。

唇形の花を1～3個つける

春から咲く野草・山草　　　　　　　　　　　　　　　　　　　　　　　　カタクリ・カタバミ

カタクリ
片栗

別名：カタカゴ（傾籠）

識別ポイント	花は睡眠運動を行なう
名前の由来	栗の小葉に似ていることから
花ことば	静かな貴婦人
特　徴	古根茎の下に新根がつく。根は毎年深くなっていく。葉は長い柄があり、長楕円形で先がとがっている。

DATA
園芸分類	多年草
科／属名	ユリ科カタクリ属
原産地	日本
花　色	●
草　丈	10～15cm
花　径	4～5cm
花　期	3～5月
生育環境	山野

MEMO（観察のポイント）
北海道〜四国、九州に分布。山地の落葉樹林内でよく見ることができる植物。葉は緑白色で長さ15〜20cm、紅紫色の斑点がある。花は、茎先に1輪ずつ咲く。太陽の下では反り返り、夜や雨の日には閉じる性質がある。

落葉樹林下などに生える

カタバミ
片喰

属名：オキザリス

識別ポイント	よく見かける身近な草花
名前の由来	葉の片方が食われたように欠けているから
花ことば	パワフルな人
特　徴	雑草として知られ、槍のような実をつける。熟した実に触れると種を勢いよくはじき出す。西洋ではさまざまな言い伝えがある特別な植物。有毒な生物の害を避けるお守りで、魔女でさえカタバミのお守りには手が出せないと信じられてきた。夜はハート形の葉を閉じる。

DATA
園芸分類	多年草
科／属名	カタバミ科カタバミ属
原産地	南アメリカ、南アフリカ、中南米、日本
花　色	○
草　丈	5～15cm
花　径	2cm
花　期	10～4月
生育環境	田畑、河原、岩場、市街地など

MEMO（観察のポイント）
日陰になったり、曇りの日は花を閉じる性質がある。園芸種も多く、花色は黄色だが、類似種にムラサキカタバミ、イモカタバミ、ミヤマカタバミなど各種あり、花色は変化に富む。

雑草として知られ槍のような実を付ける

カノコソウ

鹿子草　　別名：バレリアン

- **識別ポイント**　花は複合花序
- **名前の由来**　鹿の毛のような白いまだら模様がある
- **花ことば**　淡い恋心
- **特徴**　地域によっては吉草根、海外ではバレリアンルート（カノコソウの根）と呼ばれ、「神様の睡眠薬」の異名をもつリラックスハーブとして知られる。脳内の神経伝達物質で鎮静作用があるGABA（ガンマアミノ酪酸）の産生を促す働きがあるとされ、安眠に役立つ。

DATA
- 園芸分類　多年草
- 科／属名　オミナエシ科カノコソウ属
- 原産地　ヨーロッパ、西アジア
- 花色　〇●
- 草丈　50〜80cm
- 花径　3mm
- 花期　5〜6月
- 生育環境　山地

MEMO（観察のポイント）
北海道〜本州、四国、九州に分布。山地のやや湿った草地などに生える。枝先の散房花序に小さな淡いピンク色の花を咲かせる。対生する葉は羽状に全裂し、粗いギザギザがある。

「神様の睡眠薬」の異名をもつリラックスハーブ

from Spring

61

カモジグサ

髢草　　別名：ナツノチャヒキ

- **識別ポイント**　アカカモジグサと比べ、小穂と小花が異なる
- **名前の由来**　子どもが「かもじ（そえ髪）」として、この穂を使って遊んだことから
- **花ことば**　童心
- **特徴**　日本全土の道端、畑のふちなどに分布。小穂は2〜3cm程度と長く、よく似たカニツリグサ属と比べて2倍以上の長さ。内花頴は外花頴とほぼ同長と長く、アオカモジグサの内花頴が外花頴の3分の2程度なので区別できる。

DATA
- 園芸分類　多年草
- 科／属名　イネ科カモジグサ属
- 原産地　ヨーロッパ
- 花色　●
- 草丈　50〜100cm
- 花径　18〜25cm（花穂）
- 花期　5〜7月頃
- 生育環境　野原、道端

MEMO（観察のポイント）
北海道、本州、四国、九州、沖縄に分布。種子で繁殖し、土手の斜面や空き地、道端などに群がる。葉は線状披針形で、やや厚みと光沢がある。茎は分かれて大きな株になる。花穂は長さ18〜30cm、20〜30個の小穂が2列につき、穂は弓なりに垂れる。

日本全土の道端、畑のふちなどに分布

■ 春から咲く野草・山草　　　　　　　　　　　　　　　　　　　　　　　　　　　　　カラスノエンドウ

カラスノエンドウ
烏野豌豆　　　　　別名：イヌソラマメ（犬空豆）

識別ポイント	スズメノエンドウと比べ実が違う
名前の由来	スズメノエンドウより実が大きいので
花ことば	小さな恋人たち
特　徴	雀野豌豆の方よりも実が大きく、若葉は油炒めで食べることもできる。群馬県では、さやから豆を取り除き、笛のようにして吹くと空気が振動し、音が出ることから、子供たちは「しびび」と呼ぶとか。

DATA

園芸分類	2年草
科／属名	マメ科ソラマメ属
原産地	日本、アジア、ヨーロッパ
花色	●
草丈	60～100cm
花径	1～1.5cm
花期	3～6月
生育環境	野原

MEMO（観察のポイント）

本州から沖縄まで日本各地に分布し、野原などの日当たりがよい場所に生育。葉は互生する羽状の複葉。小葉は3～8枚つき、小葉の先は少しへこむ。複葉の先には巻きひげがあり、他のものに絡みつく。豆果の長さは3～5cm、広線形で黒く熟す。

花の拡大

本州から沖縄まで日本各地に分布　　　　　豆果。広線形で黒く熟す

カラスビシャク

烏柄杓 別名：ハンゲ（半夏）

識別ポイント	特徴的な仏炎苞をもつ
名前の由来	仏炎苞をカラスが使う柄杓に見立てて
花ことば	心落ち着けて
特徴	半夏は、夏の半ばにカラスビシャクの花が開花するためにつけられた。春には地下に径1センチくらいの白い球茎ができ、長い柄を持つ葉が出てくる。葉は3枚の小葉からなり、花茎は葉の基部で分かれ葉より高く伸びる。花茎の先端に長さ6～10cmの筒状で上部が開いた苞（仏炎苞）をつける。

DATA
園芸分類	多年草
科／属名	サトイモ科ハンゲ属
原産地	日本
花色	○
草丈	20～40cm
花径	6～10cm（仏炎苞の長さ）
花期	5～8月
生育環境	畑、道端

MEMO（観察のポイント）
日本全土の日当たりがよい畑、路傍、堤、川原などに生育。畑の中の雑草のひとつ。カキ、ミカン、クワ、茶などの畑に、普通に見かける多年生草本。

特徴的な仏炎苞をもつ

カントウタンポポ

関東蒲公英 別名：アズマタンポポ（東蒲公英）

識別ポイント	セイヨウタンポポに比べ総苞外片が反り返らない
名前の由来	関東地方に多いタンポポなので
花ことば	明るい笑顔が好き
特徴	若葉は食用にされ、根はコーヒーのような飲み物になる。帰化種がふえて在来種が少なくなっている植物の中でも、カントウタンポポは最も減少傾向が著しい。最近の研究では、日本のタンポポの多くを1種にまとめる見解もある。それに従うと、カントウタンポポもカンサイタンポポも同じニホンタンポポという種に入れられることになる。

DATA
園芸分類	多年草
科／属名	キク科タンポポ属
原産地	日本
花色	●○
草丈	10～30cm
花径	3.5～4cm
花期	3～5月
生育環境	道端、野原

MEMO（観察のポイント）
関東から中部地方東部に分布。道端や野原で生育している。葉は羽状に裂ける倒披針形。茎先で咲く花は、総苞片は直立し、外総苞片は反り返らない。

減少傾向が著しい　　外総苞片は反り返らない

■ 春から咲く野草・山草 ■　　　　　　　　　　　　　　　　キエビネ・キクザキイチゲ

キエビネ
黄海老根

識別ポイント	唇弁の中央裂片の先は下垂する
名前の由来	黄色の花を咲かせるエビネ
花ことば	美しい貴婦人
特徴	エビネに似ているが、大型で葉の幅が広く、花が鮮黄色。ほかのエビネと交雑し、最近は純粋種が減少している。

DATA
園芸分類	多年草
科／属名	ラン科エビネ属
原産地	日本、台湾、ヒマラヤ
花色	黄
草丈	20～70cm
花径	2～3cm
花期	4～5月
生育環境	山地、丘陵地

MEMO（観察のポイント）
和歌山、山口、四国、九州の山地に多く分布し、暖地の樹林下で生育。エビネより全体に大きい。エビネは唇弁の中裂片が2裂するが、キエビネは裂しない。花に芳香があるニオイエビネは、伊豆諸島原産でやや寒さに弱い。家庭園芸として楽しむ場合には、冬は室内に入れるとよい。

黄色が目立つ大きな花

キクザキイチゲ
菊咲一華　別名：キクザキイチリンソウ（菊咲一輪草）

識別ポイント	ガク片は狭円形
名前の由来	菊に似ているところから
花ことば	静かな瞳
特徴	茎は単一で直立。茎頂に苞葉（ほうよう）があり、3葉が輪生、各々は有柄の3出葉。包葉の中心から柄を1本出し淡紫色や白色の花が咲く。ガク片は花弁状。日が当たると平開する。西日本には、よく似て葉が単純に3裂するユキワリイチゲが自生している。

DATA
園芸分類	多年草
科／属名	キンポウゲ科 イチリンソウ属
原産地	日本
花色	白・紫・桃
草丈	10～30cm
花径	3cm
花期	3～6月
生育環境	人里、田畑、山地、森林

MEMO（観察のポイント）
北海道～本州に分布。里山から低山で生育。花は白からかなり濃い水色までさまざまな色があり、早春に開花。よく似たものとして、アズマイチゲ、イチリンソウ、ヒメイチゲなどがある。

日なたに生える人気の野草

淡紫色のキクザキイチゲ

キケマン
黄華鬘

識別ポイント	折るとオレンジ色の液が出る
名前の由来	仏前を飾る「ケマン」に似ていることから
花ことば	祈りのある生活
特徴	ケマンと名のついた草には、アルカロイド系の有毒成分が多少含まれているため、誤食に注意。茎をちぎった時、セリのよい香りがしたら食用だが、逆に不快臭がしたらキケマン、ムラサキケマン、ミヤマキケマンなどの食べてはいけない有毒植物。キケマン類の花には白色はなく、紫や黄色で茎に沿って縦長に開花。

DATA
園芸分類	2年草
科／属名	ケシ科キケマン属
原産地	日本
花色	○●
草丈	40～80cm
花径	5mm前後
花期	4～6月
生育環境	人里、田畑、原野、草原、海岸

MEMO（観察のポイント）
本州から四国、九州に分布。海岸や低山に生育。葉は長さ幅ともに、20cm前後。白緑色で、3～4枚の羽状に裂け、三角形。花は茎先に黄色の総状。仲間に、耐寒性のあるミヤマキケマンがある。

海岸や低山に生育

キジムシロ
雉蓆　　別名：オオバツチグリ（大葉土栗）

識別ポイント	ミツバツチグリと比べ花と葉が違う
名前の由来	草の形が丸いので、雉が座る蓆を思わせるため
花ことば	陽だまりのお茶席
特徴	ミツバツチグリ、オヘビイチゴなどに似ているが、キジムシロは葉が奇数羽状複葉で5～9個の小葉を持ち、頂小葉が大きく、ミツバツチグリは3小葉が長い柄についている。オヘビイチゴは5小葉で上部の葉は3小葉。別名のオオバツチグリは、生のままで根を食べるとクリに似た味がすることから。

DATA
園芸分類	多年草
科／属名	バラ科キジムシロ属
原産地	日本、朝鮮半島、中国、シベリア
花色	○
草丈	5～30cm
花径	10～15mm
花期	4～5月
生育環境	人里、田畑、山地、低山、河原、渓流、原野、草原

MEMO（観察のポイント）
北海道～四国、九州に分布。全体に荒い毛がある。葉は奇数羽状複葉で、小葉は5～9枚、頂小葉が大きい。集散状花序を出し、黄色の花を咲かせる。本種の仲間のうち、ヒマラヤ原産のものが、ヨーロッパで品種改良され、多くの園芸種もある。

山野のいたるところで見られる

春から咲く野草・山草　　　　　　　　　　　　　　　　　　　　　　　　　　　　　　キショウブ・キツネアザミ

キショウブ

黄菖蒲　　別名：キバナショウブ（黄花菖蒲）

識別ポイント	花は基部に茶色の網目がある1日花
名前の由来	花が黄色い菖蒲なので
花ことば	明るい笑顔
特徴	明治30年頃、観賞用として輸入されたものが野生化し、各地に殖えたとされている帰化植物。ショウブと名がつけられているが、菖蒲湯に使うショウブはサトイモ科、薬効があるもので別種。

DATA

園芸分類	多年草
科／属名	アヤメ科イリス属
原産地	ヨーロッパ
花色	〇
草丈	60〜100cm
花径	6〜8cm
花期	5〜6月
生育環境	水辺

MEMO（観察のポイント）

日本全土で野生化し、湿地や河川敷、池や沼のほとりなどで生育する。葉は長く、太い中央脈がある。花はきれいに3方向に出て外に垂れ下がり、花びらは大きくて丸い。内側の花びらは立ち上がり、入ってきた昆虫の背中に花粉がつくように、花筒の中に雄しべがある。

水辺を好む

キツネアザミ

狐薊

葉には白い綿毛が密生

識別ポイント	葉には白い綿毛が密生している
名前の由来	キクなのにアザミに似ていて、きつねにだまされたようだから
花ことば	ウソは嫌い
特徴	古い時代に、中国大陸から渡来したと考えられている帰化植物。アザミの仲間と思い込んでしまうが、キクの仲間。若葉は食用になることでも知られている。

DATA

園芸分類	2年草
科／属名	キク科キツネアザミ属
原産地	中国大陸
花色	●
草丈	60〜80cm
花径	15mm前後
花期	5〜6月
生育環境	道端、田畑

MEMO（観察のポイント）

本州〜沖縄に分布し、人里に近い道端に生育。葉には鳥の羽のような切れ込みがあり、裏には白い毛が一面に生えているが、アザミのようなとげはない。茎は中空で、少し毛がはえている。茎の上の方でよく枝分かれする。頭花は紅紫色で、アザミに似ているが、少し小さい。

キツネノボタン
狐の牡丹

識別ポイント	茎は無毛
名前の由来	葉は牡丹に似るが、騙されたように花が違うため
花ことば	騙しうち
特徴	山野の湿地を好んで自生する多年草。根生葉は長い柄の先につく3出複葉。小葉は深い切れ込みがあり、ふちにギザギザが目立つ。茎葉の葉柄は短く、互生する。春から夏にかけて咲く花は、径1～2cmの黄色い5弁花。

DATA

園芸分類	多年草
科／属名	キンポウゲ科キンポウゲ属
原産地	日本
花色	●
草丈	30～60cm
花径	1～2cm
花期	4～7月
生育環境	野山、湿地

MEMO（観察のポイント）

日本全土に広く分布している。キツネノボタンの茎は無毛だが、ケキツネノボタンの茎には毛が生える。有毒植物なので、注意が必要。

ケキツネノボタンより葉の切れ込みは浅い

キュウリグサ
胡瓜草

別名：タビラコ

識別ポイント	紫色の小花を咲かせる
名前の由来	葉を揉むとキュウリに似た香りがするため
花ことば	愛しい人へ
特徴	草を手でよく揉んで臭いをかぐとキュウリに似た臭いがする。果実は先がとがる4分果。

DATA

園芸分類	2年草
科／属名	ムラサキ科キュウリグサ属
原産地	アジア
花色	●
草丈	10～30cm
花径	2mm
花期	3～5月
生育環境	2年草

MEMO（観察のポイント）

日本全国に分布していて、アジアの温帯にも広く生育。葉は互生し長楕円形で、丸みがある。根本から出る葉は卵円形で、葉身より長い葉柄がある。地面にへばりつき、越冬する。茎は下部からよく枝分かれし、先は直立して短い毛が生えている。花はワスレナグサに似ているが小さい。小さい花がついた穂は、下の方から順に開花する。

日本全国に分布。アジアの温帯にも広く生育

キランソウ

黄瘡小草　別名：ジゴクノカマノフタ（地獄の釜の蓋）

識別ポイント	茎は丸く、地を這って広がる
名前の由来	黄瘡小草と漢名で呼ばれていることから
花ことば	健康をあなたへ
特徴	別名のジゴクノカマノフタは、薬草として優れ、地獄の釜すらも蓋をしてしまいそうなものだということから。ちなみに、民間療法では、切り傷から胃腸薬にまで使われ、地域によっては「医者殺し」の呼び名もある。

DATA

園芸分類	多年草
科／属名	シソ科キランソウ属
原産地	日本
花色	●
草丈	10〜20cm
花径	5〜6mm
花期	3〜5月
生育環境	野原、道端

MEMO（観察のポイント）

本州〜四国、九州に分布。人里近くに生育している。茎は直立せず、地を這うように広がり、根生のロゼット葉は放射状、ふちにあらいギザギザがある。茎葉は対生、上部の葉は小さい。葉わきにつく花は、唇形で美しい紫色をしている。

薬草としても優れている

キンラン

金蘭

識別ポイント	唇弁は3裂し、側裂片は内側に巻く
名前の由来	花が鮮やか黄色なので
花ことば	華やかな美人
特徴	登山者などに採取され、あまり見かけなくなってきた自生ランのひとつ。美しいランだが、ラン菌の力に頼る半腐生のようなランなので、栽培は事実上不可能だとされている。

DATA

園芸分類	多年草
科／属名	ラン科キンラン属
原産地	中国、日本
花色	○
草丈	20〜40cm
花径	1〜1.5cm
花期	4〜6月
生育環境	山地、雑木林

MEMO（観察のポイント）

本州〜四国、九州に分布。やや薄暗い林下に自生する地生蘭。比較的大型になり、美しい黄色の花を咲かせる。山中よりも、人里近くの林道などあまり下草が生い茂っていない場所で多く見つけられている。葉は長楕円形披針形で、厚く粗いシワがある。基部は茎を抱き、互生。茎先に開花する花は、総状。

鮮やか黄色の花

ギンラン
銀蘭

識別ポイント	ササバキランと比べ苞葉が異なる
名前の由来	花が白色なので
花ことば	おとなしい貴婦人
特　徴	葉形がキンランに似ていることから、金蘭銀蘭で親しまれるようになった。仲間に、やや大型のササバギンランがある。

DATA
園芸分類　多年草
科／属名　ラン科ギンラン属
原産地　　日本
花　色　　○
草　丈　　15〜30cm
花　径　　1cm
花　期　　5〜6月
生育環境　山地、丘陵

MEMO（観察のポイント）
本州〜四国、九州に分布。山地の落葉樹林下などに生育。葉の長さは、3〜8cmの長楕円形で葉先がとがり、3〜6枚の葉が互生。茎先で開花する花は、白で3〜5個がまとまってつき、半開きで開花はしない。

花は白色。山地の落葉樹林下などに生育

ギンリョウソウ
銀竜草　　別名：ユウレイタケ

識別ポイント	果実は液果で下向きにつく
名前の由来	竜の姿に見立て名づけられた
花ことば	そっと見守る
特　徴	全草光沢のある白色で葉緑素をもたない。葉緑素はないが、落葉などから養分をとって立派に花を咲かせ実をつける。茎には鱗片が多数つき、その様子が竜の鱗を思わせることから銀竜草と呼ばれる。また、その怪しげな姿からユウレイタケの別名もある。

DATA
園芸分類　多年草
科／属名　イチヤクソウ科ギンリョウソウ属
原産地　　日本
花　色　　○
草　丈　　20cm
花　径　　1cm
花　期　　5〜8月
生育環境　山地、低山、森林、林縁

MEMO（観察のポイント）
日本全土の薄暗い林内に生育。植物としては奇異な姿なので、珍しい植物と思われがちだが、低山から深山まで普通に見られる。よく似たものに、シャクジョウソウ属のギンリョウソウモドキがある。花期は秋でガク片や花弁に細かい切れ込みがあり、果実は本種が液果で下向きなのに対して、さく果で上を向くので区別できる。

よく見ると可憐な花

■ 春から咲く野草・山草 ■　　　　　　　　　　　　　　　　　　　　　クサノオウ

クサノオウ
瘡の王

識別ポイント	葉茎を切ると黄色の乳液が出る
名前の由来	皮膚病の民間療法に使われていたことから
花ことば	私を見つけて
特徴	夏から秋にかけて全草を刈りとり、天日で乾燥させて民間療法に使用される。生薬名は「白屈菜」と呼ぶ。非常に毒性が強いため、民間での内服は禁止。有毒部分は、茎葉から出る橙黄色の汁液。酩酊状態、嘔吐、昏睡、呼吸麻痺を引き起こすとされている。

DATA
園芸分類	1〜2年草
科／属名	ケシ科クサノオウ属
原産地	日本
花色	●
草丈	30〜80cm
花径	2cm
花期	5〜7月
生育環境	野原

MEMO（観察のポイント）
北海道〜四国、九州に分布し、草地の日当たりがよい場所で生育。茎は、中空で全体が柔らかい。粉白色をしていて、切ると黄色い汁液を出す。葉は、1〜2回羽状に深く切れ込みが入り、葉と茎には縮れ毛が密生。茎先につく花は黄色で花弁は4枚。

非常に毒性が強いため、民間での内服は禁止

葉には深い切れ込みが入る

茎は縮れ毛のため白っぽく見える

クサフジ

草藤

識別ポイント	花には芳香がある
名前の由来	花がフジ(藤)に似ていることから
花ことば	私を支えて
特　徴	花は藤の花のように多数が連なり、甘い香りをもつ。葉はカラスノエンドウ(烏野豌豆)に似た羽状複葉。先端は巻きひげになる。5～9月、総状花序に青紫の花を咲かせる。

DATA
- 園芸分類　多年草
- 科／属名　マメ科ソラマメ属
- 原産地　日本
- 花　色　●
- 草　丈　80～100cm
- 花　径　1cm
- 花　期　5～9月
- 生育環境　原野、山麓

MEMO（観察のポイント）
北海道～本州、九州にかけて分布。林の縁や日当たりがよい草原に生育。潅木や草原のほかの草などにからまって大きな群落をつくる。先端には巻きひげがあり、それを使ってうまく周りのものに絡みつく。

花は藤の花のよう

from Spring

71

クマガイソウ

熊谷草　　別名：クマガエソウ

識別ポイント	扇状円形の葉には、放射状の縦じわがある
名前の由来	袋状の唇弁を熊谷直実の母衣に例えたため
花ことば	あなたを守ります
特　徴	熊が出そうな場所に咲くわけではなく、袋状の唇弁を熊谷直実が背負った母衣にたとえて名前がつけられた。また、このクマガイソウに対応させたアツモリソウ(敦盛草)は、平敦盛にちなんで名づけられた。

DATA
- 園芸分類　多年草
- 科／属名　ラン科アツモリソウ属
- 原産地　日本(沖縄を除く)、朝鮮半島、中国
- 花　色　●○
- 草　丈　20～40cm
- 花　径　8～10cm
- 花　期　4～5月
- 生育環境　山地

MEMO（観察のポイント）
北海道～四国、九州に分布。竹藪や林中などで生育。葉はひだがあり団扇状で、2枚が対生。群生している場所では、全ての花が同じ方向を向いて咲く。大きな群落をつくっている場合もある。

竹藪や林中などで生育

■ 春から咲く野草・山草 ■　　　　　　　　　　　　　　　　　　　　　　　　　　　クリンソウ

クリンソウ
九輪草　　　　　別名：ヒャクニチソウ（百日草）

識別ポイント	花は輪状に数段つく
名前の由来	段咲きする花の姿を仏塔の屋根にある「九輪」に見立てて
花ことば	少年時代の思い出
特　徴	園芸品種としても扱われ、管理する場合は、夏の高温をきらう。冷涼地では管理は容易だが、暖地では1年草として栽培。種子から育てるには、春〜夏にまけば、翌春開花。

DATA

園芸分類	多年草
科／属名	サクラソウ科サクラソウ属
原産地	日本、東北アジア、シベリア東部
花色	●
草丈	40〜80cm
花径	2〜2.5cm
花期	5〜6月
生育環境	山地や深山の湿地

MEMO（観察のポイント）

北海道〜本州、四国に分布。山地や深山の湿地に生育している。とくに日本では、間間地の渓流沿いの湿地に自生する大型のサクラソウが多い。春に長さ15〜40cmほどのへら状の葉をロゼット状に出し、花茎を伸ばし、段状に花を輪生する。下方から順に数段の花を開花させる。

山間地の渓流沿いの湿地に自生する大型のサクラソウ

大形で段咲きとなる

グンバイナズナ

軍配薺

識別ポイント	マメグンバイナズナと比べ果実の大きさが違う
名前の由来	果実の形が軍配に似ているため
花ことば	勝っても負けても
特徴	人里の空き地や畑地で見られるヨーロッパ原産の帰化植物。変わった匂いをもつ。茎は直立し、根出葉は早く枯れ、上方の葉は矢じり形に茎を抱く特徴がある。果実は扁平で広い翼があり、軍配扇に似ている。

DATA
園芸分類	2年草
科／属名	アブラナ科グンバイナズナ属
原産地	ヨーロッパ
花色	○
草丈	30〜60cm
花径	4〜5mm
花期	3〜6月
生育環境	野原

MEMO（観察のポイント）
日本全国に分布し、草地や田の畦に生育。根生葉は、10〜20cmのヘラ形で、花期には枯れる。茎葉のふちには浅いギザギザがあり、上部の葉は細く、基部を抱く。花は茎先で開花し、花弁は4枚。

果実は扁平。軍配扇に似ている

ケキツネノボタン

毛狐の牡丹

識別ポイント	キツネノボタンと比べ茎葉に毛がある
名前の由来	キツネノボタンに似て、毛があるため
花ことば	ウソをつくなら上手に騙して
特徴	果実は、キツネノボタンと同じコンペイトウ状だが、ケキツネノボタンはゴマ粒の集まりのように見えるが、キツネノボタンは、果実の先端が鉤状に曲がる。

DATA
園芸分類	多年草
科／属名	キンポウゲ科キンポウゲ属
原産地	日本、朝鮮半島、中国
花色	●
草丈	40〜60cm
花径	2mm
花期	3〜7月
生育環境	野原、道端

MEMO（観察のポイント）
本州〜沖縄にかけて分布。田の畦などで生育。遠くから見るとタガラシに似ているが、タガラシの実は長楕円形で金平糖状ではないので区別が可能。また、キツネノボタンにも似ているが、茎や葉柄に開出毛が多く、花柱が短い点で区別できる。葉は3出複葉で小葉にはギザギザがある。

田の畦などに自生

■ 春から咲く野草・山草　　　　　　　　　　　　　　　　　　　　　　　　　　　　　　　　　ゲンゲ・ゲンジスミレ

ゲンゲ

紫雲英　　　別名：レンゲソウ（蓮華草）

識別ポイント	どこにでも生えている身近な植物
名前の由来	別名のレンゲは、花の咲いているようすが蓮に似ていることから
花ことば	無邪気な女の子
特徴	中国原産の帰化植物で、水田の緑肥として栽培されていたものだが、野生化している。

DATA

園芸分類	2年草
科／属名	マメ科ゲンゲ属
原産地	中国
花色	●
草丈	10〜30cm
花径	1.5cm
花期	4〜6月
生育環境	水田、野原

MEMO（観察のポイント）

日本各地に分布。茎は根元で分岐して、地面を横に這って広がっていく。葉は長さ8〜15cmの羽状複葉。小葉は薄く、裏にまばらな毛がある。花は葉の脇から、花柄を伸ばして蝶形の花を開花する。

各地で野性化している

ゲンジスミレ

源氏菫

識別ポイント	スミレの仲間
名前の由来	源氏物語の光源氏の名前にちなんで名づけられた
花ことば	高貴な人
特徴	葉の裏が紫色になることから、「源氏物語」の著者紫式部に名づけられたという説もある。花は薄桃色に色づき、中心部はやや緑がかるのが特徴。日本で鑑賞用に育てられているうちに、野生化したとされる。

DATA

園芸分類	多年草
科／属名	スミレ科スミレ属
原産地	朝鮮半島、中国東北部
花色	●○
草丈	7〜10cm
花径	1.5cm
花期	4〜5月
生育環境	山地

MEMO（観察のポイント）

中部地方〜関東地方にかけてと、四国や東北の山地に隔離分布。山地や林内に生育している。葉は卵形で、葉の基部は先がとがるハート形。葉の裏が美しい紫色。自生地でも個体数は少なく、あまり群生もしない。

花は薄桃色（葉裏は紫色）

コウゾリナ

髪剃菜　　別名：カミソリナ（剃刀拿）

- **識別ポイント**　太くかたい毛が特徴
- **名前の由来**　茎や葉に手が切れるような剛毛があるため
- **花ことば**　私に触らないで
- **特　徴**　葉縁を顔に当てると、剃刀でそっているような感じがすることから、子供たちがちぎって遊んでいたことで知られる植物。

DATA
- 園芸分類　2年草
- 科／属名　キク科コウゾリナ属
- 原産地　不明
- 花　色　●（黄）
- 草　丈　30〜100cm
- 花　径　2〜2.5cm
- 花　期　5〜10月
- 生育環境　山野

MEMO（観察のポイント）
北海道〜四国、九州に分布。草地や道端に生育する2年草。全体に褐色から赤褐色の剛毛がある。総苞は黒っぽい緑色で剛毛や軟毛があり、葉には倒披針形でふちに鋭いギザギザがある。茎は真っ直ぐに伸び、円く赤褐色の硬い毛がある。

草地や道端に生育

コスミレ

小菫

- **識別ポイント**　スミレ属の特徴のひとつである翼がない
- **名前の由来**　スミレをそのまま小型にしたようなので
- **花ことば**　小さな愛
- **特　徴**　名前に反し、夏はかなり大型の葉になる。花のないときにノジ、アカネスミレと間違えられることもある。

DATA
- 園芸分類　多年草
- 科／属名　スミレ科スミレ属
- 原産地　日本、朝鮮半島
- 花　色　●●
- 草　丈　5〜12cm
- 花　径　1〜1.5cm
- 花　期　3〜4月
- 生育環境　山野

MEMO（観察のポイント）
日本全国に分布し、人里近くの山野や裸地に生育。葉は先が尖り、長めの心形から卵形。ふちには鈍いギザギザがある。葉柄の長さは2〜3cm。スミレにはあるひれ翼はない。花は茎先につき群生する。

花は淡紫色で側弁は無毛

コバイケイソウ
小梅恵草

識別ポイント	バイケイソウと比べて花の色が異なる
名前の由来	バイケイソウに比べて小さいため
花ことば	振り向いて欲しいの
特徴	大型で群生する有毒植物。一見おいしそうに見えるが、登山者が間違って食べ中毒症状を起こすほか、犬やネコも間違って食べてしまうことがあるので注意すること。

DATA

園芸分類	多年草
科／属名	ユリ科シュロソウ属
原産地	日本、朝鮮半島、中国、ロシア
花色	○○
草丈	1m前後
花径	1cm
花期	7〜8月
生育環境	山地の湿地

MEMO（観察のポイント）

中部地方以北〜北海道に分布。亜高山から高山の湿った草原に生育。根は地中深く伸び、茎は太く、葉は鮮やかで艶がある。葉は、広めの卵形。縦にシワがあり互生する。茎先に梅に似た白から薄緑色の花を開花する。

大型で群生する有毒植物

コバノタツナミ
小葉の立波　　別名：ビロードタツナミ

識別ポイント	タツナミソウと葉の大きさが違う
名前の由来	葉の小さなタツナミソウなので
花ことば	心の動揺を抑えて
特徴	園芸種として 白色のものもある。茎の下部は地面に這って伸びる。葉は小さく、長さ幅ともに1cm程度。葉と茎には、短毛がビロード状につく。

DATA

園芸分類	多年草
科／属名	シソ科タツナミソウ属
原産地	日本
花色	●●○
草丈	5〜20cm
花径	1.5〜2cm
花期	4〜6月
生育環境	山野

MEMO（観察のポイント）

関東地方以西〜四国、九州に分布。海岸や岩上に生育し、雑草化している場合が多い。

海岸や岩上に生育

コバンソウ

小判草　　別名：タワラムギ（俵麦）

識別ポイント	ヒメコバンソウと小穂の大きさが違う
名前の由来	黄褐色の小穂が小判のように見えるので
花ことば	お金持ち
特徴	明治時代に渡来し、鑑賞用に栽培が開始された。コバンソウの花穂は、小判を思わせるおもしろいかたちなので、ドライフラワーとしても人気が高い。都市部や海岸の砂地に帰化したものが多い。

DATA

園芸分類	1年草
科／属名	イネ科コバンソウ属
原産地	地中海地方
花色	🟢🟠
草丈	30〜40cm
花径	1.5〜2cm（小穂の長さ）
花期	4〜5月
生育環境	荒地、道端、海岸、砂地

MEMO（観察のポイント）

日本各地に分布し、春小麦と同様、春先に発芽して夏に開花、結実する1年草。茎は細く直立し、葉は細長い剣形。花は茎先に集まり、小穂をつくる。

小判をイメージさせる

from Spring

77

コメツブウマゴヤシ

米粒馬肥　　別名：コメツブマゴヤシ

識別ポイント	ウマゴヤシの花よりやや小さい
名前の由来	豆果の形が米粒のようなので
花ことば	小さな秘密
特徴	江戸時代に渡来し、日本各地で帰化。似ている植物にジャコウソウ属のコメツブツメクサがある。両者は名前が似ているが、托葉の形が違うし、ガクの形も違う。

DATA

園芸分類	1〜2年草
科／属名	マメ科ウマゴヤシ属
原産地	ヨーロッパ
花色	🟡
草丈	30〜60cm
花径	3〜4mm
花期	5〜7月
生育環境	野原、道端

MEMO（観察のポイント）

茎は基部から分岐し、地を這い斜上する。葉は卵形で、小葉が3枚ずつつき、上部にこまかいギザギザがある。また、コメツブツメクサは花が枯れた後も残って果実を包み続けるため、果実は花を除かないと露出しない。

花は黄色で小さい

■ 春から咲く野草・山草　　　　　　　　　　　　　　　　　　コメツブツメクサ・コモチマンネングサ

コメツブツメクサ
米粒詰草　　別名：コゴメツメクサ

識別ポイント	茎はよく分枝する
名前の由来	花が小さく米のようなので
花ことば	ごはんを食べましょう
特徴	明治後期に渡来し、日本各地で繁殖。類似種に「コメツブウマゴヤシ」があり、どちらも牧草として有用。コメツブツメクサは草丈が低く、コメツブウマゴヤシのほうが草丈が高い。花穂の大きさもかなり違う。

DATA
園芸分類	1年草
科／属名	マメ科シャクジソウ属
原産地	ヨーロッパ
花色	○
草丈	20〜40cm
花径	3〜4mm
花期	5〜9月
生育環境	道端、荒

MEMO（観察のポイント）
日本各地に分布する帰化植物。茎はよく分枝し、地を這う。葉は小葉で、先が広い卵形。葉柄は短く、1節から3枚ずつつく。花は蝶形花で密集している。

日本各地で繁殖

コモチマンネングサ
子持ち万年草

識別ポイント	多数のムカゴがつく
名前の由来	ムカゴが茎についている様子から
花ことば	子供と遊ぶ
特徴	葉の脇に無数のムカゴ(無性芽)がつき、それが地面に落ちて繁殖していくため、種子はできない。

DATA
園芸分類	2年草
科／属名	ベンケイソウ科キリンソウ属
原産地	日本、中国
花色	○
草丈	7〜15cm
花径	8〜10mm
花期	5〜6月
生育環境	道端

MEMO（観察のポイント）
本州〜沖縄に分布し、道端や田の畦などで生育。茎は地面を這い、上部で立ち上がる。葉は互生し、下部は卵形。黄色の花は茎先で開花する。

本州から沖縄に分布

サイハイラン

采配蘭

識別ポイント	ランの仲間
名前の由来	昔、武将が用いた采配の形に花が似ていることから
花ことば	人生の勝負師
特徴	地中にラッキョウよりもやや大きめの偽球茎があり、毎年1球ずつ横に並ぶように増殖していく。

DATA

園芸分類	多年草
科／属名	ラン科サイハイラン属
原産地	日本、朝鮮半島、中国、ヒマラヤ
花色	●
草丈	30～40cm
花径	5cm
花期	4～6月
生育環境	山地

MEMO（観察のポイント）

北海道～四国、九州に分布し、山林の樹陰などで生育。葉は偽球茎から出て、先のとがった細長い卵形。葉先から花茎が伸び、10～20個の花を開花させる。花は一方に片寄った形で下向きに咲く。

山林の樹陰などで生育

サギゴケ

鷺苔　　別名：サギシバ（鷺芝）

識別ポイント	美しいサギが両翼を広げて舞う
名前の由来	花の形がシラサギのように見えるため
花ことば	想いをつのらせないで
特徴	ムラサキサギゴケは、花が紫色、サギゴケの花は白色と区別されているが、混生していることも多く、区別しない考え方もある。

DATA

園芸分類	多年草
科／属名	ゴマノハグサ科サギゴケ属
原産地	日本
花色	○
草丈	10～15cm
花径	1cm
花期	4～6月
生育環境	野原

MEMO（観察のポイント）

本州～四国、九州に分布するムラサキサギゴケの白花品種。葉は先が丸い卵形で根元に集まり、その間から細長い枝を出し地面を這うようにして、横に広がっていく。そのため、苔の一種と思われて名づけられた。

シラサギのような花の形

■ 春から咲く野草・山草　　　　　　　　　　　　　　　　　　　　　　　サクラソウ・ササバギンラン

サクラソウ

桜草　　　　　別名：トキワザクラ（常磐桜）

識別ポイント	品種がとても多い
名前の由来	花がサクラに似ていることから
花ことば	私のことを想って
特徴	大阪府と埼玉県の花として指定されている。群生地は、保護指定されている植物。しかし、都市化や河川改修のために自生地が減り、絶滅が心配されている。

DATA

園芸分類	多年草
科／属名	サクラソウ科サクラソウ属
原産地	日本、中国
花色	●
草丈	15～40cm
花径	2～3cm
花期	4～5月
生育環境	山野

MEMO（観察のポイント）

北海道～九州に分布。山野の湿地などに生育。葉は卵形で、ふちには浅い切れ込みがある。長い花茎が直立し、その先で開花。花は数個まとまって咲く。花弁は5裂。

サクラソウの群生

ササバギンラン

笹葉銀蘭

識別ポイント	ギンランに比べて大型に育つ
名前の由来	ギンランの仲間で葉が笹に似ているので
花ことば	そっと見守っていてください
特徴	葉はギンランよりやや硬く、卵状披針形で先はとがっている。全体にギンランよりも大型である。

DATA

園芸分類	多年草
科／属名	ラン科キンラン属
原産地	日本、朝鮮半島、中国
花色	○
草丈	30～50cm
花径	1cm
花期	5～6月
生育環境	山地

MEMO（観察のポイント）

北海道～四国、九州に分布。落葉樹林などに生育。葉の表面と縁には、ルーペで見ると白色の短毛状の突起がある。

花は白色。茎上部の葉は細長く伸びる

ザゼンソウ

座禅草　　別名：ダルマソウ（達磨草）

識別ポイント	ミズバショウより一足早く咲く
名前の由来	座禅を組んでいるような姿から名づけられた
花ことば	忍耐力
特徴	頭巾をかぶった坊さんが、座禅を組んでいるような姿から座禅草と呼ばれているが、達磨和尚をイメージして「ダルマソウ」とも呼ばれている。ミズバショウ（水芭蕉）と一緒に紹介されることも多い植物だが、水の中にはあまりない。

DATA

園芸分類	多年草
科／属名	サトイモ科ザゼンソウ属
原産地	日本、朝鮮半島、アムール、ウスリー
花色	●○
草丈	30～50cm
花径	2～4mm
花期	4～6月
生育環境	湿地

MEMO（観察のポイント）

低地～山地の湿地に生育。葉は2～7枚が根元から出る。黒紫色の背の丸まった仏炎苞をつけ、仏炎苞の中には多数の花をつけた肉穂花序が収まっている。ヒメザゼンソウは小型で、葉が夏に枯れた後に花をつけて、翌春に熟す。褐色（個体によっては黄緑）の仏炎苞の中に花茎がある。

花は悪臭を放つ

サワオグルマ

沢小車

識別ポイント	オカオグルマより湿地を好む
名前の由来	花がオグルマ（小車）に似ていることから
花ことば	恋のたより
特徴	本種よりも花つきが少なくひっそりとした印象のものは、オカオグルマ。こちらは乾いたところに生え、茎や葉にくも毛が多く、そう果にも毛がある。

DATA

園芸分類	多年草
科／属名	キク科キオン属
原産地	日本
花色	○
草丈	50～80cm
花径	3.5～5cm
花期	4～5月
生育環境	人里、田畑、河原、渓流、湿地、池沼

MEMO（観察のポイント）

本州～四国、九州、沖縄に分布。日当たりがよい湿原や川辺に咲く。茎の先の方に黄色い花がまとまって開花し、オグルマに似ているが、沢のような湿ったところに生えることからこの名がついた。花期には湿原一面が黄色いじゅうたんのようになる。

日当たりがよい湿原や川辺に咲く

■春から咲く野草・山草■　　　　　　　　　　　　　　　　　　　　　　　　　　　サンカヨウ・シオデ

サンカヨウ
山荷葉

識別ポイント	高山〜亜高山帯の湿地に生育する
名前の由来	荷葉とはハスの葉を意味し、中国名からそのまま名づけられた
花ことば	清楚な人
特徴	実は黒みがかった青色で、食べるとほんのり甘い。漢字名「山荷葉」の荷は蓮のことで、山に生える蓮の葉という意味。葉は大小2枚あり、両方とも多数切れ込みが入った腎円形

DATA
園芸分類	多年草
科／属名	メギ科サンカヨウ属
原産地	中国
花色	○
草丈	30〜60cm
花径	2cm
花期	5〜7月
生育環境	高山の林内

MEMO（観察のポイント）
北海道〜中部以北の本州に分布。針葉樹林の林床に生育。葉が開ききる前、雪解けとともに清楚な白い6弁花を数個咲かせる。葉は大きく不規則に裂ける。生長が早く、1日で5〜10cmも茎を伸ばす。

湿った場所を好む　　　青紫色の果実

シオデ
牛尾菜
別名：ヒデコ・シオンデ

識別ポイント	茎はつる状に伸びる
名前の由来	アイヌ名の「シュオンテ」から
花ことば	あなたを離したくない
特徴	アスパラガスの近縁種で、山菜のなかでもかなり美味。雌雄異株で雄花の花びらは反り返り、果実は黒く熟す

DATA
園芸分類	多年草
科／属名	ユリ科シオデ属
原産地	日本、朝鮮半島、中国、ウスリーの山野
花色	●
草丈	2m（つる性）
花径	4〜5mm
花期	5〜7月
生育環境	山野

MEMO（観察のポイント）
北海道〜四国、九州に分布。葉は互生してつき、葉柄は短く、基部には2本の巻きひげがある。夏に咲く花は、淡い黄緑色。葉腋から長く伸びた花柄の先端に、15〜30個の花を球状散形花序に咲かせる。

花は球状散形花序につく

ジシバリ

地縛り　別名：イワニガナ（岩苦菜）・ハイジシバリ（這い地縛り）

識別ポイント	オオジシバリよりやや小さい
名前の由来	地面を覆いつくし、地面を縛っているように見えることから
花ことば	束縛する
特徴	細長い枝を出し子株がつぎつぎにできる。葉は互生してつく。根生葉は束生し、腎臓形または卵形楕円形で膜質。頭花は径2～3cm、葉の間から直立して開花する。

DATA

園芸分類	多年草
科／属名	キク科ニガナ属
原産地	日本
花色	○
草丈	8～15cm
花径	2～3cm
花期	4～6月
生育環境	山野、砂地

MEMO（観察のポイント）
日本全国に分布。山地や砂地で生育する。茎が地上を這い、細長い走出枝（ランナー）を網のように張って伸びる。

ニガナの仲間

シャガ

射干（しゃが）　別名：コチョウバナ（胡蝶花）

識別ポイント	外花被片の中央部に橙黄色の斑点がある
名前の由来	檜扇の漢名「射干」より名づけられた
花ことば	艶やかな振る舞い
特徴	日本には古く中国から渡来したとされる。学名は「Iris japonica Thunb.」で、アヤメ属をあらわす「Iris」はギリシャ語で「虹」の意味。花色の変化が多く美しいため、ギリシャ神話の虹の精「Iris」の名からつけられた。

DATA

園芸分類	多年草
科／属名	アヤメ科アヤメ属
原産地	中国
花色	●
草丈	30～50cm
花径	5～6cm
花期	4～5月
生育環境	山地の日陰地

MEMO（観察のポイント）
中国中部～日本の本州、四国、九州に分布。杉林や竹林などの林床で生育。3倍体のため種子ができず、根茎からほふく枝を伸ばして群生する。葉は先がとがった細長い剣状、左右に扇状に広がってつく。

淡青紫色の花

■ 春から咲く野草・山草　　　　　　　　　　　　　　　　　　　ジュウニヒトエ・ショウジョウバカマ

ジュウニヒトエ
十二単衣

識別ポイント	花序は立ち上がらない
名前の由来	重なって咲く花の姿を「十二単衣」に見立てた
花ことば	高貴な人柄
特徴	ツクバキンモンソウやニシキゴロモと似ているが、毛はあっても密ではなく、花序は塊状になって立ち上がらないため区別ができる。また、ヒイラギソウやカイジンドウも形が似ているが、両者とも花は濃紫色。

DATA
園芸分類	多年草
科／属名	シソ科キランソウ属
原産地	日本
花色	●
草丈	10～25cm
花径	1cm
花期	4～5月
生育環境	日当たりがよい丘、野原

MEMO（観察のポイント）
本州～四国に分布。明るい林下などでも生育する。茎の基部に鱗片状の葉がある。茎葉は倒披針形。花は数段に輪生し、花穂となる。唇形花は下唇が深く3裂する。

花には薄紫色のすじが入る

ショウジョウバカマ
猩々袴

識別ポイント	同属のシロバナショウジョウバカマは葉がやや薄い
名前の由来	根生葉の紅葉を中国の想像上の動物「猩々」の顔色に例えて
花ことば	飲みすぎに注意して
特徴	図鑑や事典によって、高山植物あるいは低山の植物だと考えられているほど分布が広い。本州中部でも、海岸近くの林から3000m以上の湿原まで生えている。よく似たものには九州に生えるツクシショウジョウバカマがあり、花が白～淡紅紫色で、花被片のつけ根がふくらまない。

DATA
園芸分類	多年草
科／属名	ユリ科ショウジョウバカマ属
原産地	日本
花色	●●○
草丈	30～40cm
花径	3～4cm
花期	4～6月
生育環境	山野

MEMO（観察のポイント）
北海道～四国、九州に分布。渓流沿いや湿地に生育する。湿り気がある草地や林の下などで、よく見かけることができる。葉の先が地面に触れているとそこから発芽し、子苗を生じる。花後に花径が伸び、花弁は緑化する。

花は白から淡紅紫色まである

シュンラン
春蘭

別名：ホクロ(黒子)・ジジババ

識別ポイント	花は茎頂にふつう1個つく
名前の由来	中国名の「春蘭」から名づけられた
花ことば	春の訪れ
特　徴	日本の野生蘭の代表種で、四君子のひとつとされている。花は香りがよく、蘭科の特徴をよく表わしている。一見地味であるが葉の形も上品で、その清楚な姿は古くから花材や鉢物として愛好家が多い。

DATA
園芸分類	多年草
科／属名	ラン科シュンラン属
原産地	日本、中国
花　色	●
草　丈	10〜25cm
花　径	3〜4cm
花　期	3〜4月
生育環境	山地

MEMO（観察のポイント）
北海道〜四国、九州に分布。落葉樹林内などに生育。根は白くて太く、ひも状に曲がりくねっている。葉は根元からまとまって立ち上がり、長さ30〜40cmの線形、ふちにわずかなギザギザがある。葉の間から葉よりも低い花径を数本伸ばし、その先端に通常1花を咲かせる。時に花の色変わりがある。

from Spring

85

唇弁は白色で濃紅紫色の斑点がある

前年の果実

里山に生える野生ランの代表

■ 春から咲く野草・山草

ショウブ
菖蒲　　　　　別名：アヤメグサ（菖蒲草）

識別ポイント	苞も花茎も葉とよく似ている
名前の由来	漢名の「菖蒲（セキショウ）」が転化
花ことば	聡明な人柄
特徴	葉を揉むと強い香りを放ち、中国では薬湯として年中入浴剤として用いられていた。日本でも、端午の節句の菖蒲湯にはこの植物が使われる。薬効成分は、小型のセキショウ（石菖）のほうが高いと言われる。

DATA
園芸分類　多年草
科／属名　サトイモ科ショウブ属
原産地　　日本
花色　　　○
草丈　　　50〜100cm
花径　　　0.5〜1cm
花期　　　5〜7月
生育環境　湿地

MEMO（観察のポイント）
北海道〜四国、九州に分布し水辺に群生して生育。根茎はよく分岐しながら横に這って伸び、先はとがる。葉から肉穂花序を斜め上向きにつける。聖書のなかの「出エジプト記」にも登場し、昔からさまざまな治療に使われてきた薬草のひとつ。

葉を揉むと強い香りを放つ

シライトソウ
白糸草

花は白色で茎先に多数集まる

識別ポイント	花は下から順に咲く
名前の由来	伸びた花被片を白い糸に見立てたことから
花ことば	ゆっくりとした時間の流れ
特徴	学名（Chionographis japonica）のキオノグラフィスは「雪の筆」の意味があり、シライトソウをヨーロッパに紹介したスウェーデンの植物学者ツンベルク（C.Thunberg）の「日本植物誌」(1784年)に書かれている。

DATA
園芸分類　多年草
科／属名　ユリ科シライトソウ属
原産地　　日本
花色　　　○
草丈　　　10〜30cm
花径　　　7〜12cm（花序）
花期　　　4〜7月
生育環境　山地の木陰

MEMO（観察のポイント）
本州と韓国に分布。山地の明るい林の中や林道などに群落をつくる。太い根茎からやや先がとがった楕円状の葉を出し、ロゼット状の株になる。ロゼットのなかから花茎を出し、穂状に白い花を咲かせる。花茎にも短い葉がつく。花被片は上方3枚が長く細く糸のような形状で、先端がやや太い。

シラン
紫蘭

識別ポイント	花はときに白色を帯びる
名前の由来	花の色から名づけられた
花ことば	崇高な香りが漂う
特徴	愛好家も多くよく栽培されているが、野生となるとなかなかお目にかかれない植物。湿り気がある岩場や草地などに群生していることが多い。春に咲く花は、花茎の先に5～6個まとまってつき、紅紫色。

DATA
園芸分類	多年草
科／属名	ラン科シラン属
原産地	日本、台湾、中国
花色	●
草丈	30～70cm
花径	3～6cm
花期	4～5月
生育環境	湿地の斜面

MEMO（観察のポイント）
本州関東地方以南～沖縄に分布。岩上や林内に生育。扁平な偽鱗茎がつらなり、茎は直立する。葉は、先がとがった長めの卵形。基部は、鞘となって茎を抱くように互生する。

花茎に5～10個の花を総状につける

シロツメクサ
白詰草　別名：オランダゲンゲ・クローバー

識別ポイント	白い花が多数集まって球状になる
名前の由来	干草を、ガラス器具を輸送する時の詰め物に利用していたことから
花ことば	幸運を運んできて
特徴	牧草として栽培されていたものが野生化して広まった。若い葉、花は食用になる。濃厚な蜂蜜を採ることもできる。葉のわきから長い柄を立て、その先に球形の白い花が開花する。

DATA
園芸分類	多年草
科／属名	マメ科シャジクソウ属
原産地	ヨーロッパ、北アフリカ
花色	○
草丈	15～30cm
花径	1cm
花期	5～10月
生育環境	人里、田畑、河原、草原、都市、市街地

MEMO（観察のポイント）
日本全国に分布する帰化植物。空き地や田畑のまわり、芝生やグラウンドに多く自生する。本来、葉は3枚だが、まれに4枚あるものがある。見つけると、幸運の象徴とされている。

若い葉や花は食用になる

■ 春から咲く野草・山草　　　　　　　　　　　　　　　　　　　　シロバナタンポポ・シロバナノヘビイチゴ

シロバナタンポポ
白花蒲公英

識別ポイント	花は白色の頭花
名前の由来	白い花を咲かせるタンポポなので
花ことば	私を探して、そして見つめて
特　徴	西日本に多く分布しており、一部ではタンポポはふつう白花と考えられていたほど。戦後、東日本にも広がった。カントウタンポポなどに比べ、舌状花が少ない。総苞外片はやや開き、先に突起がある。

DATA
園芸分類	多年草
科／属名	キク科タンポポ属
原産地	日本
花　色	○
草　丈	20～40cm
花　径	4cm
花　期	3～5月
生育環境	道端、野原

MEMO（観察のポイント）
関東～西の地方に多く、人里近くの道端などで生育。頭花の舌状花冠は白色。タンポポ類で黄色でないのは本種のみ。花は春に多く開花するが、ほとんど年中見られる。

花は白色の頭花

シロバナノヘビイチゴ
白花の蛇苺
別名：モリイチゴ

識別ポイント	ベニバナイチゴは別種
名前の由来	花が白いヘビイチゴなので
花ことば	私を見つめないで
特　徴	ヘビイチゴは食べられないが、本種の実は赤く熟すと甘く、食べることができる。花は細い花茎の先に複数咲き、純白色。径1～2cmの小花で、花びらは5枚。

DATA
園芸分類	多年草
科／属名	バラ科オランダイチゴ属
原産地	日本、北半球の温帯
花　色	○
草　丈	5～20cm
花　径	1～2cm
花　期	4～5月
生育環境	深山、高原

MEMO（観察のポイント）
本州～宮城県と、九州屋久島に分布する多年草。山の日当たりがよい草地に生育する。根生葉は3小葉からなり、苺の葉に似てふちにはギザギザが目立つ。大群落をつくる場合もある。

かわいらしい白い小さな花

スイバ
酸い葉

別名：スカンポ

識別ポイント	ヒメスイバと葉の形が異なる
名前の由来	食べると葉や茎がすっぱい味がすることから名づけられた
花ことば	私を食べてみて
特徴	地域により「スカンポ」「スイスイ」と呼ばれるが、オオイタドリのことをスカンポと呼ぶ地域もある。茎葉は蓚酸を含み、酸味をもつ。煮物用野菜として日本でも一部で野生のものを食べるが、ヨーロッパでは野菜としての改良も進み、栽培されている。

DATA

園芸分類	多年草
科／属名	タデ科ギシギシ属
原産地	北半球の温帯
花色	🟢🟤
草丈	30〜100cm
花径	3mm
花期	5〜8月
生育環境	道ばた、低山地

MEMO（観察のポイント）

北海道〜九州に分布。茎は直立して伸び、紫紅を帯びる。葉は互生してつき、根生葉の葉柄は長く茎葉の葉柄は短い。最近は学名の「Rumex acetosa」からルメクスと呼ばれ、園芸品種も増えだしている。同属のギシギシと混同されることが多いが、スイバは雌雄異株で、花や葉が橙褐色を帯びる。

from Spring

茎葉は蓚酸を含み、酸味をもつ

実をびっしりつける

日当りがよい山野に群生する

スズメノエンドウ
雀野豌豆

識別ポイント	カラスノエンドウより小さく、花も実も違う
名前の由来	カラスノエンドウより小さいので雀の豌豆という名がついた
花ことば	手をつないで歩こう
特　徴	葉は互生し、葉柄がある。葉先は巻きひげになり、3本に分かれる。托葉は小さい羽状複葉。花は白〜薄紫。葉腋から細長い柄を出し、小さな蝶形の花を3〜7個開花させる。

DATA
園芸分類	2年草
科／属名	マメ科ソラマメ属
原産地	日本、アジア、ヨーロッパ、北アフリカ
花　色	○○
草　丈	30〜60cm
花　径	2〜5mm
花　期	4〜6月
生育環境	人里、田畑、原野、草原

MEMO（観察のポイント）
本州〜四国、九州、沖縄に分布する。茎は直立あるいは斜上し、茎に4稜があるつる性の植物。カラスノエンドウとスズメノエンドウの中間くらいの大きさの品種に「カスマグサ」というものもある。

白〜薄紫の花

スズメノテッポウ
雀の鉄砲　　別名：スズメノマクラ（雀の枕）

識別ポイント	同属のセトガヤとよく混生する
名前の由来	花穂の細さをスズメが使う鉄砲に例えたことから
花ことば	楽しい時間
特　徴	花穂から葉鞘だけを残して抜きとり、口で吹くと麦笛のようにピーピー鳴ることから「ピーピー草」と呼ばれたり、地域によっては「槍草」と呼ばれたりもする。

DATA
園芸分類	1〜2年草
科／属名	イネ科スズメノテッポウ属
原産地	日本、北半球の温帯
花　色	○○
草　丈	20〜40cm
花　径	4〜6cm（花穂）
花　期	4〜6月
生育環境	水田、畑まわり

MEMO（観察のポイント）
日本全国に分布する1〜2年草。畑地型と水田型のものがある。葉は先がとがった線形で、ふちには細いギザギザがある。茎先に小花（小穂）が集まり、円柱形に咲く。どこにでも見られ、群生していることが多い。

日本全国に分布する

スズメノヤリ
雀の槍　　別名：スズメノヒエ（雀の稗）

- **識別ポイント**　葉の縁に白色の長い毛がある
- **名前の由来**　花の形が毛槍に似ているので
- **花ことば**　邪魔しないで
- **特徴**　花序はふつう1個で、赤黒褐色の花が多数集まってほぼ球形の花序を形成する。先に雌しべが現れ、のちに雄しべが伸びる。地下にできる根茎は、飢饉の時に掘って食べたとされることから、「シバイモ」とも呼ばれる。

DATA
- 園芸分類　多年草
- 科／属名　イグサ科スズメノヤリ属
- 原産地　日本、シベリア東部、カムチャツカ
- 花色　●
- 草丈　8～30cm
- 花径　5mm
- 花期　4～5月
- 生育環境　山野、道端

MEMO（観察のポイント）
日本全国に分布し、山野の草地に多く生育。葉は線形で、ふちには白色の長い毛がある。

毛槍に似ている花形

スミレ
菫

- **識別ポイント**　白花品種もある
- **名前の由来**　大工道具の墨入れに、花の形が似ているため
- **花ことば**　私を愛して
- **特徴**　フランスでは花を砂糖菓子に、日本や中国では葉を野菜として用いることがある。タチツボスミレ、ニオイタチツボスミレ、アリアケスミレ、コスミレ、ツボスミレ、オオバキスミレなど仲間が非常に多い。側花弁基部に毛がある。

DATA
- 園芸分類　多年草
- 科／属名　スミレ科スミレ属
- 原産地　日本、中国、シベリア
- 花色　●
- 草丈　7～15cm
- 花径　1～2.5cm
- 花期　4～5月
- 生育環境　山野

MEMO（観察のポイント）
北海道～四国、九州に分布。葉柄には広い翼があり、葉はやや厚めでツヤがある。茎は根元から立ち上がり、葉はへら形に近い披針形。花は濃い紫色。

濃い紫色の花

■ 春から咲く野草・山草 ■　　　　　　　　　　　　　　　　　　　　　　　　　　　セキショウ・セッコク

セキショウ
石菖

識別ポイント	ショウブより小型
名前の由来	礫（こいし）が多い場所に生育するショウブなので
花ことば	困りごとは私に相談して
特　徴	中国では「白菖」と呼ばれ、根茎に強い香りがあり、干して薬用として用いられる。葉に斑が入る小型のアリスガワセキショウは、盆栽としても人気が高く、親しまれている。

DATA
園芸分類	多年草
科／属名	サトイモ科ショウブ属
原産地	日本、東アジア
花　色	○（黄）
草　丈	20〜30cm
花　径	5〜10cm（花穂）
花　期	4〜6月
生育環境	水辺

MEMO（観察のポイント）
本州〜四国、九州に分布。湿原や川のふちに群生する。端午の節句に用いられるショウブの近縁種で似ているが、小型である。葉は細長い披針形。黄色い小花が密集して細長い穂状になり、上向きに咲く。

礫が多い場所に生育する

セッコク
石斛　　別名：チョウセイラン（長生蘭）

淡紅色の美しい花

識別ポイント	3つのガク片と2つの側花弁はほぼ同長
名前の由来	中国名から由来する
花ことば	あなたは特別
特　徴	江戸時代から「長生蘭」とも呼ばれ、栽培されている。中国にはホンセッコク、コウキセッコクなど多くのセッコク属があり、生薬として重宝されていた。一般に薬用として用いられるのはホンセッコクとコウキセッコク。なかでもコウキセッコクはヒマラヤや中国雲南省が原産で、淡紅色の美しい花を咲かせる。

DATA
園芸分類	多年草
科／属名	ラン科デンドロビューム（セッコク）属
原産地	日本、中国、台湾
花　色	○●
草　丈	20cm
花　径	3cm
花　期	5〜6月
生育環境	岩壁、古木に着生

MEMO（観察のポイント）
本州〜四国、九州、朝鮮半島、中国の南部に分布する多年草。広葉樹林帯の南側斜面の古い木や岸壁に着生して生育する。多数の茎が叢生し、ひも状の白い根茎がすき間や樹皮の間などに伸びて地上部を支える。茎は束生し、長いものは20cmくらいになる。

セリバオウレン
芹葉黄連

識別ポイント	オウレンの仲間は葉で識別する
名前の由来	葉の形がセリに似ているオウレンだから
花ことば	揺れる心
特徴	胃腸薬として有名。葉がセリに似ているが、セリバオウレンの葉はツヤツヤしている。ガク片は5〜7個で花弁は8〜10個。雌雄異株。

DATA
- 園芸分類　多年草
- 科／属名　キンポウゲ科オウレン属
- 原産地　日本
- 花色　○
- 草丈　5〜7cm
- 花径　1cm
- 花期　3〜4月
- 生育環境　山地

MEMO（観察のポイント）
本州〜四国に分布し、山地や林内などで生育。根生葉は2回3出複葉で、小葉はさらに切れ込みがある。セリの葉のようだが、質は厚く葉の間から細い花茎を伸ばし、先に白い花を咲かせる。

山地や林内などで生育。胃腸薬として有名

センダイハギ
先代萩

識別ポイント	ムラサキセンダイハギとは属が異なる
名前の由来	歌舞伎の「伽羅先代萩（めいぼく）」にちなむとされている。海浜に生えるので「船台」萩から来ているとの説もある。
花ことば	演じる人
特徴	寒い地方の海岸近くに多く咲く花。太い地下茎を縦横無尽に伸ばして広がり、群落をつくる。ハギと呼ぶには花が少々大柄で、雰囲気としてはルピナスに似ている。

DATA
- 園芸分類　多年草
- 科／属名　マメ科センダイハギ属
- 原産地　北海道、本州、樺太、朝鮮半島、東シベリア
- 花色　○
- 草丈　40〜80cm
- 花径　2〜2.5cm
- 花期　5〜8月
- 生育環境　海岸の砂地

MEMO（観察のポイント）
北海道〜本州中部地方以北に分布。海岸の砂地に群生し、黄色の花をつける。葉は掌状の3小葉で裏面に白い軟毛がある。花後にできる豆果は長さ8〜10cm程度。

海岸の砂地に群生

■春から咲く野草・山草　　　　　　　　　　　　　　　　　　　　　　　セントウソウ・センボンヤリ

セントウソウ
仙洞草　　別名：オウレンダマシ（黄蓮騙）

識別ポイント	小葉はさまざまな形がある
名前の由来	仙洞御所に生えていたからとされている
花ことば	見間違えないで
特徴	別名のオウレンダマシは、草姿が薬草としてよく知られているオウレンやセリバオウレンに似ていることから名づけられた。葉の間から細い花径を出し、先に5〜10個の白花が複散形状で開花する。

DATA
園芸分類	多年草
科／属名	セリ科セントウソウ属
原産地	日本
花色	○
草丈	10〜30cm
花径	5mm
花期	4〜5月
生育環境	山地

MEMO（観察のポイント）
北海道〜四国、九州に分布。山野の林内などに見られる多年草。葉は2〜3回の3出羽状複葉で根生し、柄が長い。小葉は卵形。

白い花が複散形状で開花

センボンヤリ
千本槍　　別名：ムラサキタンポポ（紫蒲公英）

識別ポイント	閉鎖花は筒状花だけが集まったもの
名前の由来	果梗（花柄）が数本直立し、残っている様子を槍に見立てた
花ことば	攻撃しないで
特徴	ロゼット状の葉の間から花茎を伸ばし、その先に白い花を開花する。秋には30〜60cmの長い花茎が立ち上がるが、閉鎖花。褐色の冠毛をもつ果実をつける。

DATA
園芸分類	多年草
科／属名	キク科センボンヤリ属
原産地	日本、シベリア、中国
花色	○
草丈	5〜15cm
花径	1〜2cm
花期	4〜6月　9〜11月
生育環境	山野

MEMO（観察のポイント）
日本全国の山野の日当たりがよい場所に生える多年草。白い舌状花の裏側が紫色をおびることから「ムラサキタンポポ」と名づけられた。

山野の日当たりがよい場所に生える

タチツボスミレ

立坪菫

別名：ツボスミレ

識別ポイント	ニオイタチツボスミレとは、花時の葉の形が異なる
名前の由来	タチは有茎種であることを示し、ツボは庭を表わす
花ことば	純粋
特　徴	スミレ属の植物は日本に60種ほどあり、本種はもっとも多く見られるもののひとつ。スミレを識別するときのポイントになるのは、地上茎の有無。本種は地上茎があるグループ。スミレやノジスミレなどは根元からだけ花柄や葉柄が立つが、本種は茎の途中からも葉柄が出て、葉腋から花柄を立てる。

DATA

園芸分類	多年草
科／属名	スミレ科スミレ属
原産地	日本
花　色	●
草　丈	5〜15cm
花　径	1.5〜2cm
花　期	3〜6月
生育環境	人里、田畑、山地、低山、森林、林縁など

MEMO（観察のポイント）

葉腋には托葉があり、それが櫛の歯状に裂けるのがタチツボスミレの仲間の特徴。種子にはアリが好む物質がついていて、それを目当てにアリが巣まで種子を運ぶ。分布を広げるだけでなく、アリの巣の周辺の土捨て場が、スミレの幼苗にとって苗床のような役割を果たしている。

スミレ属の植物の中でもっとも多く見られるもののひとつ

タツナミソウ

立浪草

識別ポイント	仲間が多いので注意して見分ける
名前の由来	皆同じ方向に開花し、波頭が立ち上がったように見えることから
花ことば	心に波がたつ
特　徴	唇形の花は、茎の先端に2列に並び、一方向を向いて咲く。花穂は基部が曲がっている。仲間にはコバノタツナミ、シソバタツナミなどがある。

DATA

園芸分類	多年草
科／属名	シソ科スクテラリア（タツナミソウ）属
原産地	日本、アジア
花　色	○●●
草　丈	20〜40cm
花　径	7mm
花　期	4〜5月
生育環境	草地

MEMO（観察のポイント）

北海道を除く日本各地に分布し、日当たりがよい林縁や草地に生育する。葉は緑色の心臓形で、有毛。花色は紫、桃、白など変化に富み、ガーデニングや鉢植え、花壇に植えられていることも多い。

日当たりがよい林縁や草地に生育

■ 春から咲く野草・山草 ■　　　　　　　　　　　　　　　　　　　　　　　　　　　　　　　　　タヌキラン

タヌキラン
狸蘭

識別ポイント	同属のコタヌキランの雄花の先端は長くとがる
名前の由来	果穂がタヌキの尾のように見えることから
花ことば	私を騙さないで
特　徴	葉はやわらかく扁平で、幅5〜12mm。花が終わったあとに伸びる特徴がある。下垂した穂は、タヌキのしっぽに似てユーモアが感じられる。

DATA

園芸分類	多年草
科／属名	カヤツリグサ科スゲ属
原産地	日本
花　色	🟢（雌花）、🟡（雄花）
草　丈	30〜80cm
花　径	2〜4cm位（小穂）
花　期	6〜8月（関東の平地では3月から開花）
生育環境	山地

MEMO（観察のポイント）

本州中部地方以北〜北海道に分布。山地の湿った斜面や岩上に生育し、大株になる。葉は柔らかい。上部の小穂は1〜3個あり雄性で、下部の小穂は2〜4個あり雌性。

果穂はタヌキの尾のよう

小穂

山地の湿った斜面や岩上に生育

タネツケバナ

種漬花

識別ポイント	オオバタネツケバナは先端の葉が大きい
名前の由来	この花の開花と同時に、種もみを水に漬けたことから
花ことば	時を待て
特徴	若葉はゆでて食べることができ、特有の苦味をもつが美味。4～6月、茎先に白色の花をまとめて開花させる。果実は長角果で無毛、中に数個の種子を含む。同属には大型の葉をつけるオオバタネツケバナがある。

DATA

園芸分類	2年草
科／属名	アブラナ科タネツケバナ属
原産地	日本、アジア東部、ヨーロッパ、北アメリカ
花色	○
草丈	10～30cm
花径	3～4mm
花期	4～6月
生育環境	湿地

MEMO（観察のポイント）

日本全国に分布し、水田やあぜなどで生育する2年草。下部で分岐して伸びる茎は、暗紫色を帯びて短毛を密生する。葉は奇数羽状複葉で、小葉は頂葉が大きく、側小葉もある。

from Spring

茎先に白色の花をまとめて開花させる

チガヤ

茅

識別ポイント	開花期の花序の長さは10～20cm
名前の由来	群生するので「千の茅」「茅の萱」と言われたことから
花ことば	みんなで一緒にいたい
特徴	若い花穂は噛むと微かに甘みがあることから「ツバナ」と呼ばれる。園芸品種のベニチガヤはアジア、アフリカの温帯～熱帯地方が原産地になる。

DATA

園芸分類	多年草
科／属名	イネ科チガヤ属
原産地	日本
花色	●（雄花）、●（雌花）
草丈	40～70cm
花径	10～20cm（花序）
花期	4～5月
生育環境	野原

MEMO（観察のポイント）

日本全国に分布し、草原の日当たりに群生する。根茎は白く、地中を這うようにして伸びる。葉は先がとがった線形で、縁はざらついている。花後、茎先に白い絹毛を持つ小穂が密集し、まとまる。

草原の日当たりに群生

■ 春から咲く野草・山草 ■　　　　　　　　　　　　　　　　　　　　　　　　　　　　　　　　　　　チゴユリ・チチコグサ

チゴユリ
稚児百合

識別ポイント	ホウチャクソウは花被片が開かない
名前の由来	小さくて可愛いことから、「稚児」をつけたとされている
花ことば	私の小さな手をいつもにぎって
特徴	芽吹き前に花を咲かせる早春の宿根草が一段落した頃、開花期を迎える。同じチゴユリ属のホウチャクソウは、花被片が開かないのですぐ識別できる。オオチゴユリはよく似ていて、全体に大型で盛んに分岐し、花の内部を調べると、花柱と花糸が短い。

DATA

園芸分類	多年草
科／属名	ユリ科チゴユリ属
原産地	日本
花色	○
草丈	15〜30cm
花径	1.5cm
花期	4〜5月
生育環境	山地

MEMO （観察のポイント）
北海道〜本州、四国、九州に分布。やや明るい林で見られる多年草。茎先に1〜2個の白花が下向きに開花する。地中に白い根茎が伸び、分岐して繁殖する。葉は先がとがる卵形。

茎先に1〜2個の白色の花が下向きに開花する

チチコグサ
父子草

識別ポイント	チチコクサモドキと比べて、頭花が異なる
名前の由来	すらりと立ち上がったような草姿から
花ことば	父の愛情
特徴	山野や路傍で見られる普通の雑草。地表を横に這って伸びるため、よく群生する。ハハコグサのように華やかな感じはない。

DATA

園芸分類	1〜2年草
科／属名	キク科ハハコグサ属
原産地	日本、中国、朝鮮半島
花色	●
草丈	10〜30cm
花径	3mm
花期	4〜9月
生育環境	道ばた、空き地

MEMO （観察のポイント）
日本各地に分布している。全体が白い綿毛に覆われ、下部で分岐。葉を多数つけ、下部の葉はへら形、上部の葉は細長い線形。花は頭花で上部の葉のわきで開花する。

路傍で見られる普通の雑草

チチコグサモドキ
父子草擬

識別ポイント	チチコグサと比べ、頭花が違う
名前の由来	チチコグサに似ているので
花ことば	父に似た人
特徴	日本へは大正時代〜昭和初期に渡来し、戦後に分布を広げた帰化植物。本来は熱帯性植物なので、暖地で多く見ることができる。性質は強健で、繁殖力が旺盛。

DATA
園芸分類	1〜2年草
科／属名	キク科ハハコグサ科
原産地	南米原産
花色	●
草丈	10〜30cm
花径	3mm
花期	4〜9月
生育環境	道ばた、空き地

MEMO（観察のポイント）
日本各地の道ばたや空き地、公園などに自生する1〜2年草。茎は褐色で、ときに分枝する。根生葉はロゼット状で束生。茎葉は互生する。夏〜秋にかけて淡褐色の花が咲く。

性質は強健で、繁殖力が旺盛

チョウジソウ
丁字草

識別ポイント	フトモモ科のチョウジの花に似ている
名前の由来	花を横から見ると「丁」の字に見えることから
花ことば	触らないで
特徴	日本には同じ属の植物がないため、見間違える心配はほとんどない。生育環境が低地の湿地であることから絶滅が心配されている。毒草の一種。

DATA
園芸分類	宿根草
科／属名	キョウチクトウ科チョウジソウ属
原産地	日本
花色	●
草丈	40〜80cm
花径	1.3cm
花期	5〜6月
生育環境	人里、田畑、河原、渓流、原野、草原、湿地、池沼

MEMO（観察のポイント）
北海道〜本州、四国、九州に分布。茎は高く伸び立ち、幅の狭い葉が互生する。まれに対生するものも見られる。花は茎の頂に集散状につき、高杯形。上部は5つに裂け、裂片の細い星形になる。

絶滅が心配されている植物のひとつ

■ 春から咲く野草・山草　　　　　　　　　　　　　　　　　　　　　　　　　　　ツメクサ・ツルナ

ツメクサ
爪草

識別ポイント	株をつくる性質がある
名前の由来	葉が鳥の爪に似ていることから
花ことば	小さな爪あと
特徴	ツメクサは這うように広がり、芝の上でも刈り込みに耐えられる雑草。生育期のツメクサの駆除には、MCPP（ゴルフ場で使用する農薬メコプロップ）が有効とされている。

DATA
園芸分類	1～2年草
科／属名	ナデシコ科ツメクサ属
原産地	日本、朝鮮半島、中国
花色	○
草丈	2～15cm
花径	4mm
花期	3～7月
生育環境	道端等

MEMO（観察のポイント）
日本全国に分布。庭や道路等で生育。茎は株の根元から多く枝分かれし、葉はとがった針形。葉のわきから長い花柄を伸ばし、先端で白い花が開花する。花柄やガク片には、短い線毛がある。果実は卵形で、熟すと先が5つに裂ける。

這うように広がる

ツルナ
蔓菜　　　　　　　　　　別名：ハマナ（浜菜）

識別ポイント	花には花弁がない
名前の由来	つる性で葉が食用になることから
花ことば	おいしく食べて
特徴	海岸や砂地に自生する多年草。やや肉厚の葉をもち、一部では野菜として栽培されている。薬草としても扱われ、全草が胃弱、腸炎、胃炎に効くといわれている。葉はガラス質でザラザラしているが、ゆでるとホウレン草に似ている。

DATA
園芸分類	多年草
科／属名	ツルナ科ツルナ属
原産地	アジア、オーストラリア
花色	●
草丈	40～60cm
花径	5mm
花期	4～11月
生育環境	海岸、砂地

MEMO（観察のポイント）
北海道西南部～九州太平洋側に分布。草全体が白い粉をふいたように見えるが、粉ではなくて表皮の一部が細かくとがって突き出しているため。とがっているが痛くはなく、葉面はやわらかい。

海岸や砂地に自生する

トウダイグサ
燈台草　　別名：サワウルシ（沢漆）

識別ポイント	同属のものとは葉の形で識別する
名前の由来	草姿の形が、昔使用された燭台（燈台）に似ているため
花ことば	明るく照らして
特 徴	茎を切ると乳白色の有毒な汁が分泌する。葉はへら形～倒卵形。茎の上部に大きな葉が5枚輪生し、茎先には黄緑色の花序を数個開く。果実は朔果で、熟すと3裂する。「鈴振り花」という呼び名もある。

DATA
園芸分類	2年草
科／属名	トウダイグサ科トウダイグサ属
原産地	アジア、ヨーロッパ、アフリカ
花 色	〇
草 丈	20～30cm
花 径	0.5～1cm
花 期	4～6月
生育環境	畑、道ばた

MEMO（観察のポイント）
本州～沖縄に分布し、道ばたの日当たりがよい場所で生育。ナツトウダイ、タカトウダイなど近縁種が多い。円柱状の茎は、傷つけると白色の乳液を出す。根ぎわから枝分かれして、斜めに伸びて株をつくる。

from Spring

101

「鈴振り花」と呼ばれることもある

トウバナ
塔花

識別ポイント	イヌトウバナ、ヤマトウバナとは花のつき方で識別する
名前の由来	花穂の形が塔をイメージすることから
花ことば	私を閉じこめないで
特 徴	花は輪生してつき、段がある塔状の花穂が「九輪の備わった仏塔」のように見える。葉は、先がとがった卵形。ふちには浅いギザギザがあり、揉むとシソ科特有の香りがする。

DATA
園芸分類	多年草
科／属名	シソ科トウバナ属
原産地	日本、アジア
花 色	〇
草 丈	10～30cm
花 径	5～6mm
花 期	5～8月
生育環境	山野

MEMO（観察のポイント）
本州～沖縄に分布する多年草。やや湿った場所を好み、生育する。茎は細く、根元から束生する。下部は地面を這って広がる。

段がある塔状の花穂

■ 春から咲く野草・山草　　　　　　　　　　　　　　　　　　　　　　トキソウ・トキワハゼ

トキソウ
朱鷺草

識別ポイント	ヤマトキソウはトキソウよりやや小さい
名前の由来	天然記念物のトキと花色が似ていることから
花ことば	幻の愛
特徴	日当たりがよい湿原に生える小型の地生ラン。葉は茎の中央に1枚だけつき、先端に、2cmほどの花が咲く。地下茎は細く、横に這って伸びる。タイリントキソウ(タイワントキソウ)は、名前が似ているが別属。

DATA
園芸分類	多年草
科/属名	ラン科トキソウ属
原産地	日本、中国、朝鮮半島
花色	●
草丈	20～30cm
花径	2cm
花期	6～7月
生育環境	山地、低山、湿地、池沼

MEMO（観察のポイント）
北海道、本州、四国、九州に分布。日当たりがよい湿地で見られる多年草。葉は披針形で、花の下にある小さな葉のようなものは苞葉。花は淡紅色で先が3裂する唇形、花茎の先端に、開花する。果実は1果。類似種のヤマトキソウは花が上向きにつき、花が全開しないので区別できる。

日当たりがよい湿原に生える

トキワハゼ
常磐はぜ

識別ポイント	ムラサキサギゴケよりやや小型
名前の由来	ほぼ1年中花が見られ、果実がはぜることから
花ことば	いつもと変わらぬ心
特徴	近縁種のムラサキサギゴケに似ているが、やや小型で、走出枝を出さないことで区別できる。4～10月に咲く花は長さ約1cm、淡い紫色の唇形で橙黄色の斑点模様が目立つ。

DATA
園芸分類	1年草
科/属名	ゴマノハグサ科サギゴケ属
原産地	日本
花色	●
草丈	6～20cm
花径	1cm
花期	4～10月
生育環境	道ばた、野原

MEMO（観察のポイント）
日本全国に分布。人里近くで生育する1年草。走出枝(茎)は出さず、根元に集まる。根元の葉は大きく対生するが、上部の葉は小さく互生。倒卵形の葉は、ふちに浅いギザギザがある。

淡い紫色の唇形の花

ナズナ
薺　別名：ペンペングサ・シャミセングサ（三味線草）

- **識別ポイント**　イヌナズナとは果実で識別する
- **名前の由来**　愛ずる菜が訛ったという説などさまざま
- **花ことば**　あなたにすべてを捧げます
- **特徴**　春の七草でも親しまれ、若葉は食用になる。同科別属のタネツケバナや帰化種のマメグンバイナズナと間違われることも多い。ナズナの種子は短角果、タネツケバナは果実が長角果になり細長く、マメグンバイナズナは短角果が楕円形で先がくぼみ、茎葉が茎を抱かないことで見分けられる。日本にはムギが伝えられた時に、その種子とともにもち込まれたと考えられている。

DATA
- 園芸分類　2年草
- 科／属名　アブラナ科ナズナ属
- 原産地　西アジア
- 花色　○
- 草丈　10〜40cm
- 花径　3〜4mm
- 花期　3〜5月
- 生育環境　田畑、道ばた

MEMO（観察のポイント）
根生葉は、タンポポの葉のように羽状に深く裂けるが、茎の上部の葉は、線状披針形で裂けずに小さい。基部は茎を抱きこむ。茎の上部に4枚花弁の小さな花をまとまって開花させる。

全国に分布。田畑や道ばたで生育

ナツトウダイ
夏燈台

- **識別ポイント**　葉は輪生する
- **名前の由来**　夏に咲くトウダイグサという意味から
- **花ことば**　私の心の光になって
- **特徴**　名前の由来は、夏に咲くトウダイグサという意味からだが、実際には早春に開花し、トウダイグサの仲間では花期は一番早い。ハツトウダイと名づけられたが、誤って伝わったのではないかという説もある。果実は球形で有毒。

DATA
- 園芸分類　多年草
- 科／属名　トウダイグサ科トウダイグサ属
- 原産地　日本、朝鮮半島
- 花色　●
- 草丈　30〜40cm
- 花径　3mm
- 花期　4〜5月
- 生育環境　山地

MEMO（観察のポイント）
北海道〜四国、九州に分布し、山地や丘陵などで生育。茎は円柱形で直立し、緑色で紅紫色。葉は細長い楕円形で輪生。茎先の葉のわきから枝を出し、杯状花序をつける。苞葉は卵形。

葉は輪生する

■ 春から咲く野草・山草 ■　　　　　　　　　　　　　　　　　　　ナルコユリ・ナンザンスミレ

ナルコユリ

鳴子百合　　　　別名：ツリガネソウ（釣鐘草）

識別ポイント	アマドコロの花筒の基部はふくらみがない
名前の由来	開花するようすが鳴子のようだから
花ことば	懐かしい音
特徴	根茎は太く、多肉で白色。葉のわきから出る花柄は枝分れし、その先に緑白色の筒状の花を3〜5輪咲かせる。花後にできる果実は紫黒。

DATA

園芸分類	多年草
科／属名	ユリ科アマドコロ属
原産地	日本
花色	○
草丈	50〜90cm
花径	2cm
花期	5〜6月
生育環境	山地

MEMO（観察のポイント）

本州〜四国、九州に分布し、山地の林下などで生育する多年草。アマドコロとよく似ていて見分けがつきにくい。茎の断面が丸いのがナルコユリ、角張っている（稜がある）のがアマドコロ。

山地の林下などで生育する

ナンザンスミレ

南山菫　　　　別名：ベニバナナンザンスミレ（紅花南山菫）

識別ポイント	ヒゴスミレとエイザンスミレの中間的特徴をもつ
名前の由来	（不明）
花ことば	私だけを愛して
特徴	栽培品種のひとつで、特有の香りがある変種のヒゴスミレと、エイザンスミレの中間的な形質のため、種間雑種と思われる。葉は3つに裂け、小葉は基部からさらに裂ける。

DATA

園芸分類	多年草
科／属名	スミレ科スミレ属
原産地	東アジア
花色	●
草丈	5〜10cm
花径	2cm
花期	4〜5月
生育環境	山地

MEMO（観察のポイント）

朝鮮半島や中国東北部などに分布する多年草。日本では対馬だけに見られる大陸系のスミレといわれている。山地の日当たりがよい草地に自生することが多い。

山地の日当たりがよい草地に自生

ニオイタチツボスミレ
匂立坪菫

識別ポイント	花の中央の白い部分が明瞭。花梗に細毛がある
名前の由来	草姿がタチツボスミレに似て香りがあるので
花ことば	よく似た人だから
特　徴	地味なものが多いタチツボスミレの仲間で、もっとも華やかなスミレ。花は直径約1.5～2cmで、花弁が重なり合うように咲き、色も濃紫色～紫紅色と鮮やか。花の中心部の白い部分がはっきりしているのも大きな特徴。花期はあまり茎が伸びず根生の花柄が多いので、無茎種のように見えるが、花後は茎が立ち上がる。

DATA
園芸分類	多年草
科／属名	スミレ科スミレ属
原産地	日本
花　色	●
草　丈	10～30cm
花　径	1.5～2cm
花　期	4～5月
生育環境	山地

MEMO（観察のポイント）
北海道～四国、九州に分布。山地の日なたに生育。花期のころ、茎の長さは5～10cm程度だが、花後に10～30cmまで伸びることが多い。根生葉は円心形。茎出葉は3角状狭卵形。花にはよい香りがある。

from Spring

色は濃紫色～紫紅色と鮮やか

ニオイスミレ
匂菫

識別ポイント	古くから栽培されている外来種のスミレ
名前の由来	香水のような強い香りをもつため
花ことば	あなたの香り迷わされそう
特　徴	香水を採るために昔から栽培されている園芸種。学名（Viola odorata）も、英名（Sweet Violet）も「匂いがよいスミレ」の意味。香料として料理にも使われ、ナポレオンが愛した花としても知られている。

DATA
園芸分類	多年草
科／属名	スミレ科スミレ属
原産地	欧州、北アフリカ、西アジア
花　色	●●○
草　丈	10～15cm
花　径	2～3cm
花　期	2～4月
生育環境	園芸種

MEMO（観察のポイント）
地中海沿岸に分布し、2～4月にかけて開花する。欧米ではコサージュ用の切り花としても用いられている。園芸品種が作られ、日本へも帰化している。葉は緑色でハート形。

花壇や鉢植えで栽培される

■春から咲く野草・山草　　　　　　　　　　　　　　　　　　　　　　　　　　　　　　　　　　ニガナ

ニガナ
苦菜　　　　　　　　別名：ウマゴヤシ（馬肥）

識別ポイント	舌状花はふつう5個
名前の由来	葉に苦味があることから
花ことば	私を食べないで
特徴	根生葉は細長い披針形で切れ込みがある。茎葉は小さく、基部が茎を抱く。茎は、先端で枝分かれし、先に黄色い頭花を咲かせる。ハマニガナ、ハナニガナ、ノニガナなどの形態的に変異したものが各地にあり、沖縄ではニガナの和え物が食べられている。ビタミンAやC、カルシウム、カリウムなどを含み、腹痛、下痢、胃腸炎などに茎葉の汁を薄めて飲用するなど民間療法でも使われている。

DATA
園芸分類	多年草
科／属名	キク科ニガナ属
原産地	日本、中国、朝鮮半島
花色	○
草丈	40〜70cm
花径	1.5cm
花期	5〜7月
生育環境	山地

MEMO（観察のポイント）
北海道〜四国、九州、沖縄に分布。近種にハナニガナがあるが、こちらは花がまばらにつく。ノニガナにも酷似しているが、ニガナの冠毛はうすい褐色、ノニガナは白色であるため見分けは容易。

そう果

よく群生する

ニワゼキショウ
庭石菖

識別ポイント	同属のオオニワゼキショウより小型
名前の由来	庭に生えて葉が「石菖」に似ていることから
花ことば	愛らしい人
特徴	帰化植物として扱われている丈夫な多年草。名前は「庭に咲くセキショウ」という意味だが、セキショウはサトイモ科の植物。おそらく、葉が似ていることからの由来とされる。こぼれ種子からよく殖える。自生が可能な地域では、冬はロゼット状で越冬。グランドカバーにも利用でき、鉢植え栽培も可能なことから園芸植物としても人気が高い。

DATA

園芸分類	多年草
科／属名	アヤメ科ニワゼキショウ属
原産地	北アメリカ
花色	●●○
草丈	10〜20cm
花径	1.5cm
花期	5〜6月
生育環境	道ばた

MEMO（観察のポイント）
日本各地に分布し、日当たりがよい場所で生育。茎は扁平で、緑色の狭い翼がある。葉は根元から伸びる線形。5〜6月、茎の先に細い花柄を散状に出して花を咲かせる。花は1日花で、花が終わると丸い果実がつく。

淡紫色の花　　白色の花

ネジバナ
捩花

別名：モジズリ（捩摺）

識別ポイント	白い花を咲かせる品種もある
名前の由来	花がねじれながら開花するので
花ことば	少しだけヘソ曲がり
特徴	日当たりがよい草地で普通に見かけることができるラン科の植物。花後の夏は葉が枯れて休眠し、秋に新芽を出す。白花品種もある。秋になって開花するアキモジズリも知られている。

DATA

園芸分類	多年草
科／属名	ラン科ネジバナ属
原産地	日本、オーストラリア
花色	●○
草丈	15〜40cm
花径	5〜7mm
花期	4〜9月
生育環境	明るい野原、ゴルフ場の芝生など

MEMO（観察のポイント）
北海道〜四国、九州に分布。野原の日なたに生育し、環境がよいと群生する。葉は線形。初夏には花茎が出て、多数の淡紅色の花を螺旋状に開花させる。左巻きと右巻きがある。根は肥厚して中が白い。

多数の淡紅色の花を螺旋状に開花させる

■ 春から咲く野草・山草 ■　　　　　　　　　　　　　　　　　　　　　　　　　　　　　　　　　ノアザミ

ノアザミ
野薊

識別ポイント	ノハラアザミとは花期が異なる
名前の由来	野に生育するアザミなので
花ことば	私を捨てたら復讐する
特　徴	園芸種や切花で使われるドイツアザミは、ノアザミがヨーロッパで品種改良されたもの。アザミの仲間は種類が多く、区別しにくい。とくに晩夏〜初秋には、よく似たノハラアザミも開花するが、ノアザミの花の下部にある総苞は粘液物質が分泌しているので、ノハラアザミと区別できる。

DATA

園芸分類	多年草
科／属名	キク科アザミ属
原産地	日本
花色	●
草丈	60〜100cm
花径	4〜5cm
花期	5〜8月
生育環境	山野

MEMO（観察のポイント）

本州〜四国、九州に分布。野山の日当たりに生育する。茎は直立し、上部で枝分かれする。全体に白毛があり、根生葉は楕円形で羽状に裂け、ふちには鋭い刺がある。茎葉は互生し、長楕円形で深く羽状に裂け、先端は、刺。花は枝先に直立につき、総苞は触ると粘り気がある。

野山の日当たりに生育する

ノアザミ'アーリーピンク'

雄性期の頭花

ノウルシ・ノゲシ

ノウルシ
野漆　　別名：サワウルシ（沢漆）

- **識別ポイント**　湿地帯に群生している
- **名前の由来**　ウルシ（木本）のように、汁でかぶれるため
- **花ことば**　私に触れてはいけない
- **特徴**　トウダイグサ科の代表的な種類。茎の汁液は有毒で、かぶれることもある。乾燥には非常に弱く、生育する土地が乾くと、消えてしまう。

DATA
園芸分類	多年草
科／属名	トウダイグサ科トウダイグサ属
原産地	日本
花色	〇
草丈	30～50cm
花径	1cm
花期	4～5月
生育環境	湿地

MEMO（観察のポイント）
北海道～四国、九州に分布。川岸などの湿った土地を好み、群生している。春早くに花を咲かせる。葉は細長い披針形、葉の裏には短い軟毛が密生する。茎先に5枚の葉が輪生し、そこから逆傘状に枝を伸ばし、先端に、杯状の花序をつける。

from Spring

109

茎の汁液は有毒で、かぶれることもある

ノゲシ
野罌粟　　別名：ハルノノゲシ（春の野罌粟）

- **識別ポイント**　早春から開花し全草がやわらかく刺は痛くない
- **名前の由来**　葉の形がケシの葉に似ていて、春に開花することから
- **花ことば**　見間違ってはいや
- **特徴**　暖地では、ほぼ周年開花している。春、トウが立つ前の葉はやわらかく、食用にすることもある。3～10月に咲く花は、茎の先に集まって頭状花序をなす。花後にできる果実は、白色の冠毛をもつ。

DATA
園芸分類	1～2年草
科／属名	キク科ノゲシ属
原産地	日本
花色	〇
草丈	50～100cm
花径	1.2～1.5cm
花期	3～10月
生育環境	野原、道ばた

MEMO（観察のポイント）
日本全国に分布し、道ばたや空地、荒地などで生育する。葉は長楕円状で羽状に深く裂け、ふちにギザギザがある。

暖地ではほぼ周年開花

春から咲く野草・山草　　ノビネチドリ・ノビル

ノビネチドリ
延根千鳥

識別ポイント	同属のテガタチドリとは距の長さで見分ける
名前の由来	花の形が、千鳥が飛ぶ姿に似ていることから
花ことば	よく似た友人
特徴	ハクサンチドリやテガタチドリに似ているが、葉のふちがまっすぐで波打つ。テガタチドリは距が長くて目立つが、本種は短くて湾曲し目立たない。葉は大きく長く、やや茎を抱き重なり合うようにつくが、テガタチドリは小さくて重ならない。

DATA
園芸分類	多年草
科／属名	ラン科テガタチドリ属
原産地	日本、朝鮮、中国、ヨーロッパ
花色	■
草丈	30〜60cm
花径	1cm
花期	5〜8月
生育環境	低山、高山、亜高山、原野、草原

MEMO（観察のポイント）
北海道〜本州、四国、九州に分布。山地の林内で見かける多年草。葉の幅は広く、ふちが波打っているのが特徴である。5〜8月、茎頂に紅紫色の花を穂状に密につける。

千鳥が飛ぶ姿の花の形

ノビル
野蒜

全草にはネギのような芳香がある

識別ポイント	葉数は少なく、三角柱状で中空。花穂にムカゴを多く混ずる
名前の由来	ニンニクは古名で蒜と呼び、野原に生育する「蒜」という意味から
花ことば	タフなあなたのことが好き
特徴	中国では、ノビルの鱗茎を乾燥して、生薬の薤白と呼ばれる。全草をよく乾燥させ、煎じて服用すると、血を補いよく眠るといわれている。毒虫などに刺されたかゆみなどに、鱗茎をつぶしてその汁を塗るとよいとされる。

DATA
園芸分類	多年草
科／属名	ユリ科ネギ属
原産地	日本、朝鮮、中国
花色	○●
草丈	20〜30cm
花径	4〜5mm
花期	5〜6月
生育環境	野原、畑

MEMO（観察のポイント）
日本全国に分布し、山野など日当たりがよい土手などに生える。地中には小さな鱗茎があり、丸く白い下部にはひげ根をもつ。全草にはネギのような芳香がある。茎は円柱形、単一で長く伸び、晩秋から葉を出して越冬する。夏には茎頂に花を多数つけ、果実は多くはムカゴだけになる。

ノミノツヅリ
蚤の綴り

識別ポイント	小型の雑草で、白い花弁は2裂しない
名前の由来	小葉が蚤が着る粗末な衣（綴）のように見えることから
花ことば	小さな愛情
特　徴	種子で繁殖する小型の雑草。秋に発生し翌春生長する。葉は小さな卵形で対生し、葉柄はない。春に枝先にたくさんの花柄を出し、先端で開花。花後にできる果実は楕円形。

DATA
園芸分類	1～2年草
科／属名	ナデシコ科ノミノツヅリ属
原産地	日本、アジア、ヨーロッパ
花色	○
草丈	10～25cm
花径	5mm
花期	3～6月
生育環境	道ばた、荒地

MEMO（観察のポイント）
日本全国に分布し、道ばたや荒地で見られる1～2年草。茎は細く、根もとから分岐し四方に広がる。茎、葉ともに全体に細毛がある。

繁殖力が強い雑草

ノミノフスマ
蚤の衾

識別ポイント	地面を覆うように株を広げる
名前の由来	小さな葉をノミの衾(ふすま)（夜具）に見立てた
花ことば	いじらしい
特　徴	茎はよく枝分かれしながら広がり、長さ1～2cmの楕円形の小葉が対生する。春から秋にかけて白い小花が株を覆うように集散花序に咲く。花弁は5枚だが、ひとつの花びらは深く2裂するため、10弁花のように見える。ガク片は5枚つき、花びらと同じくらい長い。

DATA
園芸分類	多年草
科／属名	ナデシコ科ハコベ属
原産地	日本
花色	○
草丈	5～30cm
花径	1cm
花期	4～10月
生育環境	田んぼ、畑、荒れ地

MEMO（観察のポイント）
日本各地に広く分布する多年草。全体に毛が生えず無毛。花が終わった後にできる果実はさく果で、熟すと6つに裂ける。ハコベの仲間は非常に種類が多い。

花びらは一見10枚に見える

■ 春から咲く野草・山草　　　　　　　　　　　　　　　　　　　　　　　　　バイカイカリソウ・バイモ

バイカイカリソウ

梅花碇草

識別ポイント	葉は2回2裂し、イカリソウは3回3裂
名前の由来	花が梅の花に似ていることから
花ことば	あなたと似ている人を探すことにしたの
特徴	イカリソウの名前の由来は、家紋の錨紋に似ている説と、船の錨に似ている説がある。乾燥した地上部を粉末にして煎じたり、薬酒にしたりして用いられ、強壮・強精・神経衰弱などに効果があるとされる。

DATA

園芸分類	多年草
科／属名	メギ科イカリソウ属
原産地	日本
花色	○
草丈	10〜30cm
花径	8〜12mm
花期	4〜5月
生育環境	暖地、山、山麓

MEMO（観察のポイント）

中国地方、四国、九州の山地などに分布。茎は束生、根茎は褐色。花は春、茎の先に1個の総状花序を出し、柄のある白い花を数個咲かせる。まれに淡紫色のものもある。根生葉は、柄が長く、1〜2回2出複葉。

花には距がない

バイモ

貝母　　別名：アミガサユリ（編笠百合）

識別ポイント	日本原産のコバイモは1茎1花だが、バイモは数花をつける
名前の由来	球根が2枚貝に似ていることから
花ことば	母の優しさ
特徴	別名のアミガサユリという名は、花びら（花被片）の内側が網目模様になっていることからつけられた。球根からは鎮咳・解熱・止血に効用があるといわれる漢方薬がつくられることでも有名。園芸上は、フリチラリア・ツンベルギー（Fritillaria thunbergii）と呼ばれることも多い。

DATA

園芸分類	多年草
科／属名	ユリ科バイモ属
原産地	中国
花色	●
草丈	40〜60cm
花径	3〜4cm
花期	3〜5月
生育環境	野原

MEMO（観察のポイント）

日本各地に分布。球根は鱗茎で、2個の鱗片が花茎の地下部を抱くようにつく。葉は広めの線形で、上部の葉の先端は細いひげ状。茎先から上部の葉腋には、鐘形の白い花が1個ずつ垂れ下がって咲く。

庭植えや鉢植えとして楽しまれる

ハコベ

繁縷　　別名：ミドリハコベ（緑繁縷）

識別ポイント	大柄のウシハコベ、小柄のコハコベなどがあり、区別はむずかしい
名前の由来	古来の「波久倍良」からという説がある
花ことば	追憶
特徴	昔から血の道をつかさどる植物で、婦人の産前産後に用いられた。春の七草のひとつで、若苗を摘み、ゆでておひたしや和え物、汁の実に使った。生のまま天ぷら、熱湯を通して塩をふり、漬け物として食用にした。日本では、古くからハコベ塩を歯磨き粉にしたこともあった。

DATA

園芸分類	1〜2年草
科／属名	ナデシコ科ハコベ属
原産地	ユーラシア大陸
花色	○
草丈	10〜30cm
花径	3〜4mm
花期	3〜9月
生育環境	道ばた、畑

MEMO（観察のポイント）

日本全国に分布し、世界各地で自生する1〜2年草。根は白色で髭状。茎は束生して白緑色。下部は横にはって上部は斜上する。茎の中には維管束があり、葉は対生の卵円形で先はとがっている。白色の花は枝先に集散花序をつけ、朝、日光を受けて開花する。

世界各地で自生する1〜2年草

ハシリドコロ

走野老　　別名：ロートコン（莨菪根）

識別ポイント	葉腋から暗紫色で鐘形の花を下垂する
名前の由来	誤って食べると猛毒で走りまわり苦しむため
花ことば	殺してしまいたいほどに愛しているわ
特徴	全体に猛毒のアルカロイドを含む。若葉はやわらかく食べられそうだが、誤って食べると幻覚症状を起こし、苦しむことになるので注意。別名のロート根は、漢名が同じ種類のヒヨスの呼び名の莨菪がそのまま使われたことから。ロートエキスなどの製薬原料として用いられている。

DATA

園芸分類	多年草
科／属名	ナス科ハシリドコロ属
原産地	日本
花色	●
草丈	30〜60cm
花径	1〜1.5cm
花期	4〜5月
生育環境	山地

MEMO（観察のポイント）

本州〜四国、九州に分布。谷間のやや湿った場所で生育している。地下には太い根茎が横走する。互生する葉は葉柄があり、先がとがった卵倒形。両面無毛でやわらかく、食べられそうに見える。花は鐘形で、葉腋に長い柄をもつ。ガクは短い筒状で5つに裂け、花の先は鐘状に浅く裂ける。

全体に猛毒のアルカロイドを含む

■春から咲く野草・山草■　　　　　　　　　　　　　　　　　　　　　　　　　　　　　　　ハタザオ・ハナウド

ハタザオ
旗竿

識別ポイント	ほっそりと直立する草姿、粉白を帯びる葉色
名前の由来	直立する茎の形を旗竿に見立てて
花ことば	手を振ってさよならしましょう
特徴	近縁には薄桃色で浜辺に生育するハナハタザオや白色花のハマハタザオ、里山で生育するヤマハタザオ、中山帯に生育するミヤマハタザオ、富士山の火山礫地帯で生育するフジハタザオなどがある。ハタザオとハナハタザオは2年草だが、ほかは多年草。

DATA
園芸分類	2年草
科／属名	アブラナ科ハタザオ属
原産地	日本、北半球に広く分布
花色	○
草丈	50〜70cm
花径	0.5〜1.2cm
花期	4〜6月
生育環境	山野、海岸

MEMO（観察のポイント）
北海道〜四国、九州に分布。山野や海岸の砂地に生育する2年草。茎は分岐せずに、1本で直立する。根生葉はヘラ形でロゼット状になる。茎出葉は披針形で毛がなく、基部は矢尻形になり、茎を抱き互生する。花は茎先に花柄を出して総状につき、花弁4枚の十字状花が開花する。

山野や海岸の砂地に生育する

ハナウド
花独活　　　　別名：ゾウジョウジビャクシ

識別ポイント	初夏から目立つ白い花を傘状に開く
名前の由来	ウドに似た花が咲くことから
花ことば	忘れてしまった思い出
特徴	若い葉は食べられる。名前は似ているが、食用にするウコギ科のウドとは別種。根は生薬の独活で、発汗・解熱剤に使用される。

DATA
園芸分類	多年草
科／属名	セリ科ハナウド属
原産地	日本、朝鮮、中国
花色	○
草丈	1〜2m
花径	18cm（花序）
花期	5〜6月
生育環境	山野

MEMO（観察のポイント）
関東地方以西〜四国、九州に分布し、山野の川岸などに生育。茎は中空で、毛がある。花は白色で大型の複散形花序を出し、多数開花させる。葉は3出羽状複葉、小葉には切れ込みとギザギザがある。果実は倒卵円形になる。近種のオオハナウドは、近畿地方以北〜北海道に分布する。

初夏から目立つ白い花

ハナニガナ

花苦菜　別名：オオバナニガナ（大花苦菜）

識別ポイント	舌状花（黄色）の数で区別する
名前の由来	ニガナ（変種）で、花が目立つことから
花ことば	明るい笑顔の下の悲しみ
特　徴	ニガナの変種のひとつ、シロバナニガナの仲間だとされている。1頭状花あたりニガナの舌状花が5個に対して、ハナニガナの花は10個と多い。まれに7個〜12個のこともある。

DATA

園芸分類	多年草
科／属名	キク科ニガナ属
原産地	日本、朝鮮、中国、インド、コーカサス
花　色	🟡
草　丈	40〜70cm
花　径	2cm
花　期	5〜7月
生育環境	山野

MEMO（観察のポイント）

北海道〜四国、九州に分布し、山野や丘陵などで自生する多年草。ニガナに比べ、舌状花が多くやや大きい。茎は上部で分岐し、葉はやや細く倒卵状長楕円〜広披針形。根生葉は大きい。茎葉のふちにはギザギザがある。花は枝分かれした花柄の先に開く。

1頭状花あたり花は10個と多い

ハハコグサ

母子草　別名：オギョウ（御形）・ホオコグサ（這子草）

識別ポイント	全草白い綿毛に包まれる
名前の由来	ホオコグサが訛ってハハコグサと呼ばれるようになった説から
花ことば	いつまでも忘れないで
特　徴	春の七草のひとつで、「おぎょう」は母子の人形のこと。若い苗は食べることができる。古くは葉が草餅の材料に使われた。鎮咳、去痰、利尿、抗炎症、抗糖尿などの作用があり、薬草としても用いられる。

DATA

園芸分類	多年草
科／属名	キク科ハハコグサ科
原産地	日本、朝鮮、台湾、東南アジア
花　色	🟡
草　丈	10〜30cm
花　径	3mm（総苞）
花　期	4〜6月
生育環境	道ばた

MEMO（観察のポイント）

葉は互生する細いへら形、茎とともに白くてやわらかい毛で覆われる。茎の先に小さな黄色の頭花を密集する。アキノハハコグサのほうは、茎が上方で枝分かれし、それぞれに花序をつけ、葉の表面は緑色、裏面は緑白色。葉がとがっているが、ハハコグサは、1本の茎にひとつの花序がつき、区別できる。

密集する小さな黄色の頭花

■ 春から咲く野草・山草　　　　　　　　　　　　　　　　　　　　　　　　　　　　　　　ハマエンドウ・ハマダイコン

ハマエンドウ

浜豌豆

識別ポイント	海岸に群生して、美しいマメ科の花を開く
名前の由来	浜に生育しエンドウに似ていることから
花ことば	人とは違う個性を好きになって欲しいの
特徴	園芸植物のスイートピーの仲間。リウマチに、乾燥した種子を煎じて服用するとよいとされている。食用には、若芽、若葉、花、幼果、種子が使われ、ゆでてさらしてから、和え物や油いため、酢の物、おひたしなどにする。

DATA

園芸分類	多年草
科/属名	マメ科レンリソウ属
原産地	日本、アジア、ヨーロッパ、北アメリカ
花色	● ～ ●
草丈	1m（茎）
花径	3cm
花期	4～7月
生育環境	海岸

MEMO（観察のポイント）

海岸付近であればあまり場所を選ばずに生育。茎は横に這い、長さは1m以上に伸びる。上部は斜上し、葉は3枚～6枚の対の小葉を持つ羽状複葉。先端は巻きひげになる。花は総状に3～6個咲かせる。地下茎を四方に伸ばして繁殖する。

海岸に生育するハマエンドウ

日本全国の海岸の砂地で生育

ハマダイコン

浜大根

識別ポイント	食用ダイコンとよく似て、より濃い色の紫花を咲かせる
名前の由来	浜で生育する大根だから
花ことば	ずっと待っています
特徴	ハマダイコンは、今まで食用ダイコンが野生化したものと考えられていた。しかし、近年のDNA検査結果、食用ダイコンとは異なる系統であると判明。開花前の根は、ダイコンおろしとして利用することができる。

DATA

園芸分類	2年草
科/属名	アブラナ科ダイコン属
原産地	日本
花色	●
草丈	30～70cm
花径	2～2.5cm
花期	4月～6月
生育環境	海岸

MEMO（観察のポイント）

日本全国の海岸の砂地で生育。葉は根元から束になって生える。太い葉柄があり、水平に開く。春に、根生葉の中心から伸びた茎の先に総状の花が咲く。栽培されるダイコンの原産地は、地中海沿岸付近を起源とし、中国を経て日本に渡来したものと考えられている。

ハマハタザオ
浜旗竿

識別ポイント	花柱は短い
名前の由来	浜辺に生育するハタザオなので
花ことば	私が見守っていましょう
特　徴	株元から放射状にいくつも茎を伸ばし、先端に花をつけ、群落になっている場合が多い。ハタザオ、フジハタザオと似ているが、本種は長角果が花軸に圧着し、花柱は短く、葉のギザギザが浅く不規則なので区別することができる。

DATA
園芸分類	2年草
科／属名	アブラナ科ハタザオ属
原産地	日本、朝鮮、樺太、アムール
花色	○
草丈	20～50cm
花径	1cm弱
花期	4月～6月
生育環境	海岸

MEMO（観察のポイント）
北海道～四国、九州に分布。海岸の砂地などに生育する。茎は直立し、白い単毛とふたつにわかれる毛がある。根生葉はへら形で束生し、ロゼット状になる。茎葉は互生する。茎先に短い総状花序を出し、柄がある十字状の花を開花させる。

柄がある十字状の花

ハルジオン
春紫苑

識別ポイント	ヒメジョオンと比べ、茎が中空
名前の由来	春に咲く紫苑という意味から
花ことば	思い出のなかの愛
特　徴	近似種ヒメジョオンとの違いは、ハルジオンのつぼみは頭を垂れ、ヒメジョオンは垂れないことで区別される。ハルジオンは多年草で、ヒメジョオンは2年草。花は集合花で、ふちの花びらは細かく淡紅色、中心部は黄色。

DATA
園芸分類	多年草
科／属名	キク科ムカシヨモギ属
原産地	北アメリカ
花色	●○
草丈	30～80cm
花径	2cm
花期	4～5月
生育環境	空地、荒地

MEMO（観察のポイント）
北海道～本州、四国、九州に分布する帰化植物。都会の空地や荒地、道ばたなどで生育している。葉は長い柄をもち、茎は中が空洞で、やわらかい毛がはえる。

花びらは細かく淡紅色で美しい

■ 春から咲く野草・山草 ■

ハマヒルガオ
浜昼顔

識別ポイント	ヒルガオより濃い色で、浜辺に群生する
名前の由来	浜で生育する昼顔なので
花ことば	やさしい愛情であなたを包んであげる
特徴	葉は、水分の蒸発や塩分から守るための物質に覆われている。花はアサガオに似たラッパ状で、ヒルガオよりやや濃い桃紅色。雄しべと雌しべは、花筒の中にある。

DATA

園芸分類	多年草
科／属名	ヒルガオ科ヒルガオ属
原産地	日本、アジア、ヨーロッパ、太平洋諸島、アメリカ
花色	●
草丈	つる性
花径	4〜5cm
花期	5〜6月
生育環境	海岸

MEMO（観察のポイント）

日本全国に分布し、日当たりがよい海岸で生育する。地下茎は、太くはないが丈夫。砂の中を横ばいに殖え、大群落になる。葉は円形で互生し、先がややへこむものもある。

アサガオに似たラッパ状の花

浜辺に群生する

ハマボッス
浜払子

識別ポイント	白い花序が特徴的
名前の由来	花序が仏具の「払子」に似て、浜で生育することから
花ことば	海への祈りを込めて
特徴	払子とは、獣毛や麻などを束ね、それに柄をつけたもの。インドでは蚊などの虫や塵を払う道具だったが、のち法具となった。また、日本では、鎌倉時代以降用いられ、浄土真宗以外ではすべて法会や葬儀などのときの導師の装身具として使われている。

DATA
- 園芸分類　2年草
- 科／属名　サクラソウ科オカトラノオ属
- 原産地　日本、中国、東南アジア、インド、太平洋諸島
- 花色　○
- 草丈　10〜40cm
- 花径　1〜1.2cm
- 花期　5〜6月
- 生育環境　海岸

MEMO（観察のポイント）
日本全土に分布し、おもに海岸で生育する2年草。茎は赤みを帯び、数本が根元から立ち上がって上方で枝分かれする。葉は倒卵形で互生し、表面には光沢がある。茎の先に総状花序をつけ、多数の白い花を咲かせる。花序ははじめは短いが、後で伸びて5〜12cmになる。

白い花をつける

海辺の砂浜で見られる

円内は花後にできる実

from Spring

■ 春から咲く野草・山草

ハルトラノオ
春虎の尾

別名：イロハソウ

識別ポイント	白い小花がまばらに集まって咲く
名前の由来	春に穂状に咲く花を虎の尾に見立てた
花ことば	愛しい人との別離
特　徴	山地に多く自生する多年草。根生葉は長さ2〜8cm、先がとがった卵形。茎葉は長さ2〜3cmの小さな卵形。花は径2〜4mm、花茎の先に穂状に開く。花びらはなく、花弁状のガク片と長く突き出した雄しべが目立つ。

DATA

園芸分類	多年草
科／属名	タデ科タデ属
原産地	日本
花　色	○
草　丈	5〜25cm
花　径	2〜4mm
花　期	3〜5月
生育環境	林内、木陰

MEMO（観察のポイント）

本州、四国、九州の林の中などで見かける。ハルトラノオの仲間は、イブキトラノオ、ナンブトラノオ、ムカゴトラノオなど種類が多い。

花茎は根生葉とは別に直立する

白い小さな花がまばらに集まって咲く

山地に多く自生する多年草

ハルユキノシタ

春雪の下

識別ポイント	ユキノシタに比べ全体が緑色で、走出枝を出さない
名前の由来	春に開花するユキノシタなので
花ことば	早くあなたに逢いたい
特徴	葉は、細かい毛がびっしりと生えており、食用（天ぷらなど）や薬用に使われる。近種のユキノシタは、ミミダレグサと呼ばれるが、これは汁液を耳ダレやニキビの薬として利用していたことからつけられた。

DATA

園芸分類	多年草
科／属名	ユキノシタ科ユキノシタ属
原産地	日本
花色	○●
草丈	20〜30cm
花径	3cm
花期	4〜5月
生育環境	山地

MEMO（観察のポイント）

主に、関東から近畿地方といった本州中部に分布し、深山の湿った崖などで生育。ユキノシタの仲間ではあるが、ユキノシタのような走出枝（ランナー）はない。根茎が太く地表に伸びていく。根生葉は多肉質で、長い柄がある。茎先につく花は花弁5枚。上の3枚の花弁には黄色の斑点があり、下の花弁2枚は長く伸びて垂れ下がる。

深山の湿った崖などで生育する。

ハルリンドウ

春竜胆

識別ポイント	フデリンドウと比べ全体に大型で、ロゼット状の根生葉がある
名前の由来	春に咲くリンドウから
花ことば	清潔な人
特徴	山地の高層湿原や湿った所に見られ、越年草として扱われる場合もある。近種のフデリンドウに似るが、ハルリンドウは湿地に生え、フデリンドウは乾いた山地や野原に生えることでも区別できる。リンドウは世界各地に分布し種類が多く、春咲き種と秋咲き種があり、それぞれ管理の仕方が異なる。

DATA

園芸分類	2年草
科／属名	リンドウ科リンドウ属
原産地	日本、朝鮮半島、中国、台湾、インド北西部、シベリア
花色	●
草丈	5〜15cm
花径	1〜1.5cm
花期	3〜5月
生育環境	山野

MEMO（観察のポイント）

本州から四国、九州に分布し、湿地の日当たりに生育する。他のリンドウとは性格が異なり、根生葉はタマゴ形でロゼット状に広がる。茎葉は、卵状披針形で小さい。根生葉の間から数本の花茎が直立し、青紫の花を1輪ずつ開花させる。

花は漏斗形で先が開く

■ 春から咲く野草・山草 ■　　　　　　　　　　　　　　　　　　　　　　　ヒゴスミレ・ヒトリシズカ

ヒゴスミレ
肥後菫

識別ポイント	葉は基部から5裂し更に細裂する
名前の由来	肥後（現在の熊本県）に多いとされるスミレなので
花ことば	てのひらいっぱいの愛情
特徴	ヒゴスミレの花弁はふちが波打つことはなく、葉は付け根から5つに分かれるのが特徴。スギ林など薄暗い所でも生育するエイザンスミレに対し、ヒゴスミレは明るい草地を好む。エイザンスミレと違い、さわやかな香りをもつ。

DATA
園芸分類	多年草
科／属名	スミレ科スミレ属
原産地	日本
花色	○〜●
草丈	10〜15cm
花径	1.5〜2cm
花期	3〜5月
生育環境	山地

MEMO（観察のポイント）
本州〜四国、九州に分布し、山地のやや日当たりがよい場所に生え、日陰をきらう。葉は小葉が基部から5つに裂け、さらに葉のふちが細く裂ける。鑑賞用にも多く栽培されている。

さわやかな香りをもつ

ヒトリシズカ
一人静　　別名：ヨシノシズカ（吉野静）

識別ポイント	フタリシズカと比べ花穂が1本
名前の由来	茎に1花穂をつけることが、静御前のように思われたから
花ことば	隠れた美徳
特徴	花は、雄しべの葯と、雌しべのつけ根の部分に隠れるようについている。花弁もガクもなく、長さ3mmほどの花糸が重なり合うように水平に出る。この様子が、繊細な花弁のようにも見え、舞の名手だった静御前をイメージして名づけられたとされている。山野草ファンの間でも人気がある植物。

DATA
園芸分類	多年草
科／属名	センリョウ科センリョウ属
原産地	日本、満州、樺太
花色	○
草丈	10〜30cm
花径	3mm（花糸）
花期	4〜5月
生育環境	山地

MEMO（観察のポイント）
北海道〜四国、九州の山地の林内に生育。根元から直立叢生し、紫褐色で数個の筋があり、節の部分に鱗片葉を対生させる。茎頂は4枚の葉を輪生状に対生させ、葉が開く前に穂状花序を1個立てる。花に花弁はなく、白く花弁状に見えるのは雄しべで、3つに分岐している。

白い雄しべが目立つ

ヒメオドリコソウ
姫踊り子草　　別名：サンガイグサ（三階草）

識別ポイント	上部の葉の表面は紫を帯び、群生すると赤紫が目立つ
名前の由来	オドリコソウよりも小さいため
花ことば	春の幸せ
特徴	ヨーロッパ原産の帰化植物。アリが種子を巣に運ばなければ発芽しない、珍しい性質の繁殖方法をとる植物でもある。茎は四角い断面をしており、茎の節には唇形の赤紫色の花が輪生する。

DATA
園芸分類	2年草
科／属名	シソ科オドリコソウ属
原産地	ヨーロッパ
花色	●
草丈	10～25cm
花径	1cm
花期	4～5月
生育環境	

MEMO（観察のポイント）
日本各地に分布し、野や畑のあぜ道で生育する。対生する葉は、葉面に細脈があり、ふちにギザギザがあるハート形。葉色は緑色、上部は赤ジソに似た紫色をしている。

日本全国の道ばたなどに生える越年草

ヒメコバンソウ
姫小判草　　別名：スズガヤ

識別ポイント	小穂は長さ、幅ともに4mmと小さい
名前の由来	小穂がコバンソウに似ているため
花ことば	私の心の声に気がついて
特徴	ヨーロッパ原産の帰化植物。やや暖地性で、海岸沿いに広く分布している植物。花穂が熟すと黄色になり、小穂を振るとカサカサと音がすることから、別名のスズガヤと呼ばれる。他にもタワラムギなど多くの名をもつ。

DATA
園芸分類	1年草
科／属名	イネ科コバンソウ属
原産地	ヨーロッパ
花色	●●
草丈	10～60cm
花径	4mm
花期	5～6月
生育環境	道ばた、荒地

MEMO（観察のポイント）
日本各地に分布し、道ばたや海岸沿いで生育。茎は直立し、細長くてやわらかい。葉は互生し、多少ざらつく。花は最初は緑色だが、熟すと黄褐色に変化する。茎先にまばらな円錐花序をつけ、細い数本の枝を分枝して小穂を下垂させる。

熟した花穂

■ 春から咲く野草・山草 ■　　　　　　　　　　　　　　　　　　　　　　　　　　　　　　ヒメシャガ

ヒメシャガ
姫射干

識別ポイント	花色で区別する
名前の由来	シャガに似ているが小さいため
花ことば	隠れている私を見つけてください
特　徴	シャガに似ているが葉は常緑ではない。また、本種の花は地色が淡紫色。シャガの地色は、白紫色に淡紫色の模様があり区別できる。地方によっては里山で群生、庭園で栽培されることも多い。

DATA

園芸分類	多年草
科／属名	アヤメ科アヤメ属
原産地	中国、日本
花　色	●○
草　丈	5～20cm
花　径	4～5cm
花　期	5～6月
生育環境	山地

MEMO（観察のポイント）

北海道～四国、九州に分布し、山地の林下などで生育。葉は先がとがった線形で、表は淡緑色、裏は粉白色。花柄は細長く直立し、2～3個の剣状の苞葉がつく。花びらの中央は白で、紫の筋と黄色の斑点がある。

群生も美しい

鉢植えでも楽しめる

ヒメスイバ

姫酸い葉　　別名：ホコガタスイバ（矛形酸い葉）

識別ポイント	小型で芝地などに群生する
名前の由来	スイバよりも小型なので
花ことば	甘酸っぱい恋
特徴	日本には明治初期に渡来したとされている植物。40年くらい前から山地に出現し、現在は道ばたなどでも見られる。

DATA

園芸分類	多年草
科／属名	タデ科ギシギシ属
原産地	ユーラシア
花色	●
草丈	20～50cm
花径	2～4mm
花期	5～8月
生育環境	道ばた、やや湿った野原

MEMO（観察のポイント）

日本各地に分布し、道ばたや荒地で生育。茎は直立し、葉はほこ形で基が耳のように張り出している。5～8月に茎の上部が枝分かれし、各枝に赤い小さな花をまばらに輪生しながら咲かせる。種と地下茎で繁殖する。

道ばたや荒地で生育

ヒレアザミ

鰭薊

識別ポイント	茎に鰭、いわゆる翼がある
名前の由来	茎に刺があるヒレをもつ
花ことば	私の心に触れないで
特徴	古い時代に渡来したとされている植物。本種はヨーロッパ～シベリア、中国大陸に広く分布し、日本に渡ったと考えられている。

DATA

園芸分類	多年草
科／属名	キク科ヒレアザミ属
原産地	ヨーロッパ
花色	●○
草丈	70～100cm
花径	2～2.5cm
花期	5～7月
生育環境	山野

MEMO（観察のポイント）

本州～四国、九州に分布し、野原や道ばたなどで生育。茎は直立して分枝し、目立つ刺のある鰭がある。葉は不規則な羽状に中～深裂し、刺がつく。花は、枝先に数個が集まって開花する。鰭のことは、翼と呼ぶ場合もある。

花は枝先に数個が集まって開花する

■ 春から咲く野草・山草 ■　　　　　　　　　　　　　　　　　　　　　　　　フキ

フキ
蕗

別名：イチノサカ（一坂）・ナブキ（菜蕗）

識別ポイント	地下茎から長い葉柄を立てて、先端に大きな丸い葉身をつける
名前の由来	用便後に、拭くことに使われたことから「拭き」と呼ばれたとか
花ことば	困ったときに側にいて欲しい
特　徴	フキのつぼみであるフキノトウは、食用として賞味されるほか、薬用としても利用される。咳止めやタン切り、特有の苦みには消化および食欲促進作用があるとされている。

DATA

園芸分類	多年草
科／属名	フキ科フキ属
原産地	日本・中国・朝鮮半島
花　色	🟡⚪
草　丈	30〜60cm
花　径	5〜10mm
花　期	3〜5月
生育環境	山野

MEMO（観察のポイント）

北海道〜本州、沖縄にかけて分布し、山野などで生育。葉より先に花径を伸ばし、先ばたに散房状の花をつける。雌雄異株で、雄花は黄白色。雌花は白色。花後に地下茎から50〜60cmに伸びる。葉柄とともに食用に利用される。東北地方から北海道で見られるアキタブキは、高さ2m以上になることもある。

フキのつぼみフキノトウは食べられる

葉より先に花径を伸ばし、先ばたに散房状の花をつける

フタリシズカ
二人静

識別ポイント	ヒトリシズカに比べ花穂を2本以上立てる
名前の由来	ヒトリシズカの仲間ではあるが、花径が2本立つことから。静御前とその亡霊の舞姿にたとえたという説もある
花ことば	美しい舞姿
特徴	ヒトリシズカはひとつだけ花序をつけるが、フタリシズカの花序は2～4本以上とさまざま。花糸はヒトリシズカのようにのびず、花柄に張りつく。

DATA
園芸分類	多年草
科／属名	センリョウ科センリョウ属
原産地	日本、中国
花色	○
草丈	30～60cm
花径	3mm
花期	4～6月
生育環境	山野

MEMO（観察のポイント）
北海道～四国、九州に分布し、山野の林下などで生育。上部に対生する葉を相接してつけ、4枚の葉が輪生しているように見える。葉には、短い柄があり、ふちに細かなギザギザがある。花は通常、2本に枝分かれした茎先で開花する。粒のような花に花弁はなく、3個の雄しべがまるく子房を抱くようになっている。

2本に枝分かれした茎先で開花する

フッキソウ
富貴草
別名：キッショウソウ（吉祥草）

識別ポイント	茎が地上を長く這い、緑の葉がよく繁茂する
名前の由来	冬も枯れることなくよく繁茂することから
花ことば	良き門出
特徴	丈夫に育つことから、ビル周辺の緑化にもよく使われている。また、ナニワズ（ジンチョウゲ科）と同じように、草と見間違えてしまうことも多いが、木本性である。本種は林内に群生しているが、花は地味で目立たない。果実は白く熟す。

DATA
園芸分類	常緑小低木
科／属名	ツゲ科フッキソウ属
原産地	日本、東アジア
花色	●○
草丈	20～30cm
花径	1cm
花期	3～5月
生育環境	山地

MEMO（観察のポイント）
茎の下部が地面を這い広がる。雌雄同株で、花序の上部に雄花が、下部に雌花が咲く。どちらも花弁はなく、4個のガク片があるのみ。葉は卵状楕円形で互生し、厚く光沢がある。葉は長楕円形で基部はくさび形、上半部にあらいギザギザがあり、表面は淡緑色で質が厚い。

山地の林内で生育する常緑小低木

■ 春から咲く野草・山草　　　　　　　　　　　　　　　　　　　　　　　　　　　フデリンドウ・ヘビイチゴ

フデリンドウ
筆竜胆

識別ポイント	ハルリンドウと比べ花が小さく、ロゼット状の根生葉がない
名前の由来	筆のような花の形だから
花ことば	たくさんの思い出をありがとう
特徴	東アジアの温帯近くに広く分布している小型のリンドウ。茎先に数個のまとまった花を咲かせる。花弁の間に小さい副片をつけている。

DATA
園芸分類	2年草
科／属名	リンドウ科リンドウ属
原産地	東アジア
花色	●
草丈	5〜10cm
花径	2〜2.5cm
花期	4〜5月
生育環境	山野

MEMO（観察のポイント）
日本では、北海道〜四国、九州に分布し、山野の日当たりがよい場所で生育。根生葉はロゼット状にならずに小さい。茎葉は広めの卵形となる。

紫色の清楚な花

ヘビイチゴ
蛇苺

識別ポイント	ヤブヘビイチゴと比べて複葉が3出
名前の由来	ヘビがいそうな場所で生育していることから
花ことば	小悪魔のような魅力
特徴	酷似種にヤブヘビイチゴがある。結実期なら、実の地肌に光沢の有無で区別する。光沢があればヤブヘビイチゴ、なければヘビイチゴ。ほかにヘビイチゴはヤブヘビイチゴに比べて葉が小さく、葉色もヘビイチゴは葉脈が比較的大雑把で黄緑がかっているが、ヤブヘビイチゴは濃い緑色で葉脈も密に通っている。

DATA
園芸分類	多年草
科／属名	バラ科ヘビイチゴ属
原産地	日本・アジア南東部
花色	○
草丈	10〜20cm
花径	1.2〜1.5cm
花期	4〜6月
生育環境	道ばた、湿地、草地

MEMO（観察のポイント）
茎に軟毛があり、長く地上を這い節に新しい株をつくり殖える。葉は3枚の小葉からできた複葉。小葉は卵形から楕円形となり、ふちにギザギザがある。葉のわきから出る花柄につく花は、黄色の5弁花。球果の実は有毒ではないが、おいしくはない。

果実は有毒ではないがおいしくはない

ヘラオオバコ

篦大葉子   別名：イギリスオオバコ

識別ポイント	葉の形が細長く、へらのよう
名前の由来	葉がへら状のオオバコなので
花ことば	まどわせないで
特　徴	江戸時代～明治初期に日本に渡来したヨーロッパ原産の帰化植物。小さい花が集まった円柱状の花穂は、長さ20～80mm。葉はすべて根生葉で長さ10～30cm、形は細長いへら状～やや幅のある舟形。

DATA

園芸分類	1年草
科／属名	オオバコ科オオバコ属
原産地	ヨーロッパ
花色	○●●
草丈	30～80cm
花径	7～15mm
花期	6～7月
生育環境	道ばた、荒れ地

MEMO（観察のポイント）

日本各地に分布。オオバコと同様に丈夫で、どのような環境でも育つ。雄しべの白い花粉袋が穂から飛び出すような形で開花し、下から上へと数日かけて咲き上がる。細長い葉には、縦に葉脈が走っている。

丈夫でどのような環境でも育つ

ホウチャクソウ

宝鐸草   別名：狐の提灯

識別ポイント	花は筒状で下垂し、平開しない
名前の由来	花の形が寺院の軒先にかかっている大型の風鈴「宝鐸」に似ているため
花ことば	よきライバル
特　徴	釣鐘状に垂れ下がる可憐な花は、長さ25～30mm。花の色は白く、先端が緑色。ひとつの枝先に1～3個の花がつく。花びらは開かないまま丸い果実になり、黒く熟す。葉は先がとがった楕円形で、長さ5～15cm。

DATA

園芸分類	多年草
科／属名	ユリ科チゴユリ属
原産地	日本、朝鮮半島、中国、樺太
花色	○　先端が緑
草丈	25～50cm
花径	2.5～3cm
花期	4～5月
生育環境	山地、林、竹やぶ

MEMO（観察のポイント）

日本全国に分布。半日陰、半乾燥の環境を好むため、日が当たる場所では見かけない。新芽を山菜として食べるアマドコロなどに似た花がつくが、ホウチャクソウの新芽は有毒なので注意すること。

釣鐘状に垂れ下がる可憐な花

■ 春から咲く野草・山草　　　　　　　　　　　　　　　　　　　　　　　　　　　　　　　　　ホトケノザ・マイヅルソウ

ホトケノザ
仏の座
別名：サンガイグサ

- **識別ポイント**　葉から立ち上がるように花がつく
- **名前の由来**　葉が仏像の蓮華座（台座）に似ていることから
- **花ことば**　調和
- **特徴**　数個輪生する小さな唇形の花はかわいらしく、鮮やかな赤紫色が目を引く。葉は扇状円形で長さ10～15mm、フリルのように茎を囲んで生える。茎から出る葉は3～4段で、そこから花が立ち上がるように咲く。

DATA
園芸分類	2年草
科／属名	シソ科オドリコソウ属
原産地	日本、アジア、ヨーロッパ、アフリカ
花色	●
草丈	10～30cm
花径	8～15mm
花期	3～6月
生育環境	田畑、原野、草原

MEMO（観察のポイント）
本州～沖縄に分布。細い茎は茶色で、下部は枝分かれしている。春の七草のホトケノザはキク科のコオニタビラコのことで、本種とは別。

かわいらしい小さな唇形の花

マイヅルソウ
舞鶴草

- **識別ポイント**　反り返った白い花
- **名前の由来**　葉脈の形を鶴が舞う姿に見立てて
- **花ことば**　清純な乙女のおもかげ
- **特徴**　長さ3～7cmの葉は卵心形で、先はとがり基部は深い心形。総状の小さな花が茎の先端に多数つき、先が反り返るように咲く。夏～秋には、ウズラの卵のような模様がある直径5～7mmの赤い実をつける。

DATA
園芸分類	多年草
科／属名	ユリ科マイヅルソウ属
原産地	日本
花色	○
草丈	10～25cm
花径	約2mm
花期	5～7月
生育環境	山地帯、高山帯の林内、湿地

MEMO（観察のポイント）
日本全国に分布し、葉が互生している。ヒメマイヅルソウと似ているが、ヒメマイヅルソウのほうは葉が細長くて毛も多い。

日本全国に分布。暗い湿地に生育する

マツヨイグサ

待宵草　　　　　別名：宵待草

識別ポイント	花開くのは夕方から翌朝のみ
名前の由来	花が夕方咲くため
花ことば	ほのかな恋・移り気・浴後の美人
特徴	花は日暮れ時に開き、翌朝にはしぼんでしまう夜行性。鮮やかな黄色の花弁は4枚。葉は細長くやや幅が広い船形で長さ5〜13cm、ふちは粗くギザギザがある。茎は赤みを帯びていることが多い。

DATA

園芸分類	2年草
科／属名	アカバナ科マツヨイグサ属
原産地	南米
花色	○（黄）
草丈	30〜70cm
花径	約3cm
花期	5〜8月
生育環境	道ばた、荒地、海岸、川原

MEMO（観察のポイント）

本州以南の各地に分布し、砂地や線路わきなどに多く生育。いくつか近縁種があるが、マツヨイグサの花には他種に比べて黄色が若干淡く、しぼむと赤く変色するという特徴がある。ツキミソウは別種で、白い花を開く。

花は日暮れ時に開き、翌朝にはしぼんでしまう

マメグンバイナズナ

豆軍配薺　　　　　別名：コウベナズナ

識別ポイント	種子は各室にひとつ
名前の由来	果実が相撲の軍配に似ているので。グンバイナズナより小さいので頭にマメがついた
花ことば	がんばって
特徴	ペンペングサの名で親しまれているナズナの1種。茎先に多数つく白い小さな花は総状になり、楕円形の果実は先がくぼんでいる。茎葉は光沢がある濃い緑色で長さ2〜5cm、倒披針形〜線状楕円形。

DATA

園芸分類	2年草
科／属名	アブラナ科マメグンバイナズナ属
原産地	北アメリカ
花色	○
草丈	20〜50cm
花径	約3mm
花期	5〜6月
生育環境	野原、道ばたなど

MEMO（観察のポイント）

よく似たグンバイナズナの根生葉は花期には枯れるが、マメグンバイナズナの根生葉は花期でも残っている。果実もマメグンバイナズナのほうが小さい。茎は上部で多数分枝。葉には不規則なギザギザがある。

花よりも果実に特徴がある

■ 春から咲く野草・山草 ■　　　　　　　　　　　　　　　　　　　　　　　　　　　マムシグサ

マムシグサ
蝮草　　　　　別名：ヘビノダイハチ

識別ポイント	苞の形はまるで鎌首をもたげるマムシのよう
名前の由来	偽茎のマムシのようなマダラ模様から
花ことば	壮大
特徴	雌雄が違う株をつくる多年草。花に見えるのは仏炎苞と呼ばれる部分で長さ10〜20cm、色は淡緑から黒紫で白いすじが走っている。仏炎苞の中心には肉穂状の花序があり、果実は秋になると赤く熟す。

DATA
園芸分類	多年草
科／属名	サトイモ科テンナンショウ属
原産地	日本
花色	🟢 〜 🟣
草丈	40〜80cm
花径	6〜7mm
花期	4〜6月
生育環境	山地、林

MEMO（観察のポイント）
関東地方以西〜四国、九州に分布し、半日陰を好む。状態により、雄になったり雌になったりする不思議な植物。栄養状態がよく大きく生長した株だけが雌株になり、小さいと雄株になる。有毒。

鎌首をもたげるマムシのような苞

果実は秋になると赤く熟す

ミズバショウ
水芭蕉

別名：ヘビノマクラ

識別ポイント	黄色い軸を覆うような白い仏炎苞
名前の由来	葉が芭蕉の葉に似ていることから
花ことば	美しい思い出
特　徴	「森の妖精」とも呼ばれる。白い花びらに見えるのは仏炎苞と呼ばれる葉が変形した部分で、中心の黄色い円柱の軸に多数ついているのが本当の花。尾瀬沼の自生地が有名。

DATA
- 園芸分類　多年草
- 科／属名　サトイモ科ミズバショウ属
- 原産地　　日本
- 花　色　　○
- 草　丈　　10〜30cm
- 花　径　　3〜4mm
- 花　期　　5〜7月
- 生育環境　湿原、沼地

MEMO（観察のポイント）
北海道・兵庫県以北の本州に分布。花が終わるとさらに葉を伸ばし、大きな株であれば1m近い大きな葉になることもある。葉は卵形または楕円形。

沼、水辺、湿地に群生して生える多年草

鑑賞価値が高い仏炎苞

白い仏炎苞が花穂を包む

from Spring

■ 春から咲く野草・山草　　　　　　　　　　　　　　　　　　　　　　　　　　ミゾコウジュ・ミツガシワ

ミゾコウジュ

溝香需　　別名：ユキミソウ（雪見草）

識別ポイント	穂状になった唇形の花が特徴
名前の由来	溝に生えるコウジュ（中国の薬草）の意味
花ことば	粗野な人
特徴	花はシソの花によく似ていて、穂状になった淡紫色の唇形が特徴。その下唇には紫色の斑点がある。葉は広い楕円形で脈がへこみ、ふちには鈍いギザギザがある。四角張った茎には、下向きの細い毛が生えている。

DATA

園芸分類	2年草
科／属名	シソ科アキギリ属
原産地	日本
花色	●
草丈	30〜70cm
花径	約4mm
花期	5〜7月
生育環境	湿地

MEMO（観察のポイント）

本州〜沖縄に分布。田のあぜなど湿地を好む。根生葉は、越冬時には大地に放射状に張りつくが、花が咲くころには枯れる。止血などに用いられる薬草でもある。絶滅危惧種。

穂状になった唇形の花

ミツガシワ

三槲

識別ポイント	柏のような3枚の葉と花びらの毛
名前の由来	柏のように大きな葉が3枚集まっていることから
花ことば	私は表現する
特徴	花は総状になっていて、花弁は5枚。花びらの内側には密生した白い毛が生えていて、下から上に徐々に咲き上がるのが特徴。葉は柏によく似た卵形で、長さ4〜5cm。花が終わるころに、3枚の葉が水面を覆うように広がる。

DATA

園芸分類	多年草
科／属名	リンドウ科ミツガシワ属
原産地	日本、北半球に広く分布
花色	○●
草丈	20〜40cm
花径	1〜1.5cm
花期	4〜8月
生育環境	湿原や沼地など湿地

MEMO（観察のポイント）

水生植物で、群生することが多い。泥の中に太い根茎を張る。葉は胃薬にもなる。花は同じミツガシワ科のイワイチョウとそっくりだが、イワイチョウは葉が丸いため区別できる。

水生植物で、群生することが多い

ミツバツチグリ
三葉土栗

識別ポイント	地を這う黄色い花
名前の由来	ツチグリに似て3葉のため
花ことば	可能性を秘めた
特徴	黄色い花は集散状につき、花弁は5枚。葉は小葉が3枚ついている複葉で卵形、先に鈍いギザギザがある。地上を這うようにして枝を伸ばし、その先端に新苗をつくり、その数を増やしていくという特徴がある。

DATA
園芸分類	多年草
科／属名	バラ科キジムシロ属
原産地	日本、朝鮮、中国、シベリア
花色	●
草丈	15〜30cm
花径	1.5〜2cm
花期	4〜5月
生育環境	山野

MEMO（観察のポイント）
日本全国に分布。根が食用になるツチグリに似ているが、このミツバツチグリは食用にはならない。違いはツチグリの小葉は4〜5枚だが、ミツバツチグリは3出複葉。根茎は短く肥大して硬く、ヒゲ根を密生させている。

黄色い花は集散状につく

ミミガタテンナンショウ
耳形天南星　　別名：ヘビノコンニャク

識別ポイント	耳のように見える仏炎苞
名前の由来	仏炎苞の口辺部が耳たぶのように張り出していることから
花ことば	壮大な
特徴	カラーのような仏炎苞が特徴で、この内側はつやがある。本当の花は仏炎苞の中にあり、肉穂状。偽茎には蛇の皮のような模様が入り、その先に毒々しい濃い紫の仏炎苞がつく。葉は2個、小葉は7〜11個で長い楕円形。

DATA
園芸分類	多年草
科／属名	サトイモ科テンナンショウ属
原産地	日本
花色	●
草丈	20〜40cm
花径	6〜7mm
花期	4〜5月
生育環境	山地や雑木林

MEMO（観察のポイント）
本州、四国に分布し、山野の林のへりや藪かげに生える。同じサトイモ科のマムシグサやウラシマソウと似ているが、仏炎苞の口辺部が耳たぶ状に張り出しているのが、この種。葉が出るより先に花が開く。この仲間で最も早咲きの房州に産するヒガンマムシグサは、本種の変種とされている。

カラーのような仏炎苞が特徴

■ 春から咲く野草・山草 ■

ミミナグサ
耳菜草

識別ポイント	まばらについた白い小花
名前の由来	葉をネズミの耳にたとえて
花ことば	注意深い
特徴	茎はやや太く、暗紫色を帯びている。3～5月に茎の先に白色の花をつける。葉は先がとがった卵形～長い楕円形で長さ1～4cm、表裏に毛が生えている。小さな白い花の花弁は5枚で、先端には、切れ込みが入っている。

DATA

園芸分類	1年草
科／属名	ナデシコ科ミミナグサ属
原産地	日本
花色	○
草丈	15～25cm
花径	5～6mm
花期	4～6月
生育環境	畑地、道ばた、空き地

MEMO（観察のポイント）

日本各地に分布。ハコベの花に似ているが、ハコベに比べて、花弁の先端は深く切れ込まない。また、オランダミミナグサにも似ているが、そちらは花が密集しているので区別できる。

日本各地に分布

ハコベの花に似ている

花弁には先端に切れ込みがある

ミヤコグサ

都草　　　別名：エボシグサ（烏帽子草）

- **識別ポイント**　鮮やかな黄色の蝶形花
- **名前の由来**　京の都に多く咲いていたことから
- **花ことば**　復讐
- **特徴**　緑によく映える黄色い花が特徴。葉のわきから出る茎先に1～1.5cmの黄色い蝶形の花が2輪ずつつく。果実は長さ約3cmの豆果が2個ずつ。茎は地面を這って広がり、その株を殖やす。

DATA
- 園芸分類　多年草
- 科／属名　マメ科ミヤコグサ属
- 原産地　日本
- 花色　🟡
- 草丈　30～40cm
- 花径　1～1.5cm
- 花期　4～6月
- 生育環境　道ばた、芝地、海岸の砂地

MEMO（観察のポイント）
日本各地に分布。倒卵形～楕円形の小葉が3枚もしくは5枚つく3出複葉。生命力が強く、環境適応力がある。花色が黄色から朱赤色に変化するニシキミヤコグサと呼ばれるものもある。

鮮やかな黄色い蝶形の花

ミヤマカタバミ

深山傍食　　　別名：エイザンカタバミ（叡山傍食）

- **識別ポイント**　白い花が枝先にひとつ咲く
- **名前の由来**　深山に生えるカタバミであるから
- **花ことば**　喜び、歓喜
- **特徴**　白い花には淡紫色のすじがあり、花がつく茎には軟毛が生えている。葉は長さ1～2.5cm、小葉が3枚ついている複葉。先がへこんでいて3角形～倒心形をしている。花後には円筒状卵形の果実ができる。

DATA
- 園芸分類　多年草（鱗茎植物）
- 科／属名　カタバミ科カタバミ属
- 原産地　日本、中国、ヒマラヤ
- 花色　○
- 草丈　5～7cm
- 花径　3～4cm
- 花期　3～4月
- 生育環境　山地の木陰

MEMO（観察のポイント）
本州～四国に分布。山地の木陰などやや湿った場所を好むが、日が当たらないと花は開かない。葉はすべて根生し、長い葉柄がある。根茎は太く、枝分かれはしない。

淡紫色のすじがある白い花

■ 春から咲く野草・山草 ■　　　　　　　　　　　　　　　　　　　　　　　　　　　　　　ミヤマヨメナ・ムサシアブミ

ミヤマヨメナ

深山嫁菜　　　別名：ノシュンギク

識別ポイント	春に咲く野菊
名前の由来	深山に生えるヨメナ
花ことば	別れ、別離
特徴	山地の木陰などにひっそりとたたずむ控えめな印象の花。枝先に薄い青紫または白の花をつけ、花芯は黄色。花の数は、ひとつの枝先に1～3個。葉は長い楕円形で裏表に毛が生え、ふちがギザギザしている。

DATA

園芸分類	多年草
科／属名	キク科ミヤマヨメナ属
原産地	東アジア（日本、朝鮮、中国）
花色	●○
草丈	15～55cm
花径	3～4cm
花期	4～7月
生育環境	山地

MEMO（観察のポイント）

本州～四国、九州に分布。地下茎は枝分かれして広がり、横によく伸びる。根生葉は、花が咲くころまで枯れずに残っている。花屋で見かけるミヤコワスレは、この種から生まれた園芸品種。

花芯は黄色

ムサシアブミ

武蔵鐙

識別ポイント	仏炎苞の盛り上がった白いすじ
名前の由来	仏炎苞の形が、武士が馬に乗るときに足を載せる部分である鐙に似ているため
花ことば	偉大な勇者
特徴	仏炎苞は暗紫色か白緑色で、白いすじが盛り上がるように入っている。その内側は黒か紫色をしていて、中に入っている付属体はこん棒のような形で白い。葉茎よりも短い偽茎は高さ3～10cmで、緑白色をしている。

DATA

園芸分類	多年草
科／属名	サトイモ科テンナンショウ属
原産地	日本、朝鮮半島、中国
花色	●
草丈	10～30cm
花径	4～7cm
花期	4～5月
生育環境	海岸近くの山地

MEMO（観察のポイント）

向かい合うように生える葉は2枚。花が咲くころ長さ10～30cmにもなる大きな小葉は3枚で裏が白い。ほかのサトイモ科の植物と見分けるのはむずかしいが、本種は偽茎が短い。

仏炎苞がアブミの形をしている

ムシトリナデシコ
虫捕り撫子

別名：コマチソウ（小町草）

識別ポイント	節から帯状に出る粘液
名前の由来	茎の粘液が虫を付着させるため
花ことば	青春の愛、未練、裏切り
特　　徴	茎先に多数集散状につく桃色の小花は、恐ろしい名に似合わず愛らしい。茎の節の下部から粘液を分泌し、小虫が動けなくなるよう液を付着させる。しかし、粘液には消化酵素が含まれておらず、食虫植物ではない。

DATA
園芸分類	1～2年草
科／属名	ナデシコ科マンテマ属
原産地	ヨーロッパ
花色	●、まれに○
草丈	30～60cm
花径	約1cm
花期	5～7月
生育環境	野原、道ばた、河原

MEMO（観察のポイント）
日本各地に分布。もともとは観賞用だったが、野生化して各地に生育するようになった。花弁は5枚で、葉は卵形～先が細長くてやや幅がある舟形。全体に粉白色を帯びている。

from Spring

紅色の花

白色の花

道ばたや海岸近くで野生化している

■ 春から咲く野草・山草　　　　　　　　　　　　　　　　　　　　　　　　　　ムラサキ・ムラサキケマン

ムラサキ
紫

識別ポイント	控えめにつく小さな白い花
名前の由来	根が紫色の染料に使われることから
花ことば	あなたを貴ぶ
特徴	花は白だが、根の部分が紫色の染料に使用されることから、名前はムラサキ。花冠は5裂して、果実は小さな4分果からなる。先が細長くとがっていて、幅が広い舟形をした葉は葉脈の溝が深く、互生している。

DATA
園芸分類	多年草
科／属名	ムラサキ科ムラサキ属
原産地	日本
花色	○
草丈	30～80cm
花径	6～10mm
花期	6～8月
生育環境	山地の草地

MEMO (観察のポイント)
万葉集や古今和歌集にもたびたび登場し、詠われた花。土壌が悪いとすぐに枯れてしまうため、野生のものは、絶滅危惧種となっており、"幻の野草"とも呼ばれている。根は解熱や皮膚病の薬にもなる。

染料や薬用に利用される

ムラサキケマン
紫華鬘　　　　　　　別名：ヤブケマン（藪華鬘）

識別ポイント	小さな唇形の花と羽状の葉
名前の由来	花が紫色のケマンソウのため
花ことば	あなたの助けになる
特徴	花は長さ12～18mmの筒状で先端は唇形、茎の上部に密につく。花の色は赤みがかった紫で、まれに白いものもある。葉は2～3回細かく裂けていて、鳥の羽のような羽状。披片は深く切れ込んでいる。傷つけると黄色い汁が出て、悪臭を放つ。

DATA
園芸分類	2年草
科／属名	ケシ科キケマン属
原産地	日本、中国、台湾
花色	●○
草丈	20～50cm
花径	約5mm
花期	4～6月
生育環境	山野

MEMO (観察のポイント)
日本全国に分布し、山野のやや湿った場所に生育。茎は角ばっている。花の先端部だけ紅紫色になるものはクチベニケマン。エンゴサクの花と酷似しているが、エンゴサクは花が青紫なので判別できる。

赤みがかった紫色の花

ムラサキサギゴケ
紫鷺苔

識別ポイント	下向きについた紅紫色の唇形花
名前の由来	花の形が鷺に似ており、色が紫のため
花ことば	忍耐強い
特徴	花は長さ15〜20mmで紅紫色の唇形、葉の間から伸びた花茎に下向きにつく。根元から枝を出し、はうように横に広がって株を殖やす。葉は倒卵形で、ふちにギザギザがある。

DATA
園芸分類	多年草
科／属名	ゴマノハグサ科サギゴケ属
原産地	日本
花色	●
草丈	10〜15cm
花径	1〜2cm
花期	4〜6月
生育環境	やや湿った野原、あぜ道

MEMO （観察のポイント）
本州〜四国、九州に分布。野原、あぜ道、土手など、日当たりがよいやや湿った場所に生育している。トキワハゼの花によく似ているが、ムラサキゴケのほうが花色は鮮やか。白花の品種をサギゴケといい、まれに混生する。

花は紅紫色の唇形

ムラサキハナナ
紫花菜　別名：オオアラセイトウ（大紫羅欄花）・ショカッサイ（諸葛采）

識別ポイント	十字形をした紫色の花
名前の由来	菜の花と同じアブラナ科の植物で、紫色の花が咲くことから
花ことば	優秀、競争
特徴	花はダイコンの花に似ており、紫色で芳香がある。花弁4枚の十字形で、茎先に散状につく。根生葉は大地に放射状に張りつくロゼット状で、上部の葉は茎を抱くように互生する。

DATA
園芸分類	2年草
科／属名	アブラナ科オオアラセイトウ属
原産地	中国
花色	●
草丈	40〜100cm
花径	2〜3cm
花期	2〜6月
生育環境	野原、空き地、土手

MEMO （観察のポイント）
とても丈夫でいたるところに生育している。アブラナ科の花は、十字に近い形に花弁がついていることから、十字花とも呼ばれていた。諸葛孔明が食用に植えたとされていることからショカッサイともいう。ハナダイコンは、別の植物で、誤称。

丈夫でいたるところに生育している

■ 春から咲く野草・山草 ■　　　　　　　　　　　　　　　　　　　　　　　　　　ヤエムグラ

ヤエムグラ
八重葎

識別ポイント	毛の生えた果実
名前の由来	7～8枚の葉が重なり合い、群生することから
花ことば	抵抗
特　徴	葉は長さ1～2cmの細長い披針形で、先がとがっている。茎や葉のふちには刺があり、小さな果実には毛が生えていて、衣服につく。八重の名のとおり、葉を1箇所から6～8枚輪生する。

DATA

園芸分類	1～2年草
科／属名	アカネ科ヤエムグラ属
原産地	日本、ユーラシア大陸、アフリカ
花色	🟢
草丈	60～100cm
花径	1～2mm
花期	5～6月
生育環境	野原、空き地、やぶ

MEMO（観察のポイント）

日本全国に分布。この植物は葉や茎の刺によって周囲に引っかかるように生えており、自らの茎で立つことはできない。茎は四角張っていて、刺が下向きに生えている。

葉は長さ1～2cmの細長い披針形

小さな果実には毛が生えている

ヤブジラミ
藪虱

識別ポイント	放射状にまとまってつく小さな白い花
名前の由来	やぶに生え、果実が衣類にシラミのようにつくことから
花ことば	逃がさない
特　徴	レースフラワーの仲間。葉は長さ5〜10cmの羽状複葉で、細かい切れ込みが入り短毛が密生している。複散形に白色の小さな花がまとまってつく。花弁は5枚。果実はやや長めの卵形で緑色をしており、密に刺が生えている。

DATA
園芸分類	2年草
科／属名	セリ科ヤブジラミ属
原産地	アジア、欧州、日本
花　色	○
草　丈	30〜70cm
花　径	約3mm
花　期	5〜7月
生育環境	林縁、道ばた、草原

MEMO（観察のポイント）
日本全国に分布。オヤブジラミによく似ているが、オヤブジラミは春に花が咲く点、果実が赤みを帯びている点などが異なる。ヤブジラミのほうは果実が密につくという特徴もある。

小さな白い花は放射状にまとまってつく

日本全国に分布

■ 春から咲く野草・山草　　　　　　　　　　　　　　　　　　　　　　　　ヤブタビラコ・ヤブニンジン

ヤブタビラコ
藪田平子

識別ポイント	黄色くて舌状の細長い花弁
名前の由来	やぶに生えるタビラコであることから
花ことば	質素
特徴	黄色い花で、先端が裂けた細長い舌状の花弁をしている。舌状花はやや内巻きにカールし、20枚程度。全体に軟毛が生えている。茎は斜上する。花が終わると、頭花は下向きに曲がり、丸くなる。羽状に深く裂けた根生葉は長さ5〜15cm。

DATA
園芸分類	2年草
科/属名	キク科ヤブタビラコ属
原産地	日本、中国
花色	●
草丈	20〜30cm
花径	約8mm
花期	5〜7月
生育環境	野原、あぜ道

MEMO（観察のポイント）
北海道〜四国、九州に分布し、水田のあぜや林縁などのやや湿った場所に生育する。花はコオニタビラコより若干小さく、舌状花の数もそれより多いので、見分けることができる。

あぜや林縁などのやや湿った場所に生育

ヤブニンジン
藪人参　　　　　　　　　　別名：ナガジラミ（長虱）

識別ポイント	ギザギザしたやわらかい葉
名前の由来	やぶに生え、葉がニンジンの葉に似ているため
花ことば	喜び
特徴	枝先に白い小花が複散形状にまばらについているが、遠くからだとあまりよくわからない。果実は上部が太く根元が細いこん棒状で、長さ約2cm。小葉はふちがギザギザしている卵形、表裏に毛が生えている。

DATA
園芸分類	多年草
科/属名	セリ科ヤブニンジン属
原産地	日本、朝鮮、ロシア、中国
花色	○
草丈	30〜60cm
花径	約1mm
花期	4〜5月
生育環境	山野、竹やぶ、林

MEMO（観察のポイント）
花には両性花と花柱が退化した雄花とがある。果実の隆起線には上向きの刺があり、葉や葉柄には軟毛が多い。茎は直立して枝分かれしている。ヤブジラミと似ているが、果実が細長いことで区別できる。

枝先に白い小さな花がまばらについている

ヤブヘビイチゴ

藪蛇苺

識別ポイント	球形をした紅い果実
名前の由来	やぶに生えるヘビイチゴのため
花ことば	可憐
特徴	3小葉からなる葉は長さ3～4cm。濃い緑色をしていて、ふちにはギザギザがある。花弁5枚からなる黄色い花を咲かせ、赤くつやがある径2～2.5cmの果実をつける。果実は食べられるがおいしくない。

DATA

園芸分類	多年草
科／属名	バラ科ヘビイチゴ属
原産地	日本、朝鮮、中国
花色	○
草丈	10～30cm
花径	約2cm
花期	4～6月
生育環境	半日陰のやぶ、樹下、丘陵

MEMO（観察のポイント）

本州～四国、九州に分布し、やや日陰のやぶなどに生える。ヘビイチゴよりも全体的にやや大きなイメージがあり、ヘビイチゴの果実にはつやがないが、ヤブヘビイチゴの果実にはつやがある。

やや日陰のやぶなどに生える

ヤマエンゴサク

山延胡索　　別名：ヤブエンゴサク

識別ポイント	紫色の細長い袋状の花
名前の由来	漢方薬に使われるエンゴサクの野生種であることから
花ことば	思慮深い
特徴	花は紫色または紅紫色、茎の先端に長さ1.5～2.5cmの総状につける。花弁4枚からなる細長い花で、基部が袋状になって後ろに突き出すような形。地中に球形をした径1cmほどの塊茎があり、そこから根生葉と花茎を出す。

DATA

園芸分類	多年草
科／属名	ケシ科キケマン属
原産地	日本（エンゴサクは中国）
花色	○ または ●
草丈	10～20cm
花径	1.5～2.5cm（花長）
花期	4～5月
生育環境	山野、あぜ道

MEMO（観察のポイント）

本州、四国、九州に分布し、山林や山間の田のあぜ道などに生えている。茎葉は通常2個つく。葉は2～3回3出複葉で小葉は倒卵形だが、変異が多い。花の付け根にある苞は切れ込む。

花は紫色または紅紫色

■ 春から咲く野草・山草　　　　　　　　　　　　　　　　　　　　　　　　　ヤマシャクヤク・ヤマネコノメソウ

ヤマシャクヤク
山芍薬

識別ポイント	シャクヤクに似ているが花は一重
名前の由来	山に咲き、花がシャクヤクに似ることから
花ことば	はにかみ
特徴	清楚な花は、山草愛好家の間でも人気。一重咲きで花弁は5枚または6～7枚。葉は2回3出複葉で互生し、小葉は長さ約10cmの楕円形。両面とも無毛でやわらかい。果実は中央で裂け、黒い種子と赤い袋果が露出する。

DATA
園芸分類	多年草
科／属名	ボタン科ボタン属
原産地	日本、朝鮮半島
花色	○
草丈	30～40cm
花径	4～5cm
花期	4～5月
生育環境	山地の半日陰

MEMO（観察のポイント）
関東・中部以西の本州、四国、九州に分布し、極端な暑さ、寒さに弱い。濃いピンク色をした草丈60cm程度のものはベニバナヤマシャクヤクという。絶滅危惧種。

山草愛好家の間でも人気の清楚な花

ヤマネコノメソウ
山猫の目草

識別ポイント	花後にムカゴができる
名前の由来	山地に生え、果実が猫の目に似ているため
花ことば	変化
特徴	ガク片4枚で基部に黄色を帯びた緑色の花が茎の先端に10数個つき、花が終わると花茎の基部にムカゴができる。これが縦に裂け、褐色で楕円形の種子が多数できる。花弁はない。全体に軟毛が生えている。

DATA
園芸分類	多年草
科／属名	ユキノシタ科ネコノメソウ属
原産地	日本、朝鮮、中国
花色	●
草丈	10～20cm
花径	約2mm
花期	3～4月
生育環境	山野

MEMO（観察のポイント）
北海道～四国、九州に分布し、山野のやや湿った場所などを好む。ネコノメソウの茎葉が対生なのに対し、ヤマネコノメソウの茎葉は互生している。根生葉は円形から楕円形で、長い柄がある。

山野のやや湿った場所などを好む

ヤマブキソウ

山吹草　　別名：クサヤマブキ（草山吹）

識別ポイント	花弁も花芯も黄色い花
名前の由来	ヤマブキに似ていることから
花ことば	すがすがしい明るさ
特　徴	茎上部の葉のわきに、径4〜5cmとやや大きめの花を1〜2個つける。花弁は4枚で色は鮮やかな黄色。茎や葉を切ると黄色い汁が出るが、これはケシ科の特徴である。

DATA
園芸分類	多年草
科／属名	ケシ科クサノオウ属
原産地	日本、中国
花　色	🟡
草　丈	30〜40cm
花　径	4〜5cm
花　期	4〜6月
生育環境	山地

MEMO（観察のポイント）
本州〜四国、九州に分布し、山地の半日陰などに生育。ヤマブキは一重または八重の花弁が5枚であるのに対し、ヤマブキソウは一重の花弁が4枚である点が異なる。

花弁も花芯も黄色い

ヤマルリソウ

山瑠璃草　　別名：ヤガラ、ヤマウグイス（山鶯）

識別ポイント	花の色が変化する
名前の由来	山に生えるルリソウのため
花ことば	私は考える
特　徴	花弁の色が淡桃色〜淡青色に変化するのが大きな特徴。花弁は5枚。根生葉はやや幅がある船形で中央よりもやや上部が最大幅になっており、根元からロゼット状に広がる。

DATA
園芸分類	多年草
科／属名	ムラサキ科ルリソウ属
原産地	日本
花　色	🌸〜🔵
草　丈	7〜20cm
花　径	10〜15mm
花　期	4〜5月
生育環境	山地

MEMO（観察のポイント）
福島県以南の本州〜四国、九州に分布し、山地のやや湿った場所に生育する。ルリソウによく似ているが、ルリソウは花茎が途中から2つに分かれているため判別することができる。

花弁の色が淡桃色〜淡青色に変化する

■ 春から咲く野草・山草　　　　　　　　　　　　　　　　　　　　　　　　　　　　ユキザサ・ユキモチソウ

ユキザサ
雪笹　　　　　　　　　別名：アズキナ

識別ポイント	笹のような葉と白い小さな花
名前の由来	花を雪に、葉を笹に例えて
花ことば	汚れのない
特徴	茎の先端には、粗い毛が生えた白い小花が多数総状花序につき、複数集まると全体では円錐形に見える。花被片は細長い楕円形で長さ3〜4mmと小さい。花が終わると、球形の液果がなり、赤く熟す。

DATA
園芸分類	多年草
科／属名	ユリ科ユキザサ属
原産地	日本、朝鮮半島、中国
花色	○
草丈	20〜70cm
花径	3〜4mm
花期	4〜5月
生育環境	山地の林

MEMO（観察のポイント）
日本各地に分布。葉は卵形の長い楕円形で長さ6〜15cmのものが互生する。また、葉の両面には毛が生えている。多肉質の根茎は横に伸び、茎は直立し、上半部から斜めに立ち上がる。

茎先に白い花が集まる

ユキモチソウ
雪餅草　　　　　　　　別名：カンキソウ（歓喜草）

識別ポイント	仏炎苞に包まれた白い花軸
名前の由来	花軸の先端が雪のように白く、餅のようにやわらかいため
花ことば	私は喜ぶ
特徴	葉は2枚で、小葉は3〜5枚鳥足状についている。仏炎苞は長さ8〜12cmで外側は紫褐色、口辺部は白色。花軸は多肉化した白色のこん棒状で先端が丸くふくらんでいる。直径2〜2.5cmで、餅のようにやわらかい。

DATA
園芸分類	多年草
科／属名	サトイモ科テンナンショウ属
原産地	日本
花色	○
草丈	約30cm
花径	2〜2.5cm（花序の付属体）
花期	4〜5月
生育環境	山地の林下など

MEMO（観察のポイント）
四国や三重県、奈良県などに分布。仏炎苞をもつサトイモ科の植物はよく似ていて判別がむずかしいが、このユキモチソウに限って仏炎苞に包まれた白い花軸に特徴があるため、容易に判別できる。

仏炎苞に包まれた白い花軸

ユキノシタ
雪の下

別名：イドクサ・コジソウ（虎耳草）

- **識別ポイント**：下2枚の花弁が大きく長い
- **名前の由来**：花を雪に例え、その下に葉があることから
- **花ことば**：恋心、切実な愛情
- **特徴**：白い小花が多数円錐花序につく。花弁5枚のうち上3枚は小さく、下2枚は長く大きい。下側の花弁は白、上側の花弁は淡紅色に濃い赤紫の斑点が入る。長い雄しべも特徴で、葉や茎には赤褐色の毛が生えている。

DATA
- 園芸分類：多年草
- 科／属名：ユキノシタ科ユキノシタ属
- 原産地：日本、中国
- 花色：○ ●
- 草丈：20〜50cm
- 花径：5〜25mm
- 花期：5〜6月
- 生育環境：山地

MEMO（観察のポイント）
本州〜四国、九州に分布し、山地の湿った場所などに生育。葉はすべて根生葉で長い柄があり、上面に白い斑がある腎臓形。消炎作用のある薬草で食用にもなる。茎の基部から細長い枝を出し、這うように広がる。

花は白色の5弁花

湿り気がある岩の上や石垣などに生える

from Spring

■ 春から咲く野草・山草 ■　　　　　　　　　　　　　　　　　ユリワサビ・ヨツバムグラ

ユリワサビ
百合山葵　　　別名：ハナワサビ（花山葵）

識別ポイント	十字形の白い小花
名前の由来	ワサビの風味があり、葉の基部がユリの鱗茎に似ているため
花ことば	目覚め、うれし涙
特徴	花弁4枚からなる白い小さな花をつける。根生葉は長い柄があり、腎円形または卵円形で長さと幅がそれぞれ2〜5cm、茎葉は互生し小さい。葉は食用にもされ、辛みがあり揉むとワサビの匂いがする。

DATA
園芸分類	多年草
科／属名	アブラナ科ワサビ属
原産地	日本
花色	○
草丈	20〜30cm
花径	1cm
花期	3〜5月
生育環境	山地

MEMO（観察のポイント）
北海道〜四国、九州に分布し、山地の湿った場所などに生育。ワサビとよく似ているがユリワサビのほうが葉は小さく草丈も低い。また、ワサビの花は密につくのに対し、ユリワサビの花はまばらにつく。

花弁4枚からなる白い小さな花

ヨツバムグラ
四葉葎

識別ポイント	細い楕円形の葉と黄緑色の小さな花
名前の由来	葉が4枚輪生するように見えるムグラのため
花ことば	謙虚
特徴	楕円形で先がとがった葉が4枚輪生するようにつくが、2枚は托葉。葉の長さは6〜15mm、幅は3〜6mmでふちと裏面には白い毛が生えている。花はわずか1mmほどで茎先や葉のわきに短い花序を出し、数個つく。

DATA
園芸分類	多年草
科／属名	アカネ科ヤエムグラ属
原産地	日本
花色	●
草丈	10〜50cm
花径	約1mm
花期	5〜6月
生育環境	山野

MEMO（観察のポイント）
北海道〜四国、九州に分布し、日当たりがよい山野やあぜ道に生育。果実にはカギ形の突起がある。ホソバノヨツバムグラに似ているが、ホソバノヨツバムグラは葉の先端はとがらず、円頭であることから判別できる。

日当たりがよい山野やあぜ道に生育

ラショウモンカズラ
羅生門蔓

識別ポイント	細長く大きな紫色の花
名前の由来	羅生門で渡辺綱が切り落とした鬼の腕に花を見立てて
花ことば	復讐、油断大敵
特徴	日本原産のシソ科としては最大級の花で、花の長さは4〜5cm。細長い筒状で色は紫、下唇部分には濃い紫色の斑点が入っている。花が終わった後に走出枝が出て、地面を這い回る。

DATA
園芸分類	多年草
科／属名	シソ科ラショウモンカズラ属
原産地	日本、朝鮮半島、中国
花色	●
草丈	15〜30cm
花径	2〜5cm
花期	4〜5月
生育環境	山地

MEMO（観察のポイント）
本州、四国、九州に分布し、山野の林などに生育。葉のふちはギザギザで、茎には長い毛が生える。花の形はカキドオシとよく似ているが、この種のほうがひとまわりほど大きいため、判別できる。

細長く大きな紫色の花

レンリソウ
連理草　　別名：カマキリソウ

識別ポイント	紫色の蝶形をした花
名前の由来	小葉が対生しているのを、男女の深い契り（連理）にたとえて
花ことば	いつもそばにいます
特徴	紅紫色をした愛らしい蝶形の花が特徴。葉のわきから長さ10〜15cmの花軸を伸ばし、径15〜25mmの花を数個総状につける。小葉は細長い線形〜やや先がとがった船形をしており、長さ5〜10cm。

DATA
園芸分類	多年草
科／属名	マメ科レンリソウ属
原産地	日本、朝鮮半島、中国、東シベリア
花色	●
草丈	30〜80cm
花径	1.5〜2.5cm
花期	5〜7月
生育環境	山地、川岸、野原

MEMO（観察のポイント）
四国をのぞく本州〜九州に分布し、川岸などやや湿ったところを好む。葉軸の先は巻きひげになる。豆果は長さ2〜4.5cmで毛がまばらに生えている。キバナノレンリソウという花が黄色い品種もある。

花は紫色の蝶形

■ 春から咲く野草・山草 ■

リュウキンカ
立金花

識別ポイント	花弁状の黄色い萼片
名前の由来	花が金色のように見え、花茎が立っているため
花ことば	必ず来る幸福、富、贅沢
特　徴	花は茎先につき、花弁はないが、花弁のように見える黄色いガク片を通常5個つける。腎円形をした根生葉は長さ3〜10cmで基部はへこみ、ふちには浅めのギザギザがある。また、根生葉には長い柄がある。

DATA

園芸分類	多年草
科／属名	キンポウゲ科リュウキンカ属
原産地	日本、中国、東シベリア
花　色	●
草　丈	30〜50cm
花　径	約2mm
花　期	4〜5月
生育環境	湿原

MEMO（観察のポイント）

四国を除く本州〜九州に分布し、山地の湿原や水辺などの湿ったところに生育。花期は通常4〜5月だが、高地では7月まで咲く。この植物のガク片は通常5個だが、なかには6〜7個つくものも。

花は金色のように見える

山地の湿原や水辺などの湿ったところに生育

ワサビ
山葵

識別ポイント	澄んだ水の冷涼地に生育
名前の由来	深山に生え、銭葵の葉に似ていることから
花ことば	目覚め、うれし涙
特　徴	太い地下茎は香辛料、葉はわさび漬けなどに活用される。茎先や上部の葉のわきに十字形の白い小花を総状につける。根生葉の柄は長さ30cmほどあり、その先に円形の葉がつく。葉のふちには粗くて不ぞろいのギザギザがある。

DATA

園芸分類	多年草
科／属名	アブラナ科ワサビ属
原産地	日本、カラフト
花色	○
草丈	30～40cm
花径	約3mm
花期	3～5月
生育環境	流水地

MEMO （観察のポイント）

北海道～四国、九州に分布。主に栽培され、静岡や長野のわさび田が有名。野生のものは珍しいが、まれに渓流など水の澄んだ流水地に生育。ユリワサビと似ているが、葉も草丈も本種のほうが大きい。

地下茎は香辛料、葉はわさび漬けなどに活用される

澄んだ水の冷涼地に生育

from Spring

■ 春から咲く野草・山草　　　　　　　　　　　　　　　　　　　　　　　　　　ワスレナグサ

ワスレナグサ
勿忘草

別名：ミオソチス

from Spring

識別ポイント	青紫の小さな花
名前の由来	英名が「フォーゲット・ミー・ノット」であるため
花ことば	私を忘れないで、真実の恋
特　徴	多くの伝説を持つ花で、中世のドイツではこの花に神秘的な力があると信じられていたという。5枚からなる花弁の色は紫がかった青または白で、花芯は黄色。下部の葉はへら形〜やや幅の広い船形で、上部の葉は長めの楕円形。

DATA

園芸分類	多年草
科／属名	ムラサキ科ワスレナグサ属
原産地	ヨーロッパ
花　色	●○
草　丈	20〜40cm
花　径	6〜9mm
花　期	5〜7月
生育環境	川辺、湿地

MEMO（観察のポイント）

日本各地に分布し、川辺などの湿地に生息する。花が終わるとシソの実のような果実をつけ、中にたくさんのゴマのように黒くて小さな種子ができる。地を這う枝を出す。観賞用に園芸店で売られることも多い。

青紫の小さな花

みごとな大群生

154

from Summer

夏から咲く 野草・山草

298種

■夏から咲く野草・山草　　　　　　　　　　　　　　　　　　　　　　　　　　　　　アカソ・アカネ

from Summer

アカソ
赤麻

識別ポイント	3つに裂けた葉と穂状の花
名前の由来	茎や葉柄が赤く、繊維質なことから
花ことば	中傷
特　徴	尾状の花序を形成し、淡黄白色の雄花は下部につき、赤い雌花は上部につく。対生する葉は非常に特徴がある形で、葉の先が深く切れ込み、3つに裂け、中央は尾のように長く伸びる。茎は赤みを帯びている。

DATA
園芸分類	多年草
科／属名	イラクサ科カラムシ属
原産地	日本
花　色	🟡🟠
草　丈	50～80cm
花　径	10～20cm（花穂）
花　期	8～9月
生育環境	山野

MEMO（観察のポイント）
北海道～九州に分布。林縁や谷すじ、土手など、やや湿った場所に生育する。コアカソやクサコアカソはよく似ているが、本種に比べ、葉先が3つに裂けていないので判別できる。

淡黄白色の雄花は下部、赤い雌花は上部につく

アカネ
茜
別名：マダー

識別ポイント	つる性の長く伸びる茎
名前の由来	根が赤く、茜染めに用いられるため
花ことば	私を思って、媚び、誹謗
特　徴	葉は4枚が輪生し、そのうち2枚は托葉が変化したもの。茎はつる性で四角張り、小さな刺がある。茎先や葉のわきから花穂を出し、淡黄緑色の小さな花を多数つける。花が終わると丸い果実になり、黒く熟す。

DATA
園芸分類	多年草
科／属名	アカネ科アカネ属
原産地	日本、朝鮮、中国、ヒマラヤ、アフガニスタン
花　色	🟢
草　丈	4～6cm
花　径	3～4mm
花　期	8～9月
生育環境	山野、林のふち

MEMO（観察のポイント）
本州～四国、九州に分布。茎には下向きの刺があり、這うように長く伸びる。染料として用いられたのはもちろん、根や果実には解熱、利尿、止血などの薬効があり、薬草としても用いられた。

花が終わると丸い果実になり、黒く熟す

アキノウナギツカミ

秋の鰻攫　　　　　別名：アキノウナギヅル

- **識別ポイント**　茎に生えた下向きの刺
- **名前の由来**　秋に花が咲き、茎に生えた刺でウナギをつかめそうだということから
- **花ことば**　思わぬ利益
- **特　徴**　下部が白く上部が淡紅色の花が、枝先に10数個集まって咲く。花弁に見えるのはガク片。茎には短い下向きの刺があるが、下部は地を這い、上部はこの刺で互いに絡みつくように寄りかかって立ち上がる。

DATA

園芸分類	1年草
科／属名	タデ科タデ属
原産地	日本、朝鮮、中国、東シベリア
花色	●○
草丈	50〜70cm
花径	約1cm
花期	8〜10月
生育環境	湿地

MEMO（観察のポイント）

北海道〜四国、九州に分布し、水辺などの湿地に自生する。花はミゾソバやママコノシリヌグイに非常によく似ているが、本種は葉の基部が茎を抱いているため、判別することができる。

花は下部が白く上部が淡紅色。葉の基部が茎を抱く

アキノキリンソウ

秋の麒麟草　　　　　別名：アワダチソウ

- **識別ポイント**　まとまってつく黄金色の小さな花
- **名前の由来**　黄色の花をもつ麒麟草のなかでも、秋に咲くものなので
- **花ことば**　幸せな人生、用心、予防
- **特　徴**　日当たりがよい山地などに生育。黄金色の茎先にまとまってつく花が特徴で、外側が舌状花、内側が筒状花になっている。上部につく葉は細長い船形で、下部につく根生葉は卵形。花後に新しい根生葉が出て、放射状に広がる。

DATA

園芸分類	多年草
科／属名	キク科アキノキリンソウ属
原産地	日本
花色	●
草丈	20〜80cm
花径	約1cm
花期	8〜11月
生育環境	山地

MEMO（観察のポイント）

北海道〜四国、九州に分布。黄緑色の筒状になっている花の下の部分を総苞といい、総苞片が並ぶ。本種の総苞は径5〜6mmで総苞片は4列、ミヤマアキノキリンソウは総苞が径8〜10mmで総苞片は3列なので判別できる。

花は黄金色の茎先にまとまってつく

from Summer

夏から咲く野草・山草　　　　　　　　　　　　　　　　　　　　　　　　　　　　アキノタムラソウ・アキノゲシ

アキノタムラソウ
秋の田村草

識別ポイント	シソに似た花を咲かせる
名前の由来	秋に開花するタムラソウであるため
花ことば	善良
特　徴	茎の上部に長さ10〜20cmの花穂をつけ、長い筒状で青紫色の唇形の小さい花が開く。花やガク片、茎には毛が生えている。葉は鳥が羽を広げたような羽状複葉で対生しており、小葉は広い卵形で長さ2〜5cm。

DATA
園芸分類	多年草
科／属名	シソ科アキギリ属
原産地	日本、朝鮮半島、中国
花色	●●
草丈	20〜80cm
花径	約1cm
花期	7〜11月
生育環境	山地、野原、あぜ道

MEMO（観察のポイント）
山形県以西の本州、四国、九州に分布し、暖かいところに生育する。小葉のふちはギザギザしている。花が白いものは、シロバナアキノタムラソウ。シマジタムラソウは似ているが、雄しべが花の外にまっすぐ伸びる。

シソに似た花

アキノノゲシ
秋の野芥子　　別名：インデアンレタス・ウサギグサ・チチクサ

識別ポイント	清楚な淡黄色の花をつける大型植物
名前の由来	ハルノノゲシに似ていて、秋に花が咲くので
花ことば	控えめな人、幸せな旅
特　徴	昭和初期に台湾から渡来したといわれていて、大きいものでは2mにもなる大型植物。花は茎先にまとまってつき、昼間咲いて夕方にはしぼむ。花弁の色は淡黄色または白で、中心の筒状花は濃い黄色。

清楚な淡黄色の花

DATA
園芸分類	1〜2年草
科／属名	キク科アキノノゲシ属
原産地	台湾
花色	○●●
草丈	1〜2m
花径	2cm
花期	8〜11月
生育環境	山野

MEMO（観察のポイント）
日本全国に分布。生命力が強いため、あらゆるところに生育する。茎の下部の葉は逆向きの羽状で深く裂け、長さ10〜25cm。葉はやわらかい。植物体に乳管があり、茎葉を切ると白い乳汁が出る。

アサギリソウ
朝霧草　　別名：ハクサンヨモギ

識別ポイント	銀白色の毛に覆われた美しい茎葉
名前の由来	絹毛で密に覆われた白い姿を朝霧にたとえて
花ことば	慕う心、芝居じみた、よみがえる思い出
特徴	全体が銀白色の美しい絹毛に覆われており、花よりも葉姿が見どころ。葉は細かく分裂した羽状複葉で、かなりボリュームがある。直径3～4mmの小さな花が数個～10数個集まり、円錐花序に咲く。

DATA
園芸分類	多年草
科／属名	キク科ヨモギ属
原産地	日本、カラフト
花色	○
草丈	15～30cm
花径	3～4mm
花期	7～8月
生育環境	山地、高山の岩場

MEMO（観察のポイント）
本州中部地方以北～北海道に分布し、高山の岩場や岩礫地に生える。暑さ、寒さ、乾燥に強いが、暖かい土地では花をつけないこともある。園芸種として改良されたチシマアサギリソウがある。

全体が銀白色の絹毛に覆われている

アサマフウロ
浅間風露

識別ポイント	濃い紅紫色をしたやや大ぶりの花
名前の由来	浅間山に多く自生しているため
花ことば	固い決心
特徴	花は径3～4cm、濃紅紫色～桃紫色で花弁は5枚。花弁の先は丸く、優雅なフォルムをしている。葉柄、茎、花柄に下向きの伏毛がある。葉の幅は3～10cmでてのひら状に深く裂け、裂片はさらに細かく裂けている。

DATA
園芸分類	多年草
科／属名	フウロソウ科フウロソウ属
原産地	日本、朝鮮半島、中国
花色	●
草丈	60～80cm
花径	3～4cm
花期	8～9月
生育環境	山地、高原

MEMO（観察のポイント）
本州中部地方に分布し、湿り気がある高原の草地などに生育。秋には果実をつけ、葉が鮮やかに紅葉する。日本のフウロソウ科のなかで、もっとも大きな花をつける。ハクサンフウロより花色が濃い。チシマフウロは花が白い。

浅間山に多く自生している

夏から咲く野草・山草　　　　　　　　　　　　　　　　　　　　　　　　　　　　　　　　アサザ

アサザ
荇菜

別名：ハナジュンサイ

識別ポイント	ふちが細かく裂けた黄色い花
名前の由来	浅い水辺に生える意の「浅々菜」が転じたからなど諸説あり
花ことば	信頼
特　徴	5枚の花弁からなる鮮やかな黄色い花が特徴。その花弁のふちは、毛が生えているのかと見間違えそうなほど細かく裂けている。名前の由来に、花が朝早く咲く「朝咲き」がアサザに転じたという説もある。

DATA

園芸分類	多年草
科／属名	リンドウ科アサザ属
原産地	日本、アジア、コーカサス、ヨーロッパ
花色	◯
草丈	3〜4cm
花径	3〜4cm
花期	7〜9月
生育環境	池、沼

MEMO（観察のポイント）

本州〜四国、九州に分布し、池や沼などに群生する浮葉植物。根茎は水底をはうように広がる。葉は円形または卵形で基部は深い心形。対生し水面を覆う。花が咲くのは快晴のときのみで、曇りや雨のときには咲かない。

池や沼などに群生する浮葉植物

水面を覆うアサザの群生

from Summer

160

アシタバ

明日葉　　別名：ハチジョウソウ

- **識別ポイント** 若葉の生長が早い海浜植物
- **名前の由来** 葉を採取しても明日にはもう芽を出すため
- **花ことば** 未来への希望
- **特徴** 2〜4年で傘状花をつけ、花のあとに扁平な楕円形の果実をつけ、本体は枯れてしまう。ビタミン、ミネラル豊富な野菜として人気で、栽培する人も多い。葉に特有の苦味と香りがある。

DATA
- 園芸分類　多年草
- 科／属名　セリ科シシウド属
- 原産地　日本
- 花色　○○
- 草丈　50〜120cm
- 花径　約1cm
- 花期　8〜10月
- 生育環境　海岸など

MEMO（観察のポイント）
関東地方以南の海浜、伊豆諸島、小笠原などに分布し、暖かい場所を好む。新葉の生長は早いが、名前の由来とは異なり、実際には切りとって若葉が出るまで4〜5日要する。切ると黄色い液汁が出る。

若葉の生長が早い

イ

藺　　別名：イグサ（藺草）・トウシンソウ（燈心草）

- **識別ポイント** 葉がない茎とまばらについた小花
- **名前の由来** 漢名の「藺」の発音が変化したもの
- **花ことば** 従順
- **特徴** たたみ表、ござ、草履などに用いられることでなじみ深い植物。地上部の葉は退化して茎を包む鞘になり、地下部には鱗片状の葉がつく。円柱状の茎先にはまばらに小さい花が咲く。

DATA
- 園芸分類　多年草
- 科／属名　イグサ科イグサ属
- 原産地　インド、日本、中国
- 花色　●
- 草丈　70〜100cm
- 花径　3〜5mm
- 花期　6〜9月
- 生育環境　水辺、湿地

MEMO（観察のポイント）
日本全国に分布し、沼沢地、湖岸、放棄水田などに生育している。茎はなめらかな円柱状。花穂から上部は茎のように見えるが苞葉。水田の冬作として栽培されることが多く、主産地は熊本、福岡。

たたみ表、ござ、草履などに用いられる

夏から咲く野草・山草　　　　　　　　　　　　　　　　　　　　　　　　　　　　イケマ・イシミカワ

イケマ
生馬

識別ポイント	球形にまとまった白い小さな花
名前の由来	アイヌ語で「巨大な根」を表し、生馬として意味をとらえたという説がある
花ことば	怖いもの知らず
特　徴	つる性の茎は数本が束になり、ほかの植物などに絡みついて伸びる。対生する葉は、先端のとがったハート形で長さ5〜15cm、幅4〜10cm。葉のわきから長い花柄を出し、5つに裂けた白い小さな花を10数個まとめてつける。

DATA
園芸分類	多年草
科／属名	ガガイモ科カモメヅル属
原産地	日本、中国
花　色	○
草　丈	3〜4m（つる性）
花　径	約10mm
花　期	7〜8月
生育環境	産地

MEMO（観察のポイント）
北海道〜四国、九州に分布し、若芽は食用にもなる。茎を切ると白い乳汁が出る。花後に長さ8〜10cm、幅1cm程度の細長い袋果ができ、種子には毛が生え、絹糸状になり風で飛ぶ。太い根茎をもつ。

若芽は食用にもなる

イシミカワ
石膠・石実皮・石見皮・石見川　　別名：サデクサ・カエルノツラカキ

識別ポイント	鈴なりになった球形の果実
名前の由来	不明
花ことば	気まぐれ
特　徴	茎や葉に下向きの鋭い刺があり、ほかの植物にこの刺を引っかけ茎を伸ばしていく。皿状の托葉をつけ、総状花序に淡緑色の5弁花をつける。果実はガクに包まれており球形。色は黄緑から白、薄青、瑠璃色へと変化する。

DATA
園芸分類	1年草
科／属名	タデ科タデ属
原産地	日本、朝鮮半島、中国、インド
花　色	●
草　丈	3〜4m（つる性）
花　径	3〜4mm
花　期	7〜10月
生育環境	河原、道ばた

MEMO（観察のポイント）
日本全国に分布し、湖岸などのやや湿り気がある場所によく生育する。花よりも果実が見どころ。果実は硬そうに見えるが果汁を含んでいるため、やわらかい。多肉質の果実の中に硬い種がある。

果実はガクに包まれており球形

イタドリ
虎杖

from Summer

- **識別ポイント**: 総状に多数ついた小さな花
- **名前の由来**: 根茎を「痛みを取る」鎮痛剤に用いるので（ほかに諸説あり）
- **花ことば**: 回復
- **特徴**: 葉は長さ6～15cm、先のとがった卵形～広い卵形で互生する。葉のわきから枝を伸ばし、その先や葉のわきに円錐状に小さな花を多数つける。花弁に見えるのはガク片で5つに裂けている。花色は白～紅色。

DATA
- 園芸分類: 多年草
- 科／属名: タデ科タデ属
- 原産地: 日本、朝鮮、中国
- 花色: ○●
- 草丈: 50～150cm
- 花径: 3～6cm（花被）
- 花期: 7～10月
- 生育環境: 山野

MEMO（観察のポイント）
北海道～四国、九州に分布。茎は円柱形で直立。若い茎は食用になり、甘酸っぱい味がする。雌雄異株。雄しべは小さく8個。雌しべは小さく、3個の花柱がある。花色や毛量は変化が多い。

茎や根茎は食用・薬用になる

白色～紅色の花被

小さな花を多数つけた花穂

夏から咲く野草・山草　　　　　　　　　　　　　　　　　　　　　　　　　　　イヌキクイモ・イヌゴマ

イヌキクイモ
犬菊芋

識別ポイント	地下に塊茎ができる
名前の由来	キクイモに似ているが、食べられず役に立たないため
花ことば	恵み
特徴	北アメリカ原産の帰化植物。地下に長い茎があり、その先端に塊茎を形成。直径6〜8cmで舌状の花弁9〜15枚からなる黄色い花を咲かせる。葉はざらつき、先がとがった卵形〜卵状の楕円形。下部は対生し、上部は互生する。

DATA
園芸分類	多年草
科／属名	キク科ヒマワリ属
原産地	北アメリカ
花色	●
草丈	1〜3m
花径	6〜8cm
花期	7〜8月
生育環境	荒れ地

MEMO（観察のポイント）
日本各地に分布し、耕作地周辺や小川周辺などやや湿った場所に生育している。キクイモに似ているが本種のほうが花はやや小さく、葉の色が黒ずんでいる。キクイモは食用になるが、本種はならない。

耕作地周辺、小川周辺などやや湿った場所に生育

イヌゴマ
犬胡麻
別名：チョロギダマシ

識別ポイント	淡紅紫色の花穂と葉や茎の刺
名前の由来	果実がゴマに似ているが食べられず役に立たないので
花ことば	善良
特徴	花は下部が3つに裂けた唇形で、茎先や上部の葉のわきに穂のようにまとまってつく。茎は四角張り、下向きの刺が生えている。葉はやや幅が広い船形で浅いギザギザがあり、裏面の中脈にも刺があってざらつく。

DATA
園芸分類	多年草
科／属名	シソ科イヌゴマ属
原産地	日本、朝鮮半島、中国
花色	●
草丈	40〜70cm
花径	12〜15mm
花期	7〜8月
生育環境	湿地

MEMO（観察のポイント）
本州、四国、九州に分布し、草原や沢などの湿ったところに生育する。葉は対生し、長さは4〜8cm。欧州原産のハーブの仲間で、同科、同属のカッコウチョロギとよく似ている。

花は下部が3つに裂けた唇形

イヌショウマ
犬升麻

識別ポイント	雄しべが多数広がった白い花
名前の由来	漢方薬になるサラシナショウマに似ているが、役に立たないため「犬」がついた
花ことば	逃げる
特徴	長さ30cmほどの穂状花序を出し、雄しべ多数が広がったような小さな白い花をたくさんつける。つぼみは紅紫色を帯びる。葉は1〜2回羽状複葉で小葉は掌状に裂け、ふちには不ぞろいのギザギザがあり、表面は短毛が生えている。

DATA
園芸分類	多年草
科／属名	キンポウゲ科サラシナショウマ属
原産地	日本
花色	○
草丈	60〜90cm
花径	約5mm
花期	7〜9月
生育環境	山地、丘陵地

MEMO（観察のポイント）
関東地方〜近畿地方に分布し、やや湿った場所を好む。サラシナショウマに似ているが、サラシナショウマの葉の基部はへこまず、本種の葉の基部は心形にへこむ。また、オオバショウマの葉は長さ10〜20cmだが、本種の葉は長さ5〜10cmほど。

from Summer

雄しべ多数が広がったような小さな白い花
長さ30cmほどの穂状花序

関東地方〜近畿地方に分布

■ 夏から咲く野草・山草　　　　　　　　　　　　　　　　　　　　　　　　　　　イヌタデ・イノコズチ

イヌタデ
犬蓼　　　　　　　　　　別名：アカマンマ

識別ポイント	紫紅色の小花が多数ついた花穂
名前の由来	辛みのあるタデにくらべ、辛みがないことから「犬」がついた
花ことば	あなたのために役立ちたい
特徴	子どもがままごとの際に赤飯として遊ぶ、通称「あかまんま」。花弁はなく、ガク片5枚からなる紫紅色の小花が密集した花穂をつける。葉は先端がとがり、幅が広い披針形。縁や裏面脈上に毛が生え、茎は赤みをおびている。

DATA
園芸分類	1年草
科／属名	タデ科タデ属
原産地	日本、中国、マレーシア
花色	●
草丈	20〜40cm
花径	約15mm
花期	6〜10月
生育環境	道ばた、野原

MEMO（観察のポイント）
日本全国に分布。オオイヌタデに似ているが、本種のほうは穂が小さく短いため、オオイヌタデと違い穂が垂れない。さらに大きなオオケタデもあるが、その大きさと色の鮮やかさから判別できる。

紫紅色の小さい花が多数ついた花穂

イノコズチ
猪の子槌　　　　　　　別名：ヒカゲイノコズチ（日陰猪の子槌）

識別ポイント	刺がついた果実
名前の由来	茎が太く節状になっているところを猪（豚）の膝頭に見立てて
花ことば	変わり者
特徴	葉のわきから長さ10〜20cmの穂状花序を形成するが、花自体はあまり目立たない。下向きにつく果実には刺状の小苞があり、人間や動物にくっついて運ばれる。葉は対生し、長い楕円形。花軸や葉柄の付け根部分には毛が生えている。

DATA
園芸分類	多年草
科／属名	ヒユ科イノコズチ属
原産地	日本、朝鮮、中国、ヒマラヤ
花色	○
草丈	50〜100cm
花径	6〜7mm
花期	8〜9月
生育環境	森林、竹林

MEMO（観察のポイント）
本州〜九州に分布し、森林や竹林などの日陰を好む。ヒナタイノコズチとよく似ているが、ヒナタイノコズチは本種に比べ茎などがたくましく、花が密集している。小苞のつけ根にある白色で半透明な付属体は、ヒナタイノコズチに比べて大きい。

森林や竹林などの日陰を好む

イブキジャコウソウ

伊吹麝香草　別名：ヒャクリコウ・イワジャコウソウ

識別ポイント	唇形花を密につける
名前の由来	滋賀県伊吹山に多く生育し、麝香のような香りがすることから
花ことば	神聖な
特徴	薬草にもなる。葉は対生し、長さは5～10mm。基部がくさび形の卵形、葉のふちはなめらかで、表裏に腺点がある。繊細な茎が地をはって広がる。花は淡紅紫色の唇形で、上唇はまっすぐ、下唇は3裂し、枝の先端部に密につく。

DATA
園芸分類	多年草
科／属名	シソ科イブキジャコウソウ属
原産地	日本、中国、ヒマラヤ
花色	●
草丈	2～10cm
花径	5～8mm
花期	6～7月
生育環境	岩場、草地

MEMO（観察のポイント）
日本全国に分布。日当たりがよく、比較的乾いた岩場や草地に生育。揉むと特有の芳香がある。ガクも唇形で、上唇は3つに裂け、下唇は2つに裂ける。雄しべは4本で、そのうちの2本は長い。

淡紅紫色で唇形の花

イモカタバミ

芋傍食　別名：フシネハナカタバミ（節根花傍食）

識別ポイント	紅紫色の5弁花とハート形の葉
名前の由来	根元に塊茎があるカタバミであることから
花ことば	輝く心
特徴	花茎の頂部に10数個の花弁5枚からなる花が散形につく。花色は紅紫色で濃い脈があり、中心部は濃紅紫色。葯は黄色。葉はハート形の3小葉で、葉柄の長さは5～15cm。掘りおこすと、根元に塊茎がある。

DATA
園芸分類	多年草
科／属名	カタバミ科カタバミ属
原産地	南アメリカ
花色	●
草丈	10～30cm
花径	15～18mm
花期	4～9月
生育環境	山野、土手、道ばた

MEMO（観察のポイント）
カタバミ科の植物は数種あり、よく似ている。本種のほうが花の色が濃く、本種の葯の色が黄色なのに対し、ムラサキカタバミは白色をしているため判別できる。ハナカタバミは葉柄、花茎に毛が密生。ベニカタバミは葉の表面に光沢がある。

紅紫色の5弁花

夏から咲く野草・山草　　　　　　　　　　　　　　　　　　　　　　　　　　　　イワイチョウ・イワウメ

イワイチョウ

岩銀杏　　　　　　　　　　別名：ミズイチョウ

識別ポイント	腎臓形で基部がくるりと丸まった葉
名前の由来	葉の形がイチョウに似ていることから
花ことば	清楚
特　徴	葉はギザギザがある腎臓形で、葉の基部がくるりと巻いている。短花柱花、長花柱花の2種類の花が茎上部に集散状にまとまってつく。いずれの花も白色で、直径1cmほどの星形に開いており、ふちはフリルのように縮れている。

DATA

園芸分類	多年草
科／属名	リンドウ科イワイチョウ属
原産地	日本、北アメリカ
花　色	○
草　丈	20〜50cm
花　径	10〜15mm
花　期	6〜8月
生育環境	湿地

MEMO（観察のポイント）

北海道、中部以北の本州に分布。名に「岩」とつくが、岩場ではなく、高山帯の湿った草原などに生育。葉は長さ3〜8cmで根生し、秋になると黄色く色づく。地下茎は肥大して横たわり、ひげ根を下ろす。

高山帯の湿った草原などに生育

イワウメ

岩梅

識別ポイント	梅に似た花と光沢がある小さな葉
名前の由来	岩場に生え、花が梅に似ていることから
花ことば	恥じらう乙女
特　徴	茎が細く、地をはうようにしてカーペット状に広がり、群落を形成。厚くて表面に光沢のある小さな葉が密生して岩をおおう。5つに裂けた合弁花で、直径1cmほどのクリーム色がかった花を咲かせる。

DATA

園芸分類	常緑樹
科／属名	イワウメ科イワウメ属
原産地	日本、シベリア、カムチャツカ、北アメリカ
花　色	○
草　丈	2〜4cm
花　径	10〜15mm
花　期	6〜7月
生育環境	岩場の陰

MEMO（観察のポイント）

北海道、中部以北の本州に分布。岩場の陰など、激しい風雨にさらされないような場所を好む。葉は長さ6〜15mm、幅2〜5mmで束になって生える。葉の小ささに比して花が大きい印象がある。

梅のような鐘形の花

イワギボウシ

岩擬宝珠

識別ポイント	紫褐色の斑点がある大きな葉
名前の由来	岩上に生えるギボウシの仲間であることから
花ことば	沈静、静かな人
特徴	葉は根生し、肉が厚く光沢がある卵形で長さ12〜22cm。葉や茎には紫褐色の斑点がまばらにある。長さ30〜40cmの花茎に淡紅紫色で長さ5cm程度の花が多数集まり、下向きに咲く。

DATA
園芸分類	多年草
科／属名	ユリ科ギボウシ属
原産地	日本、中国
花色	●
草丈	20〜40cm
花径	約3cm
花期	8〜9月
生育環境	山地

MEMO（観察のポイント）
本州、四国に分布し、湿った岩や川辺などに生育する。総状花序は下のほうから順に咲き上がっていく。新葉は食用にもなるが、新葉に毒があるバイケイソウによく似ているため、間違えないよう注意が必要。

淡紅紫色の花が下向きに咲く

イワダレソウ

岩垂草

識別ポイント	紅紫色の苞葉をウロコ状に密生させた穂状花序
名前の由来	岩場に垂れるように繁殖することから
花ことば	忍ぶ恋
特徴	葉のわきから10〜20cmの花茎を出し、長さ1〜2cmの松かさのような円柱花穂をつける。この花穂には紅紫色をしたウロコ状の苞葉が密生しており、そこに薄紅色もしくは白色の小さな花が下から上へと咲き上がっていく。種子はつかない。

DATA
園芸分類	多年草
科／属名	クマツヅラ科イワダレソウ属
原産地	日本
花色	○●
草丈	5〜10cm
花径	2mm
花期	7〜10月
生育環境	砂場、岩場

MEMO（観察のポイント）
関東地方南部以西の本州、四国、九州に分布し、海岸の砂浜や岩場などに生育する。茎は地を這って伸び、各節から根を出し、広がっていく。葉は対生し、肉厚で倒卵形。ふちに粗いギザギザがある。実際には垂れるように生えているわけではない。

海岸の砂浜や岩場などに生育

■ 夏から咲く野草・山草 ■

イワタバコ
岩煙草

別名：イワヂサ・イワヂシャ

識別ポイント	ふちがギザギザした光沢のある卵形の葉
名前の由来	岩場に生育し、葉がタバコの葉に似ているため
花ことば	涼しげ
特徴	葉はやや長めで先がとがった卵形をしており、光沢があり美しい。ふちには不ぞろいのギザギザがある。葉の間から長さ10〜20cmの花茎を伸ばし、下向きの花4〜5輪をまとめて咲かせる。花は星形の5弁花。

DATA

園芸分類	多年草
科／属名	イワタバコ科イワタバコ属
原産地	日本、中国
花色	●●○
草丈	10〜20cm
花径	約1.5cm
花期	7〜8月
生育環境	岩場

MEMO（観察のポイント）

福島県以南の本州〜四国、九州に分布。湿った岩壁などに着生し、直射日光が当たらず、やや涼しい場所を好む。葉は大きく、長さ10〜30cm、幅5〜10cmあり、根のきわから垂れるように生える。

湿った岩壁などに着生する

白色の花はまれにしか見られない

星形の5弁の花

イワベンケイ
岩弁慶　別名：イワキリンソウ（岩麒麟草）

- **識別ポイント**　上ではなく横方向に茎を伸ばす
- **名前の由来**　ベンケイソウの仲間で岩場にたくましく育つことから
- **花ことば**　勇気ある行動
- **特　徴**　雌雄異株。小さく黄色い4～5弁花を多数まとまってつけ、雌花は結実すると赤くなる。雌花は花弁が小さい。葉は水分を蓄え多肉質で、長さ3cmほどの楕円形。ふちにはわずかにギザギザがあり、多数重なり合ってつく。

DATA
- 園芸分類　多年草
- 科／属名　ベンケイソウ科キリンソウ属
- 原産地　日本、カムチャツカ、シベリア、中央アジア、ヨーロッパ、北アメリカ
- 花　色　○
- 草　丈　15～30cm
- 花　径　6～8mm
- 花　期　7～8月
- 生育環境　山地、海岸

MEMO（観察のポイント）
北海道～中部以北の本州に分布し、海岸の崖や高山の岩場などに生育する。横方向に茎を伸ばすのが大きな特徴。根茎は太く、径1～2cm。ホソバイワベンケイに似ているが、こちらは本種よりも葉の幅がせまく、草丈も低い。

岩場にたくましく育つ

ウスユキソウ
薄雪草

- **識別ポイント**　全体を覆う白い綿毛
- **名前の由来**　薄雪をかぶったように白い綿毛でおおわれているので
- **花ことば**　純粋、大切な思い出
- **特　徴**　映画「サウンドオブミュージック」でおなじみのエーデルワイスの近縁種。白い花のように見える部分は、実は葉が変化した苞葉。本当の花は中心の小さな黄色い部分になる。葉はやや幅広の船形で先がとがっている。

DATA
- 園芸分類　多年草
- 科／属名　キク科ウスユキソウ属
- 原産地　日本
- 花　色　○
- 草　丈　25～50cm
- 花　径　約1cm（苞葉）
- 花　期　7～10月
- 生育環境　高山

MEMO（観察のポイント）
本州、四国、九州の山地～高山帯に生育。高山性のウスユキソウ属の花は、日本に7種類生育。岩手県早池峰山の蛇紋岩地帯でのみ見られるハヤチネウスユキソウは、日本産のウスユキソウのなかでは最も大型で、エーデルワイスに近い。

白い花のように見える部分は、葉が変化した苞葉

■ 夏から咲く野草・山草 ■　　　　　　　　　　　　　　　　　　　　　　　　　ウツボグサ・ウバユリ

ウツボグサ

靫草　　　　　　　　別名：カコソウ（夏枯草）

識別ポイント	紫色の唇形花を多数つけた花穂
名前の由来	花穂が弓矢を入れる靫に似ているため
花ことば	協調性
特　徴	茎は四角で基部からは走出枝が出て殖える。葉は対生し、先がとがった長めの卵形。茎頂の長さ3〜8cmの花穂に紫色の唇形花を密につけるが、花は咲いたあとにすぐ枯れる。乾燥した花穂は、煎じて飲むと利尿や消炎の効果がある。

DATA

園芸分類	多年草
科／属名	シソ科ウツボグサ属
原産地	日本、朝鮮半島、中国、シベリア
花　色	●
草　丈	20〜30cm
花　径	1〜2cm
花　期	7〜8月
生育環境	山野

MEMO（観察のポイント）

北海道〜四国、九州に分布し、やや湿った排水のよい肥沃な場所によく生育する。花後、四方に枝を分岐して地を這って広がる。変種にミヤマウツボグサがあるが、本種より草丈が低く、葉に粗いギザギザがあり判別できる。

花穂に紫色の唇形の花を密につける

ウバユリ

姥百合　　　別名：カバユリ・ネズミユリ・水百合など

識別ポイント	茎先に水平につく百合の花
名前の由来	花期に葉が枯れていることが多く「歯がない」にかけて「姥」がついた
花ことば	威厳、純潔、無垢
特　徴	花は長さ7〜10cmのものが茎先に数個まとまってつく。つぼみの頃は上を向いているが、咲くと水平方向を向き、花先だけが開く。葉は長さ15〜25cm、基部はハート形で先端がとがっており、ユリ属らしくない形をしている。

DATA

園芸分類	多年草
科／属名	ユリ科ユリ属
原産地	日本、カラフト
花　色	○○
草　丈	60〜100cm
花　径	2〜4cm
花　期	7〜8月
生育環境	山地

MEMO（観察のポイント）

関東地方以西の本州〜四国、九州に分布。山地のやぶや林下に育ち、やや湿った半日陰を好む。花はラッパ形で先が6つに裂けており、芳香がある。茎からは良質のでん粉がとれる。大型で寒地に生えるオオウバユリは、花の長さが本種の約2倍。

山地のやぶや林下に育ち、やや湿った半日陰を好む　　果穂

ウド
独活

別名：ワドクカツ（和独活）

識別ポイント	春先に地中から出る太い芽
名前の由来	風もないのに動いているように見えるため
花ことば	おおらか
特徴	早春地中から出てくる太い若芽は香りがよく、山菜としてなじみ深い。根には発汗・解熱作用があり、生薬としても利用される。茎先や葉のわきから花柄を出し、白い小さな花を多数つけた球状の散形花序を咲かせる。

DATA

園芸分類	多年草
科／属名	ウコギ科タラノキ属
原産地	日本、朝鮮半島、中国、カラフト
花色	○●
草丈	100～150cm
花径	3～7mm
花期	8～9月
生育環境	山地、丘陵地

MEMO（観察のポイント）

日本全国に分布。山地や丘陵の林や森に生育し、やや湿った場所を好む。葉は互生し、2回羽状複葉。小葉はふちにギザギザがある卵形をしている。自生しているものは、栽培ものに比べて香りが高い。

球状の散形花序

山地や丘陵の林や森に生育し、やや湿った場所を好む

山菜としてなじみ深い

from Summer

173

夏から咲く野草・山草

ウマノスズクサ
馬の鈴草

識別ポイント	ラッパ状で基部がふくらんだ花
名前の由来	熟して割けた果実が馬の首にかける鈴に似ていることから
花ことば	親切な人
特徴	花は先が斜めになったラッパ状をしており、基部の球形のふくらみが特徴。花弁はなく、長さは3～6cm。ガクの内部に逆毛が密生している。葉は三角状の卵形で厚みがあり、長さ3～7cm。根のところどころから芽が出る。有毒植物。

DATA
園芸分類	多年草
科／属名	ウマノスズクサ科ウマノスズクサ属
原産地	日本、中国
花色	●
草丈	1～5m（つる性）
花径	約3cm
花期	7～9月
生育環境	野原

MEMO（観察のポイント）
本州～沖縄に分布。茎は細いが強じんで、つるは冬になると枯れる。雌性先熟で、糞や腐肉に似た匂いでハエや蜂を花筒の中におびき寄せ、閉じ込めた虫に受粉の手伝いをさせる。受粉後、内部の毛が細くなり、虫は外に出られる。

花は先が斜めになったラッパ状

ウメバチソウ
梅鉢草

識別ポイント	白い5弁花
名前の由来	花が梅鉢の紋に似ていることから
花ことば	いじらしい
特徴	花茎は高さ10～40cmで、茎先に白色の可憐な花をひとつ上向きに咲かせる。花弁は5枚。長い柄をもつ根生葉は数個が束生し、ロゼット状。葉は長さ2～4cmの広卵形で、基部はハート形をしている。花茎の葉は無柄で、茎を抱くように生えている。

DATA
園芸分類	多年草
科／属名	ユキノシタ科ウメバチソウ属
原産地	日本、アジア、ヨーロッパ、アラスカ
花色	○
草丈	10～30cm
花径	2～2.5cm
花期	8～10月
生育環境	山野

MEMO（観察のポイント）
日本全国に分布し、山野の草地または砂れき地に生育。やや湿った日当たりがよい場所を好む。本種は仮雄しべの先端が15～22に分かれ、エゾウメバチソウは9～14、コウメバチソウは7～9に裂ける。

茎先に白色の花をひとつ咲かせる

ウリクサ
瓜草

識別ポイント	唇形の小さな淡紫の花
名前の由来	果実がマクワウリに似ていることから
花ことば	けなげ
特　徴	茎上部の葉のわきに淡紫色の花が1輪咲く。花冠は唇形で長さは7～8mm、雄しべ4本がついている。葉はふちに粗いギザギザがある卵形または広卵形で対生し長さ7～20mm、幅6～13mm。果実は楕円形。

DATA
園芸分類	1年草
科／属名	ゴマノハグサ科ウリクサ属
原産地	日本、朝鮮、中国、インド、マレーシア
花　色	●
草　丈	10～15cm
花　径	7～8mm（花長）
花　期	8～10月
生育環境	道ばた

MEMO（観察のポイント）
日本全国に分布。茎は四角張り、地面を這うようにして広がるほふく形。日当たりがよいと茎や葉が紫色を帯びてくる。雄しべは開花中は開いているが、昆虫が触れると閉じて花粉をつける。

花は淡紫の小さな唇形

エゾクガイソウ
蝦夷九蓋草　別名：エゾトラノオ・セタサル

識別ポイント	動物の尾のように長い青紫色の花穂
名前の由来	葉が九段になってついているため
花ことば	気まぐれな恋
特　徴	茎は太く直立し、葉は5～10枚が数段輪生。長楕円状披針形で先がとがり、ふちには多数のギザギザがある。茎先や葉のわきに長さ20～40cmの穂状花序をつくり、淡紫～青紫色の花を密につける。

DATA
園芸分類	多年草
科／属名	ゴマノハグサ科クガイソウ属
原産地	北海道、樺太
花　色	●●
草　丈	1～2m
花　径	20～40cm（花序）
花　期	7～8月
生育環境	山地

MEMO（観察のポイント）
北海道、本州に分布し、低地～山地の明るい草原や林縁に生息する。ツンと立った猫のしっぽのような花穂が特徴。クガイソウに似ているが、本種のほうが花穂や花が大ぶりなため、判別することができる。

1m以上にも伸びる

夏から咲く野草・山草　　　　　　　　　　　　　　　　　　　　　　　　　　エノコログサ

エノコログサ
狗尾草　　　　　　　　　別名：ネコジャラシ

識別ポイント	花を多数つけた円柱花穂
名前の由来	仔犬の尻尾に似ていることから「いぬころ草」と呼ばれ、それがなまった
花ことば	遊び、無関心、愛嬌
特　徴	円柱状の花穂には長さ2〜3mmの小穂が密につき、長さは3〜10cm。多数の刺毛が生えた花穂は、動物の尻尾を連想させる。葉は長さ10〜20cm、幅0.5〜1.8cmで、先がとがっていて細長い船形をしている。茎は基部で分枝して倒れ、上部は直立する。

DATA
園芸分類	1年草
科／属名	イネ科エノコログサ属
原産地	日本ほか世界の温帯
花色	●
草丈	50〜80cm
花径	約8mm
花期	8〜10月
生育環境	空き地、道ばた

MEMO（観察のポイント）
日本全国に分布し、荒れ地や道ばた、畑などに生育。アキノエノコログサは本種によく似ているが、草丈が1m近くまで伸びて花穂の先端が垂れる。花序がやや短く毛色が紫色なのがムラサキエノコログサ、黄金色なのがキンエノコロ。

仔犬の尻尾に似ている

日本全国に分布

オオアレチノギク・オオアワガエリ

オオアレチノギク
大荒れ地野菊　　別名：オオムカシヨモギ

- **識別ポイント**　円錐状に多数ついた小さな花
- **名前の由来**　アレチノギクの大型種であるため
- **花ことば**　真実
- **特徴**　大正時代に日本に渡来。茎や葉は灰色がかった緑色で、やわらかい毛が生えている。根生葉は倒披針形で、茎葉は狭い披針形。横枝がたくさん伸びて、茎の上部には円錐状に頭花を多数つける。花弁は総苞にかくれ、ほとんど見えない。

DATA
園芸分類	2年草
科／属名	キク科ムカシヨモギ属
原産地	南アメリカ
花　色	◯
草　丈	1〜2m
花　径	4〜5mm
花　期	7〜10月
生育環境	荒れ地、道ばた、畑地

MEMO（観察のポイント）
北海道をのぞく日本各地に分布。種子は淡褐色で冠毛があり、風に飛ばされ散布される。アレチノギクに似ているが、中央部にある筒状花が本種は淡い黄緑で、アレチノギクは鮮やかな黄色。

8月中旬頃 　　　晩秋（白いのは冠毛）

from Summer

177

オオアワガエリ
大粟返り　　別名：チモシー

- **識別ポイント**　花穂状についた花
- **名前の由来**　粟が先祖返りしたものであり、大型であるため
- **花ことば**　丈夫
- **特徴**　明治時代に牧草として輸入され、野生化した。花粉症を引きおこすとされているイネ科の植物のひとつでもある。径5〜7mm、長さ5〜15cmの円筒状で花穂状についた花が特徴。長さ3〜3.5mmの淡緑色の小さい花が密集する。

DATA
園芸分類	多年草
科／属名	イネ科アワガエリ属
原産地	ユーラシア
花　色	◯
草　丈	50〜100cm
花　径	3〜3.5mm
花　期	6〜8月
生育環境	道ばた、野原

MEMO（観察のポイント）
日本各地に分布。葉は先がとがった細長い線形で、長さ20〜60cm。小穂は平たく倒卵形をしており、葉の表面はざらざらしている。耐寒性が強く本種は多年草だが、アワガエリは1年草。

円筒状の花穂 　　　花期の花序

■ 夏から咲く野草・山草 ■　　　　　　　　　　　　　　　　　　　　　　　　　　オオアワダチソウ・オオイタドリ

オオアワダチソウ
大泡立草

識別ポイント	穂状についた黄色い花
名前の由来	大きいアワダチソウであることから
花ことば	引っ込み思案
特徴	明治時代に観賞用に輸入されたものが野生化した。葉はやや幅広の船形で、先端のふちにはギザギザがある。花は濃い黄色。細長い舌状の花弁と細長い筒状の花弁からなり、茎先に穂状につく。

DATA
園芸分類	多年草
科/属名	キク科アキノキリンソウ属
原産地	アメリカ
花色	○
草丈	50〜150cm
花径	5〜7mm
花期	7〜8月
生育環境	荒れ地、空き地

MEMO（観察のポイント）
日本各地に分布。セイタカアワダチソウとよく似ているが、セイタカアワダチソウの茎や葉には短毛が生え、オオアワダチソウにはほとんど毛がない。また開花時期が本種と異なり10〜11月であること、背丈が2.5mにもなることからも判別できる。

穂状についた濃い黄色い花

オオイタドリ
大虎杖　　　　　　別名：スカンポ・ドンクイ

識別ポイント	総状についた白い花
名前の由来	痛みをとる草「イタドリ」の大形種であることから
花ことば	回復
特徴	3mに達することもある大きな植物で、雄雌異株。花弁はなく、ガクは5つに裂けており、雄しべは8個。花は総状に密につく。葉は長めの卵形で長さ15〜30cm、幅10〜20cmと大きく、基部はハート形をしている。根茎は横に這い、肥厚し褐色。

DATA
園芸分類	多年草
科/属名	タデ科タデ属
原産地	北日本、樺太、
花色	○
草丈	1〜3m
花径	3〜6（花穂）
花期	7〜9月
生育環境	山野

MEMO（観察のポイント）
北海道〜本州中部地方以北に分布し、山野の日当たりがよい場所を好む。日陰に生えているものは弓状に屈曲する。イタドリとよく似ているが、本種は葉の裏が白いため判別できる。

3mに達することもある大きな植物

オオイヌタデ

大犬蓼　　別名：カワタデ・タデクサ

識別ポイント	穂状につく粒のように小さな花
名前の由来	大きなタデで、食用にならないことから「イヌ」がついた
花ことば	節操
特徴	花の色は淡紅色〜白色。花弁はなく、花はガクが4つまたは5つに裂けたもの。長さ3〜7cmの花穂の先が開花時には垂れる。披針形で先がとがった葉は互生し、長さ15〜20cm。托葉鞘があり、茎には濃い紫色の細かな斑点がある。

DATA

園芸分類	1年草
科／属名	タデ科タデ属
原産地	北半球に広く分布
花色	○●
草丈	80〜200cm
花径	約3mm
花期	7〜10月
生育環境	道ばた、河原

MEMO（観察のポイント）

北海道、本州、四国、九州に分布し、河原や道ばた、荒れ地に生息する。葉は側脈がはっきりしていて脈上とふちには短く硬い毛が生えている。イヌタデに似ているが、本種のほうがより花も葉も大きいため、判別できる。

穂状につく粒のように小さな花。色は淡紅色〜白色

オオウバユリ

大姥百合　　別名：エゾウバユリ

花は白〜緑白色。テッポウユリに似ている

識別ポイント	茎に水平につく巨大なユリ
名前の由来	大きいウバユリであることから
花ことば	威厳
特徴	花は白〜緑白色で、長さは20〜25cmと巨大。10〜20個の花が並んでつくがほとんど同時に咲くため、しぼむのも数日であっという間である。葉は丸みを帯びた卵形。花時には茎先の葉が枯れる。タマネギのような鱗茎があり、栄養を貯め込む。

DATA

園芸分類	多年草
科／属名	ユリ科ユリ属
原産地	日本、樺太
花色	○○
草丈	約1.5〜2m
花径	20〜25cm（長さ）
花期	7〜8月
生育環境	山地、やぶ、林下

MEMO（観察のポイント）

北海道〜本州中部地方以北に分布し、やや日陰を好む。主に山地に生息する。ウバユリによく似ているが、本種に比べ花は長さ7〜10cmと小ぶりで、草丈60〜100cmと低いため、判別することができる。寒地性。花はテッポウユリに似ている。

■ 夏から咲く野草・山草　　　　　　　　　　　　　　　　　　　　　　　　　オオキンケイギク・オオケタデ

オオキンケイギク
大金鶏菊

識別ポイント	花弁の先が細かく切れ込んでいる黄色い花
名前の由来	キンケイギクの大型種であることから
花ことば	きらびやか
特　徴	花は鮮やかな黄色。花の中央部には小さな細長い筒状の花弁がたくさんあり、そのまわりを細長い舌状の花弁が囲む。また、花弁の先端には切れ込みが入り、ギザギザになっている。葉の両面には粗い毛が生えている。

DATA
園芸分類	多年草
科／属名	キク科ハルシャギク属
原産地	北アメリカ
花色	●
草丈	30～70cm
花径	5～7cm
花期	6～7月
生育環境	山野、道ばた、河川

MEMO（観察のポイント）
日本各地に分布し、日当たりがよい場所を好む。キンケイギクによく似ているが本種の花がどの部分も黄色いのに対し、キンケイギクは花の中心部に褐色の斑紋が入っているため、判別できる。また、本種のほうが背丈も高く、花も大きい。

花は鮮やかな黄色。日本各地に分布している

オオケタデ
大毛蓼　　別名：オオベニタデ（大紅蓼）・ハブテコブラ

識別ポイント	鮮やかな紅色の花穂
名前の由来	毛が多く大型のタデであることから
花ことば	思いやり、雄弁
特　徴	小さな花が密についた花穂は長さ8～20cmで、大きく垂れている。葉は大きく、長さ10～40cm。先がとがった卵形で基部はハート形をしており、長い柄がある。茎や葉には毛が生えており、太い茎は直立している。

DATA
園芸分類	1年草
科／属名	タデ科タデ属
原産地	インド、中国南部、東南アジア
花色	●
草丈	1～2m
花径	約1cm
花期	8～11月
生育環境	河原、荒れ地、道ばた

MEMO（観察のポイント）
日本全国に分布。本種のほうがイヌタデ、オオイヌタデよりも草丈が大きく、花の紅色が鮮やかである。花は花弁ではなく、5深裂するガクからなる。葉柄は長く、葉鞘は筒状。果実は扁平で円形のそう果。

花の紅色が鮮やか

オオダイコンソウ
大大根草

- **識別ポイント** 径2cmほどの黄色い花
- **名前の由来** 根生葉がダイコンの葉に似ていることから
- **花ことば** 満ちた希望
- **特徴** 根生葉は奇数羽状複葉で頂小葉は大きく、先がとがり、ふちに粗いギザギザがある。茎葉は3小葉で托葉が大きい。果実は球形の集合果で、刺毛に覆われている。全体に粗い毛が生えている。

DATA
- 園芸分類　多年草
- 科／属名　バラ科ダイコンソウ属
- 原産地　日本、朝鮮、中国、シベリアからヨーロッパ
- 花色　🟡
- 草丈　60〜100cm
- 花径　1.5〜2cm
- 花期　6〜8月
- 生育環境　山地

MEMO（観察のポイント）
北海道〜本州中部地方以北に分布。ダイコンソウによく似ているが、ダイコンソウは小葉の先端に丸みがあり、本種は小葉の先端がとがっている。また、本種のほうが花が大きく、草丈も高い。

径2cmほどのかわいい黄色い花

オオバキスミレ
大葉黄菫

- **識別ポイント** 黄色いスミレ
- **名前の由来** 黄色いスミレで葉が大きいため
- **花ことば** 誠実な愛、信頼
- **特徴** 花弁5枚からなる花は、鮮やかな黄色。側弁に毛があり、距はごく短い。根生葉は1〜2枚で、長さ4〜10cm。円状のハート形で、ふちはギザギザ。つやがあり、葉脈がくぼんでいる。

DATA
- 園芸分類　多年草
- 科／属名　スミレ科スミレ属
- 原産地　北日本
- 花色　🟡
- 草丈　10〜35cm
- 花径　1.5〜2cm
- 花期　6〜7月
- 生育環境　山地

MEMO（観察のポイント）
北海道〜近畿地方以北に分布し、湿った場所を好む。よく似ているフチバキスミレは葉のふちや葉の裏面の葉脈上に毛が生えているが、本種には生えていないため判別できる。また、本種は群生するが、フチバキスミレは群生しない。

名のとおり黄色いスミレで葉が大きい

from Summer

■ 夏から咲く野草・山草 ■

オオバギボウシ
大葉擬宝珠

別名：ウルイ

識別ポイント	ラッパ形の花
名前の由来	葉が大きくギボウシの仲間であるため
花ことば	心の落ち着き、沈静、静かな人
特徴	花は長さ5cmほどの筒鐘形をしており、色は淡紫または白。横〜やや下向きのたくさんの花が50cm〜1mほどの花茎につき、下から順に咲き上がる。根茎は太く短く横に這い、葉は密生。若芽や茎は山菜としても利用される。ギボウシの中では大型。

DATA

園芸分類	多年草
科／属名	ユリ科ギボウシ属
原産地	日本、中国
花色	●〜○
草丈	70〜100cm
花径	4〜5cm（長さ）
花期	6〜9月
生育環境	山地

MEMO （観察のポイント）

北海道、本州、四国、九州に分布し、湿地を好む。耐寒性がある。ギボウシは多くの種類があり、花に甘い香りがあるものや夜咲きのものまでさまざま。観賞用に品種改良された園芸品種も多数出ている。

長さ5cmほどの筒鐘形の花

萌果（秋期）

淡紫色のオオバギボウシ

オオバジャノヒゲ
大葉蛇の鬚

識別ポイント	線形の細長い葉
名前の由来	細長い葉を竜のヒゲに見立て、葉が大きいことから
花ことば	飾らない人
特徴	花は淡い紫色か白色。小さな花が横向きか下向きに咲く。果実のように見える種子はきれいなコバルト色で球形。葉は細長い線形で長さ30〜50cm。根元で一束になり、左右に広がる。根茎から走出枝を這わせて繁殖。

DATA
園芸分類	多年草
科／属名	ユリ科ジャノヒゲ属
原産地	日本
花色	●○
草丈	20〜30cm
花径	6〜7mm
花期	7〜8月
生育環境	山地、丘陵地

MEMO（観察のポイント）
本州、四国、九州に分布。丘陵地の森や林の中に生育し、日陰を好む。葉はジャノヒゲより厚く幅も広く、ヤブランの葉にも似ている。また、葉は冬でも枯れない。根がところどころで塊根と呼ばれるコブになり、薬用に利用される。

小さな花が横向きか下向きに咲く

オオバノヨツバムグラ
大葉の四葉葎

識別ポイント	直径3mmほどの小さな花
名前の由来	葉が大きく4枚輪生することから
花ことば	従順
特徴	茎は四角形。葉は長さ3〜4cmの楕円形〜長楕円形。4個輪生してつき、脈が目立つ。茎の先や葉のわきから細い花茎を出し、直径2.5〜3mmで先が4つに裂けた小さな花を咲かせる。

DATA
園芸分類	多年草
科／属名	アカネ科ヤエムグラ属
原産地	日本、樺太
花色	●〜○
草丈	20〜40cm
花径	2.5〜3mm
花期	7〜8月
生育環境	山地

MEMO（観察のポイント）
北海道〜四国に分布し、針葉樹林下などに生育。葉はこの仲間のなかでは最も大きい。母種のエゾノヨツバムグラは草丈が10〜20cmであることと、葉が本種より短くて丸いことから判別できる。

直径3mmほどの小さな花はかわいらしい

■ 夏から咲く野草・山草 ■　　　　　　　　　　　　　　　　　　　　　オオハンゲ・オオブタクサ

オオハンゲ
大半夏

識別ポイント	花序の付属体は糸状
名前の由来	草全体が大きくハンゲ（カラスビシャク）に似ているため
花ことば	壮大な、内に秘めた情熱
特　徴	小葉は先がとがった卵形でふちが波打ち、光沢がある。花茎を直立させ、長さ5〜12cmの円筒状の仏炎苞の中に棒状の肉穂花序を形成する。下部に長さ2〜4cmの雌花、上部に雄花を密生させている。

DATA
園芸分類	多年草
科／属名	サトイモ科ハンゲ属
原産地	日本
花色	●
草丈	20〜50cm
花径	1.5〜3cm
花期	6〜8月
生育環境	山地

MEMO（観察のポイント）
中部地方以西の本州、四国、九州、沖縄に分布。よく似ているカラスビシャクは日当たりがよい場所に生え、本種はやや日陰の湿った場所に生息。花の付属体に違いがあり、カラスビシャクは短くて基部が黒く、本種は長くて緑色。

カラスビシャクより大形。葉柄にムカゴがつかない

オオブタクサ
大豚草　　　　　　　別名：クワモドキ（桑擬）

識別ポイント	てのひら状の大きな葉
名前の由来	大型のブタクサであるため
花ことば	協調性
特　徴	花粉症の代表的な原因植物のひとつ。戦後日本に移入され、急激に広がった。雄花は多数長い穂を作り、雌花は目立たない。茎には粗い毛が生えており、太さ2〜4cm。葉は長さ20〜30cm。クワの葉に似たてのひら状で、両面ともざらつく。

DATA
園芸分類	1年草
科／属名	キク科ブタクサ属
原産地	北アメリカ
花色	●
草丈	1〜3m
花径	5〜10mm
花期	8〜9月
生育環境	河原

MEMO（観察のポイント）
日本全国に分布。肥えた泥のたまった河川敷など、川沿いに大群生する。特に、都市周辺の新興住宅地に多く見られる。ブタクサに似ているが、ブタクサの草丈が30〜150cmなのに対し、本種は1〜3mと大型である。

川沿いに大群生する。花粉症の代表的な原因植物のひとつ

オオハンゴンソウ
大反魂草

別名：ハナガサギク（花笠菊）

識別ポイント	盛り上がった筒状花
名前の由来	ハンゴンソウに似て大形であるため
花ことば	正義、正しい選択、立派な
特　徴	花は細長い舌状の花弁と細長い筒状の花弁からなり、開花後徐々に花床が盛り上がって円錐形になる。葉には変化があり、上部は全円、中部は3～5つに深く裂け、下部は羽状に5～7つに深く裂けている。種子には冠毛がある。

DATA
園芸分類	多年草
科／属名	キク科オオハンゴンソウ属
原産地	北アメリカ
花色	〇
草丈	1.5～2m
花径	5～6cm
花期	7～9月
生育環境	山野、道ばた、河原

MEMO（観察のポイント）
関東地方以北の本州～北海道に分布し、やや湿った場所に生育。やや寒地性のため、暖地には広がることはない。キクイモ（菊芋）と似ているが、本種は中央の筒状花部分が半球状に盛り上がっているため区別できる。

from Summer

やや湿った場所に生育する

関東地方以北の本州～北海道に分布（栃木県日光市）

■ 夏から咲く野草・山草

オオマツヨイグサ
大待宵草

識別ポイント	花弁4枚の大きくて黄色い花
名前の由来	大形のマツヨイグサであることから
花ことば	ほのかな恋心
特徴	明治初期に渡来し、全国に広がったが、近年減少。秋に芽生えてロゼットで越冬し、初夏に花茎を伸ばして花を咲かせる。花は黄色く花弁4枚。葉はふちに波状のギザギザがあり、先がとがる長めの楕円形。夕方咲きはじめ、朝にはしぼむ。

DATA

園芸分類	2年草
科／属名	アカバナ科マツヨイグサ属
原産地	北アメリカ
花色	○
草丈	80〜150cm
花径	約8cm
花期	7〜9月
生育環境	荒れ地、河原、海辺

MEMO（観察のポイント）

北海道、本州、四国、九州に分布し、水辺や湿地を好む。メマツヨイグサ属の仲間は多数あり判別することがなかなかむずかしいが、本種の花径は約8cmとその他のものに対し大形であるため、判別することが容易である。

花は黄色く花弁4枚。夕方咲きはじめ、朝にはしぼむ

オカトラノオ
岡虎の尾

識別ポイント	先が垂れ下がった白い花穂
名前の由来	長く伸びた花序をトラのシッポに例え、また丘に生えることから
花ことば	忠実、堅固、貞操
特徴	白い小さな5弁花が多数集まり穂をつくる。花穂ははじめ先が垂れ下がっているが、花が咲き進むにつれ直立するようになる。葉は長さ6〜13cm。長めの楕円形〜狭い卵形をしており、互生する。茎にはまばらに毛が生えている。

DATA

園芸分類	多年草
科／属名	サクラソウ科オカトラノオ属
原産地	日本、朝鮮、中国、インドシナ
花色	○
草丈	60〜90cm
花径	約8mm
花期	6〜7月
生育環境	山野

MEMO（観察のポイント）

北海道〜四国、九州に分布し、山野の日当たりがよい場所に生育する。秋は美しく紅葉する。茎は基部が赤みを帯びている。よく似ているが、花穂がまっすぐで水湿地に生育するのは本種ではなく、ヌマトラノオ。ヌマトラノオと本種の雑種が、イヌトラノオである。

山野の日当たりのいい場所に生育。秋は美しく紅葉する

オカヒジキ
陸鹿尾菜

別名：ミルナ・オカミル・クサヒジキ

識別ポイント	多肉質で松葉状の葉
名前の由来	陸に生え、海草のヒジキに似ていることから
花ことば	家族愛
特　徴	葉は鮮やかな緑色で光沢があり、円柱形の多肉質。長さは2～4cmあり、先端はとがって刺になる。茎は根元から分岐して広がっていく。若芽は火を通せば食用にもなり、ビタミンA、カリウム、カルシウムを豊富に含む。

DATA

園芸分類	1年草
科／属名	アカザ科オカヒジキ属
原産地	日本、中国、ヨーロッパ南西部
花色	○
草丈	10～30cm
花径	2～3mm
花期	7～10月
生育環境	海岸

MEMO（観察のポイント）

日本全国に分布し、海岸の砂浜などに生育。花よりも草のほうに特徴がある。5枚のガク片からなる花には花弁がない。葉のわきに花をつけ、基部に2個の小苞がある。耐暑性はとても強いが、耐寒性はやや弱い。

from Summer

187

耐暑性はかなり強いが、耐寒性はやや弱い

海岸の砂浜などに生育。若芽は火を通せば食用にもなる

夏から咲く野草・山草　　　　　　　　　　　　　　　　　　　　　　　　オグルマ・オサバグサ

オグルマ
小車

識別ポイント	盛り上がった筒状花と放射状に出た舌状花
名前の由来	放射状に出た舌状花から小さな車を想起したことによる
花ことば	清楚
特徴	茎には軟毛が生え、上部で分岐した枝先に鮮やかな黄色い花がひとつずつつく。細長い舌状の花弁が中央の盛り上がるようについた筒状花を囲む。花期に根生葉や下葉は枯れる。茎葉は長めの楕円形で長さ5〜10cm、幅1〜3cm。

DATA
園芸分類	多年草
科／属名	キク科オグルマ属
原産地	日本、朝鮮、中国
花色	○
草丈	20〜60cm
花径	3〜4cm
花期	7〜10月
生育環境	湿地

MEMO（観察のポイント）
北海道〜四国、九州に分布し、田のあぜや川辺に生育。ヨーロッパ原産の母種に似ているが、本種のほうが丈が高く頭花が小さい。本種の葉が軟質で痩果に租毛があるのに対し、カセンソウは葉が洋紙質で痩果が無毛なため区別できる。

鮮やかな黄色い花

オサバグサ
筬葉草

櫛形の白い小さな花

識別ポイント	鐘形の白い花
名前の由来	葉の形が櫛の歯のようで、はた織の筬（おさ）に似ていることから
花ことば	純粋な人
特徴	1属1種植物。葉は鳥の羽のように多数生える羽状複葉で、すべて根生する。形はシダ類の葉とよく似ており、花が咲いていないときはシダ類にしか見えないほどである。花穂にまばらに鐘形の白い小さな花を下向きにつける。

DATA
園芸分類	多年草
科／属名	ケシ科オサバグサ属
原産地	日本（特産）
花色	○
草丈	15〜30cm
花径	約5mm
花期	5〜8月
生育環境	山地

MEMO（観察のポイント）
本州中部地方以北に分布。薄暗い場所を好み、亜高山帯の針葉樹林内などに生える。高温と強い光線に弱く、冬の乾燥にも傷みやすい。パッと見には合弁花に見えるが、4花弁からなる離弁花である。

オタカラコウ
雄宝香

識別ポイント	舌状花と舌状花の間にやや隙間がある。メタカラコウより舌状花が多い
名前の由来	メタカラコウに比べ力強いため雄がついた
花ことば	陽気
特徴	タカラコウとは防虫剤や香料にされる竜脳香のことで、根の香りに由来する。根生葉は長さ・幅とも30cm以上にもなり、基部は心形になり葉脈はへこむ。茎の上部に黄色の頭花を総状につける。外側は5〜9枚の舌状花、中心部は筒状花。

DATA
園芸分類	多年草
科／属名	キク科メタカラコウ属
原産地	日本、朝鮮、中国、東シベリア
花色	〇
草丈	1〜2m
花径	4〜5cm
花期	7〜10月
生育環境	山地、高山

MEMO（観察のポイント）
福島県以南の本州、四国、九州に分布し、山の沢沿いの水辺など湿ったところに生育。メタカラコウと似ているが、舌状花の数がメタカラコウが1〜3であるのに対し、本種は5つ以上ある。本種のほうが舌状花が多い分、華やかな感じがする。

舌状花が多い分華やかに見える

オトギリソウ
弟切草　　別名：ヤクシソウ・アオクスリ

識別ポイント	雄しべが目立つ黄色い5弁花
名前の由来	この草を原料とした秘薬の秘密を漏らした弟を兄が怒り、斬り殺したという伝説から
花ことば	秘密
特徴	径約2cmの黄色い花が茎先に数個集まって咲く。花弁は5枚で、黒点と黒線が入る。葉柄がなく、小さな黒点が密にある葉は対生。形は披針形で先は丸みをおびていて長さ2〜6cm、幅7〜20mm。茎の断面は丸い。止血などの薬効がある。

DATA
園芸分類	多年草
科／属名	オトギリソウ科オトギリソウ属
原産地	日本、朝鮮、中国
花色	〇
草丈	30〜50cm
花径	約2cm
花期	7〜9月
生育環境	山野、道ばた

MEMO（観察のポイント）
日本全国に分布し、山野などに生育。花は1日花であるため、日没時にはしぼむ。葉縁は全縁で、葉を透かして見ると黒点の細かい油点が散在する。イワオトギリ、サワオトギリ、コケオトギリなどの仲間がある。

恐ろしい伝説とは違い美しい花

■夏から咲く野草・山草■

オトコエシ
男郎花

別名：ハイショウ（敗醤）

識別ポイント	茎先に多数白い小さな花がつく
名前の由来	オミナエシ（女郎花）に比べて強壮な感じがすることからオトコエシ（男郎花）に
花ことば	野性味
特徴	近縁のオミナエシは女飯（おみなめし）で黄色い粟ご飯、オトコエシは男飯（おとこめし）で白い米のご飯の意とする説がある。花弁5枚の小さな白い花が多数集まった花序を茎の先につける。葉は羽状に深く切れ込み、ふちがギザギザしている。

DATA

園芸分類	多年草
科／属名	オミナエシ科オミナエシ属
原産地	日本、朝鮮半島、中国
花色	○
草丈	80〜100cm
花径	4〜5mm
花期	8〜10月
生育環境	山野

MEMO （観察のポイント）

日本全国に分布。丘陵帯をはじめ、山地の草原や道ばたに生える。日当たりがよい場所を好む。果実は倒卵形で、翼状の丸い小苞がつく。茎の下部から長く這う枝を出し、株を殖やしていく。葉は長さ3〜15cmで対生している。

日当たりがよい場所を好む

小さな白い花。茎の先に多数集まった花序

オナモミ
菜耳、雄生揉、巻耳、羊負来

識別ポイント	硬い刺が生えた果実
名前の由来	小型のメナモミよりも大型であるため雄がついた
花ことば	頑固、粗暴、怠惰
特徴	古名の「ナモミ」は、蛇に噛まれたときなどに生の葉をもんで傷口につけると痛みがやわらぐことに由来。果実は総苞に包まれたままで刺があり、衣服や動物の毛にくっついて運ばれる。枝先に黄緑色の頭状花を円錐状につける。

DATA
園芸分類	1年草
科／属名	キク科オナモミ属
原産地	日本、世界中
花色	〇
草丈	20～100cm
花期	8～10月
生育環境	山野、荒れ地、道ばた

MEMO（観察のポイント）
日本全国を含む世界中に分布。全体に短い剛毛が生えており、葉は茎に互生する。葉の形は先がとがった心臓形で厚く、葉のふちは不ぞろいに切れ込む。堅い刺がある雄花は上部につき、総苞片が集まったつぼ状体となる雌花は下のほうにつく。

日本全国を含む世界中に分布

オニシモツケ
鬼下野

識別ポイント	小さな花を多数つけた散房状の花序
名前の由来	シモツケの花に似ており、同じ仲間のなかで一番大きくなることから「鬼」がついた
花ことば	密かな恋
特徴	茎先に散房状の花序を形成し、白色の小さな花を多数咲かせる。花弁は5枚。雄しべが花弁よりも長いため、ひとつひとつの花は線香花火のようにかわいらしい。葉は奇数の羽状複葉。頂小葉が特に大きく、てのひら状に5裂し目立つが、側小葉は目立たない。

DATA
園芸分類	多年草
科／属名	バラ科シモツケソウ属
原産地	日本、樺太、カムチャツカ、ウスリー
花色	〇
草丈	100～200cm
花径	6～8mm
花期	7～8月
生育環境	原野、低地、山地

MEMO（観察のポイント）
北海道、本州中部以北に分布し、千島列島、樺太、カムチャツカ半島などにも見られる。日当たりがよい湿った場所を好む。花穂は、遠くから見ると白い綿毛のようにも見える。茎や葉に毛がないものは本種ではなく、ケナシオニシモツケである。

白色の小さな花を多数咲かせる

夏から咲く野草・山草　　　　　　　　　　　　　　　　　　　　　オニユリ・オヒシバ

オニユリ
鬼百合　　別名：テンガイユリ（天蓋百合）

識別ポイント	橙赤色をしたユリ
名前の由来	花を赤鬼の顔に見立てて
花ことば	愉快、華麗、陽気、富と誇り、賢者
特徴	先がそり返った6花被の花は径10cmほど。色は橙赤色で、内側に黒紫色の斑点と短い突起がある。葉は密につく。湿度が高くなると香りが強くなるという特徴があり、鱗茎を乾燥させたものは「百合」という生薬になる。

DATA
園芸分類	多年草
科／属名	ユリ科ユリ属
原産地	中国
花色	●
草丈	1～2m
花径	10～12cm
花期	7～8月
生育環境	海岸付近、田のわき、河川敷

MEMO（観察のポイント）
日本各地の海岸付近や斜面に自生し、全国で栽培もされている。コオニユリ（小鬼百合）に似ているが、本種の葉のつけ根には丸くて黒紫色のムカゴ（肥大した腋芽）がつき、コオニユリにはつかない。花粉は衣類などにつくと落ちにくい。

湿度が高くなると香りが強くなる

オヒシバ
雄日芝　　別名：チカラグサ・ワイヤーグラス

識別ポイント	茎の先にてのひら状に穂を出して平らな小穂がつく
名前の由来	メヒシバに比べて強健であることから
花ことば	雑草のように生きる
特徴	夏草の代表的な強害草のひとつ。葉は線形で長さ8～30cm。やや堅く、葉のふちと葉鞘に長くやわらかい白毛がある。葉と葉鞘の境目は白く肥厚している。茎先に長さ5～8cmの上向きで傘形の花序をつけ、その軸の下側に多くの小穂を密生させる。

DATA
園芸分類	1年草
科／属名	イネ科オヒシバ属
原産地	日本、北アメリカ～西アジア、インド
花色	●
草丈	20～50cm
花径	2～5mm
花期	8～10月
生育環境	野原、道ばた、畑地

MEMO（観察のポイント）
本州、四国、九州、沖縄に分布し、日当たりがよい場所を好む。強いひげ根を張っているため、引き抜くのがむずかしい。メヒシバに比べて踏みつけに強く、茎は根元で立ち上がり、踏みつけがあっても斜上する。葉の断面はV字型になる。

夏草の代表的な強害草

オミナエシ
女郎花

別名：チメグサ

識別ポイント	散房状につく黄色い小花
名前の由来	粟ご飯を女飯（おみなめし）といった時代があり、オミナエシの黄色い花が粟ご飯を連想させることから
花ことば	永久、親切、美人
特徴	秋の七草のひとつ。名前の「オミナ」は「美しい女性」の意味であり、同属のオトコエシに比べて弱々しいからこの名になったという説もある。花弁5枚の黄色く色鮮やかな小花が茎先に散房状につく。漢方薬として根を干したものを煎じて飲む。

DATA
- 園芸分類　多年草
- 科／属名　オミナエシ科オミナエシ属
- 原産地　日本、朝鮮半島、中国
- 花色　〇
- 草丈　60〜100cm
- 花径　約4mm
- 花期　8〜10月
- 生育環境　山野

MEMO（観察のポイント）
日本全国に分布。草地や林縁に見られるが、近年その数は減ってきている。根元から横に茎を伸ばし、新苗を形成する。羽状に深く裂けている葉は対生しており、上部で枝分かれする茎は直立している。

近年その数は減ってきている

秋の七草のひとつ。みごとな群生

from Summer

■夏から咲く野草・山草■

オランダガラシ
和蘭芥子　　　　別名：クレソン・ミズガラシ

識別ポイント　十字形の白い小花が茎先に密につく
名前の由来　オランダ（外国）から渡来した芥子（カラシ）という意味で
花ことば　着実、不屈の力、忍耐力、安定
特徴　明治初期に食用として渡来。繁殖力が強いため、各地で野生化して広がった。総状花序に直径約6mmの4弁花を多数つける。葉は羽状複葉で小葉は3〜9枚。肉料理のつけ合わせなどに利用され、ほんのりとした辛子の味が楽しめる。

DATA
園芸分類	多年草
科／属名	アブラナ科オランダガラシ属
原産地	ヨーロッパ
花色	○○
草丈	20〜50cm
花径	約6mm
花期	5〜7月
生育環境	水辺

MEMO（観察のポイント）
日本各地に分布。きれいな水が流れているところには群生するが、水がよどんでいるところには生えない。茎は中空であり、水に浮かんで伸びる。水中に伸びた茎からは発根し、大きな群落を形成する。

きれいな水が流れているところに群生する

肉料理のつけ合わせなどに利用される

十字形の白い小さな花が茎先につく

オモダカ
面高　　　　　　　　　　別名：ハナグワイ

識別ポイント	基部が2つに分かれた矢尻形の葉
名前の由来	葉が人の顔面（おもて）のようにも見えることから
花ことば	高潔、信頼
特徴	水生植物で、食用のクワイのもとになった原種。葉は基部が2つに分かれた矢尻形で長さは7～10cm。先端は鋭くとがっており、根元近くにつく。茎上部の節ごとに白い花を輪生させ、小さな白い花を咲かせる。

DATA
園芸分類	多年草
科／属名	オモダカ科オモダカ属
原産地	日本、東アジア
花色	○
草丈	20～100cm（水上部分）
花径	1.5～2cm
花期	8～10月
生育環境	浅い水中、水田

MEMO（観察のポイント）
日本全国に分布。生長すると長い柄が水上に出るが、若い株のうちは水中にある。地下に走出枝をだし、その先に小球茎をつけ、翌年これが発芽する。葉がサジ（匙）のような形のサジオモダカ、葉がヘラのような形のヘラオモダカなどは仲間。

水生植物。日本全国に分布

ガガイモ
蘿摩　　　　　　　　　　別名：ラマ

識別ポイント	白い毛が密生して生えている花
名前の由来	葉がガガ（スッポン）に似ており、地下に芋があるから。
花ことば	清らかな祈り
特徴	葉のわきから長い花柄を伸ばし、径1cm程度の花を咲かす。花の内側には細かな白い毛が密生しており、花弁は反り返る。実は緑から茶褐色へと変化し、熟すと2つに割れてやわらかな綿毛が生えた種子がはじけ飛ぶ。

DATA
園芸分類	多年草（つる性）
科／属名	ガガイモ科ガガイモ属
原産地	日本、朝鮮半島、中国
花色	●●
草丈	約2m（つる性）
花径	約1cm
花期	8月
生育環境	野原、里山の道ばた

MEMO（観察のポイント）
北海道～四国、九州に分布。葉は長さ5～10cm、幅3～6cmの長い卵状心形で対生。葉の裏は緑白色を帯びており、葉や茎を切ると白い汁が出てくる。地下茎を横に這わせて、その数を殖やしていく。

白い毛が密生して生えている花

夏から咲く野草・山草　　　　　　　　　　　　　　　　　　　　　　　　　　　　　ガガブタ・カゼクサ

ガガブタ

金銀蓮花　　　　別名：オトコジュンサイ

識別ポイント	周りが糸状に裂けた白い花
名前の由来	丸い葉を鏡（ガガ）の蓋に見立てて
花ことば	永遠に信じる
特徴	水草。根は土中にあり、葉は水面に浮かぶ。葉は基部に切れ込みがある円形または楕円状心臓形で、径5〜15cm。花は5裂する白花で、花芯は黄色。花の周辺は糸状に細かく裂けている。新芽などは食べることもできる。

DATA

園芸分類	多年草
科／属名	リンドウ科アサザ属
原産地	日本、台湾
花色	○
草丈	5〜10cm
花径	約1.5cm
花期	7〜9月
生育環境	池、沼

MEMO（観察のポイント）

本州〜四国、九州に分布。熱帯アジアに広く分布しているものの、日本では絶滅危惧種になりつつある。アサザは本種によく似ているが、本種が白花なのに対し、アサザの花は黄色い。

根は土中にあり、葉は水面に浮かぶ

カゼクサ

風草　　　　別名：ミチシバ（道芝）

識別ポイント	光沢がある紫色の小穂
名前の由来	ちょっとした風にも揺れるため
花ことば	しなやか
特徴	葉はやわらかく細い線形で長さ30〜40cm、幅2〜6mm。基部のふちには白い毛があり、土地が極端に乾くと内側に巻く。茎は根もとから生え群がり、大きな株になる。茎先に紫色で光沢がある小穂を多数つけ、円錐状の花序をつくる。

DATA

園芸分類	多年草
科／属名	イネ科スズメガヤ属
原産地	日本、朝鮮半島、中国、ヒマラヤ
花色	●
草丈	30〜80cm
花径	6〜7mm（小穂の長さ）
花期	8〜10月
生育環境	道ばた

MEMO（観察のポイント）

本州〜四国、九州に分布し、田畑のまわり、荒れ地、道ばたなどに生息。踏みつけてもすぐに起き上がる頑丈な草。繁殖力が強く、群生。葉に加え茎・根ともに丈夫で、引き抜くことが容易ではない。しばしば大株に生長する。

踏みつけてもすぐに起き上がる頑丈な草

カズノコグサ

数の子草

別名：ミノゴメ（みの米）

識別ポイント	カズノコのようにみえる小穂
名前の由来	小さい穂の形が、カズノコに似ていることから
花ことば	お金持ちになりたい
特　徴	別名のミノゴメは、江戸時代に命名されたものだが、ミノゴメはムツオレグサのことだという説もある。花は淡緑色の小穂で、枝の片側に多数つく。平たい袋状の2個の苞穎が1～3個の小花を包み込む。

DATA

園芸分類	1～2年草
科／属名	イネ科ミノゴメ属
原産地	日本、朝鮮半島、シベリア、カラフト
花色	◯
草丈	30～90cm
花径	3～3.5mm（小穂）
花期	6～7月
生育環境	湿地

MEMO （観察のポイント）

北海道～四国に分布し、水田や河畔などの湿地で生育している。葉は細長い線形で、白緑色を帯びる。茎は太く中空になっている。花序は2列に並んでつく。小穂は熟すと黄色くなり、パラパラ落ちる。

小穂はカズノコのように見える

熟すと黄色くなる

水田や河畔などの湿地に生育

from Summer

■ 夏から咲く野草・山草 ■　　　　　　　　　　　　　　　　　　　　　　　　　　カセンソウ・カノコユリ

カセンソウ
歌仙草

識別ポイント	葉の葉脈がはっきりと浮き出ている
名前の由来	不明
花ことば	美しい人
特　徴	オグルマと花がよく似ているが、以下の点から判別できる。本種は葉が細長くて硬く、葉の裏面の葉脈がはっきり浮き出ているのに対し、オグルマは葉の幅が広くてやわらかく、裏面の葉脈が浮き出ない。

DATA
園芸分類	多年草
科／属名	キク科オグルマ属
原産地	不明
花　色	● (黄)
草　丈	25〜80cm
花　径	3〜4cm
花　期	7〜9月
生育環境	山野

MEMO（観察のポイント）
北海道〜本州、四国、九州に分布し、山野の日当たりがよい場所で生育している。茎は直立して高く、茎は硬く短毛がある。葉は互生し、基部は茎を抱いている。披針形でやや硬く、葉裏に葉脈が目立つ。

山野の日当たりがよい場所に生育

カノコユリ
鹿の子百合

識別ポイント	花弁の内側の模様が美しいユリの代表
名前の由来	花弁の内側に、鹿子絞りのような模様があるため
花ことば	飾らない愛情
特　徴	花弁の内側に濃紅色の斑点があるが、まれに斑点が純白になる白花の品種もある。地下茎は、ゆでて乾燥したものが古くから中国料理などで使われてきた。また、日本でも地下茎は食材にされた。

DATA
園芸分類	多年草
科／属名	ユリ科ユリ属
原産地	日本、台湾、中国
花　色	○●
草　丈	100〜150cm
花　径	10〜12cm
花　期	7〜9月
生育環境	山地

MEMO（観察のポイント）
四国、九州と台湾の北部および中国の江西省に分布しているが、それぞれ系統が違うものである。山地以外にも、海岸近くや川辺などで生育していることが多い。ほかのユリに比べて、花弁が強く反り返るのが特徴。

花はやや下向きに咲き、ピンク色の赤い斑点がある（交配種）

カナムグラ

鉄葎

識別ポイント	茎が硬く、いろいろなものに絡みつく
名前の由来	茎の強さが鉄のように強いので
花ことば	力強い人
特徴	茎はつる性で刺があり、葉柄、葉、つぼみにも刺がある。また、つるは他のものに絡まりながら繁殖し、まるで針金のように強い。葉はてのひら状で5〜7枚に裂け、径5cm〜15cmくらいになるものもある。

DATA

園芸分類	1年草
科／属名	クワ科カラハナソウ属
原産地	日本、中国、台湾
花色	● ●
草丈	つる性
花径	1〜3cm
花期	8〜9月
生育環境	荒地、道ばた

MEMO（観察のポイント）

日本全国に分布し、道ばたや荒地に生育している。雄雌異株で、雄花は淡緑色。雌花は短い穂状に垂れ、緑から紫褐色へと変化する。ビールの原料で知られているホップと同じ仲間。

from Summer

茎はつる性。葉柄、葉、つぼみにも刺がある

日本全国に分布。道ばたや荒地に生育している

夏から咲く野草・山草　　ガマ・カメバヒキオコシ

ガマ
蒲　　　　　　　　別名：ミスクサ（御簾草）

- **識別ポイント**　コガマと比べて、雄花序が異なる
- **名前の由来**　「カム」という朝鮮語で材料を意味する言葉に由来する説がある
- **花ことば**　包容力がある人
- **特徴**　花穂の株には雄花、上部には雌花が開花する。完熟した果穂は崩れ、童謡「因幡の素兎」で歌われているガマの穂綿となる。ガマの加工品は手触りがよく人気がある。別名のミスクサは、茎で簾などを作っていたことから。

DATA
- 園芸分類　多年草
- 科／属名　ガマ科ガマ属
- 原産地　日本
- 花色　○（雄花の上部）、●（雌花の下部）
- 草丈　1.5〜2m
- 花径　10〜20cm（雌花種）、7〜12cm（雄花穂）
- 花期　6〜8月
- 生育環境　池、沼

MEMO（観察のポイント）
北海道〜四国、九州に分布し、浅い水底から直立して生育する。日本以外に北半球温帯でも多く見られる植物。雄花穂は黄色の花粉が目立つ。また、花粉は穂黄とも呼ばれ、傷薬としても有名である。

浅い水底から直立して生育　　　完熟した果穂は崩れガマの穂綿となる

カメバヒキオコシ
亀葉引起こし　　　　別名：エンメイソウ（延命草）

- **識別ポイント**　茎に下向きの短毛がある
- **名前の由来**　ヒキオコシの仲間で、葉が亀の甲羅に似ていることから
- **花ことば**　自分の殻に閉じこもらないで
- **特徴**　名前の由来は、葉が亀の甲羅に似ているというだけではなく、薬効が強く、その葉を噛めば今にも死にそうな人でも引き起こすほどの効き目があるからだという説もある。民間療法では、健胃薬として使われている。

DATA
- 園芸分類　多年草
- 科／属名　シソ科ヤマハッカ属
- 原産地　日本
- 花色　●
- 草丈　60〜90cm
- 花径　1cm
- 花期　8〜10月
- 生育環境　山地

MEMO（観察のポイント）
本州東北地方南部〜中部地方に分布し、山地などに生育。花は青紫色の唇形で、いくつかの花が集まり長い花穂を形成する。葉は楕円形で長さ5〜10cm、幅4〜9cmで対生。ふちに鋭いギザギザがある。茎には下向きの短毛が生えている。

民間療法で健胃薬として使用

カヤツリグサ

蚊帳吊草　　　　別名：マスクサ

識別ポイント	茎の断面が3角形
名前の由来	茎を裂くと4角になり、蚊帳のように見えることから
花ことば	伝統
特　徴	葉は光沢があり、先がとがった線形で幅は2〜3mm。節のない茎の先には、葉と同様の苞があり、その間から5〜10個の枝を伸ばす。さらに3つに分かれた枝先には、先がとがった小さな鱗片が多数集まった黄褐色の穂がつく。

DATA
園芸分類	1年草
科／属名	カヤツリグサ科カヤツリグサ属
原産地	日本、中国、朝鮮
花色	●●
草丈	30〜60cm
花径	1〜3cm
花期	8〜10月
生育環境	田畑、道ばた

MEMO（観察のポイント）
本州〜九州に分布し、人里近くの草地や湿地に生息している。鱗片が重なり合い小穂を形成する点はイネ科の植物とよく似ているが、葉の配列がカヤツリグサは3角形になっているため見分けることが可能。

人里近くの草地や湿地に生息している

カラスムギ

烏麦　　　　別名：チャヒキグサ

識別ポイント	穂が下向きに垂れてつく
名前の由来	食用にならず、カラスが食べる麦だから
花ことば	音楽が好き
特　徴	4〜5世紀頃、麦と一緒に日本に帰化した。麦作の大害草としても知られる。葉は、長さ10〜25cm、幅8〜15mmのやや平たい線形。茎先に円錐花序をだし、淡い緑色の小穂は長さ2〜2.5cmでまばらにつく。

DATA
園芸分類	1〜2年草
科／属名	イネ科カラスムギ属
原産地	日本、ヨーロッパ、西アジア、北アフリカ
花色	○
草丈	60〜100cm
花径	5〜15mm
花期	6〜7月
生育環境	道ばた、乾いた畑

MEMO（観察のポイント）
日本各地に分布し、日当たりがよい湿った所を好み、土壌は選ばない。2〜3個の小花からなる穂は落ちやすい。人間の食用に改良された種をエンバク（燕麦、別名マカラスムギ、オートムギ）と呼ぶ。

食用にならず、カラスが食べる麦

■夏から咲く野草・山草■　　　　　　　　　　　　　　　　　　　　　　　　　　カラスウリ

カラスウリ
烏瓜

別名：タマズサ

識別ポイント	夕方から夜間にレース状に裂けた花が咲く
名前の由来	果実をカラスが残したため
花ことば	よき便り
特徴	雌雄異株。茎はつる状で巻きひげを出し、他のものに巻きつく。楕円形の果実は、幼果のうちは緑色に白い縞が入るが、後に赤く熟する。黒い種子の形は、カマキリの頭のようにも見える。根は芋状に太る。

DATA
園芸分類	多年草
科／属名	ウリ科カラスウリ属
原産地	日本、中国
花色	〇
草丈	つる性
花径	約10cm
花期	8〜9月
生育環境	山野

MEMO（観察のポイント）
本州〜九州に分布し、林のふちなどに生息している。キカラスウリとよく似ているが、カラスウリの葉は表面に毛が多くフワフワしているのに対し、キカラスウリの葉には毛が少なくテカリがある。

from Summer

202

楕円形の果実は赤く熟する

夕方から夜間にレース状に裂けた花が咲く

他のものに巻きつく

カラマツソウ
唐松草

識別ポイント	根生葉と茎葉がつく
名前の由来	花の形がカラマツの葉に似るため
花ことば	献身
特徴	茎の上部に散房状の花序を多数つける。花のように見えるものは雄しべであり、花弁ではない。ガク片は広楕円形で、開花するとすぐに散ってしまう。この形状がカラマツの芽出しのように見える。

DATA
園芸分類	多年草
科／属名	キンポウゲ科カラマツソウ属
原産地	日本、中国、シベリア
花色	○〜●
草丈	50〜120cm
花径	約1cm
花期	7〜9月
生育環境	山地

MEMO（観察のポイント）
北海道〜九州に分布し、山地や高原などに生息する。しばしば群生し、高い位置に花をつける。長さ2〜3cmの小葉は、広めの倒卵形で浅く3つに裂ける。若い茎や葉は食べられる。

草原に清涼感を呼ぶ

from Summer

203

カリガネソウ
雁草

別名：ホカケソウ

識別ポイント	全体に強い臭気がある
名前の由来	花の形を雁に例えた
花ことば	実質
特徴	茎は4角で直立し、上部で枝分かれする。葉のわきから長い柄をもつ集散花序を出し、青紫色の花をまばらにつける。花冠から上方に雄しべと雌しべが弓なりに飛び出した、奇妙な形の花が咲く。

DATA
園芸分類	多年草
科／属名	クマツヅラ科カリガネソウ属
原産地	日本、中国、朝鮮
花色	●
草丈	60〜100cm
花径	約1cm
花期	8〜9月
生育環境	山地

MEMO（観察のポイント）
本州関東地方南部以西〜沖縄に分布し、低い山林のふちに生息。日本の秋の野草には珍しい青い花である。長さ8〜13cmで先がとがった広卵形の葉は対生し、ふちにはギザギザがある。

葉には独特の臭いがある

■ 夏から咲く野草・山草　　　　　　　　　　　　　　　　　　　　　カワミドリ・カワラケツメイ

カワミドリ
藿香　　　別名：ハイソウコウ（排草香）

識別ポイント	葉をもむとハッカのような香りがする
名前の由来	不明
花ことば	最後の救い
特　徴	葉は鋭いギザギザがある卵形で、対生している。4角形で直立した茎は上部で分枝し、その先に幅約2cm、長さ5〜15cmの円柱状の花穂をつける。雄しべは、花冠から長く突き出す。

DATA
園芸分類	多年草
科／属名	シソ科カワミドリ属
原産地	アジア
花色	●
草丈	40〜100cm
花径	8〜10mm
花期	8〜10月
生育環境	山地

MEMO（観察のポイント）
北海道〜九州に分布し、明るい山地のやや湿った草原や林のふちなどに生息する。刺激的な強い香りがある葉や、茎を乾燥させたものは漢方として用いられる。ハーブのアニスヒソップと同類。

葉には刺激的な強い香りがある

カワラケツメイ
河原決明　　　別名：マメチャ・ネムチャ

識別ポイント	葉柄の上部に蜜腺がある
名前の由来	河原に生える決明（エビスグサの漢名）の仲間なので
花ことば	自由
特　徴	茎はやや硬く毛があり、小葉は鳥の羽のように多数生える。左右不均衡に多数の小葉をつける。葉のわきの小枝につく花は、一般的なマメ科の植物特有の蝶形花とは違い、小さな倒卵形の放射状花である。

DATA
園芸分類	多年草
科／属名	マメ科カワラケツメイ属
原産地	日本、朝鮮、中国
花色	○
草丈	30〜60cm
花径	約7mm
花期	8〜10月
生育環境	河原の中の砂地や道ばた

MEMO（観察のポイント）
本州〜九州に分布し、河原の日当たりがよいところに生息する。鞘は長さ3〜4cmで、平たく表面に細い毛が生えている。葉や果実は健康茶として利用される。仲間の決明の種子はハブ茶になる。

花は小さな倒卵形の放射状

カワラナデシコ
河原撫子　　別名：ヤマトナデシコ、ナデシコ

- **識別ポイント**　花弁のふちが糸状に深裂する
- **名前の由来**　河原に生える撫子であることから
- **花ことば**　可憐
- **特徴**　直立した細い茎は上部で分枝する。葉は長さ3〜10cmの線状披針形で対生し、その基部は相接して茎を抱き、関節を形成する。茎葉は粉白色を帯びている。5枚の花弁は桃色で、ふちの先が細く裂けている。

DATA
- 園芸分類　多年草
- 科／属名　ナデシコ科ナデシコ属
- 原産地　日本、東アジア
- 花色　○
- 草丈　30〜80cm
- 花径　4〜5cm
- 花期　7〜10月
- 生育環境　山野、日がよく当たる河原のふち

MEMO（観察のポイント）
本州〜九州に分布し、日当たりがよい山野や河原などにごく普通に自生している。エゾカワラナデシコとよく似ているが、苞の数の違いにより区別できる。秋の七草のひとつとして知られている。

河原に生える可憐な花

from Summer

205

カワラハハコ
河原母子　　別名：カワラホウコ

- **識別ポイント**　全体が白い細毛で覆われている
- **名前の由来**　河原に生えるハハコグサのため
- **花ことば**　優しさ
- **特徴**　茎がよく枝分かれし、大きな株になる。葉は細長い線形で、ふちは裏に巻く。茎先に多数の小花が集まり、散房状になるころには下の葉は枯れてしまう。花には両性花と雌花があり、株が異なる。

DATA
- 園芸分類　多年草
- 科／属名　キク科ヤマハハコ属
- 原産地　日本
- 花色　○
- 草丈　30〜60cm
- 花径　約1cm
- 花期　8〜10月
- 生育環境　河原

MEMO（観察のポイント）
日本全国に分布し、河原など乾いた砂利地を好み、群生することが多い。ヤマハハコの変種。母種のヤマハハコの葉の幅は6〜15mmあるが、カワラハハコの葉の幅は1〜2mmとかなり細い。

河原など乾いた砂利地などに群生する

■夏から咲く野草・山草■

カワラマツバ
河原松葉

識別ポイント	細くとがった葉が輪生している
名前の由来	河原に生え、松のように細い葉であるため
花ことば	活発
特徴	冬は草丈が低く、葉の間の茎は短い。初夏になると節間が伸び、茎の上部に花序がつくられる。茎は硬く細い毛が生えていて、断面は四角形。光沢がある葉は長さ2～3cmの細い線形で、8～10枚が輪生している。

DATA

園芸分類	多年草
科／属名	アカネ科ヤエムグラ属
原産地	日本、朝鮮
花色	○
草丈	50～80cm
花径	約2mm
花期	7～8月
生育環境	河原、野原

MEMO（観察のポイント）

南西諸島を除く日本全国に分布し、やや乾いた日当たりがよい草原や土手など、さまざまなところに生息する。花は独特の甘い香りがする。花が黄色のものは、キバナカワラマツバと呼ばれている。

河原に生え、松のように細い葉

南西諸島を除く日本全土に分布

初夏になると茎の上部に花序をなす

ガンクビソウ
雁首草　　　別名：キバナガンクビソウ

識別ポイント	横向きから斜め下向きに咲く花
名前の由来	花が下向きにつく様が煙管の雁首に似ていることから
花ことば	けなげ
特徴	直立した茎に互生する葉は卵状長楕円形で長い柄があり、ふちには不ぞろいの浅いギザギザがある。根生葉は花が咲くころには枯れてしまう。茎先につく小さい頭花は黄色の筒状花で、基部には披針形の苞葉が2〜4枚輪生する。

DATA
園芸分類	多年草
科／属名	キク科ヤブタバコ属
原産地	日本、中国
花色	〇
草丈	30〜150cm
花径	6〜8mm
花期	6〜10月
生育環境	山地

MEMO（観察のポイント）
本州〜九州に分布し、林の小道沿いや倒木の跡地などの明るい場所に生息する。上部の葉は細いが、下部の葉は大きい。同属のサジガンクビソウと比べ、ガンクビソウのほうがやや立地環境のよい場所を好む傾向がある。

小さい頭花は黄色の筒状花

キオン
黄苑　　　別名：ヒゴオミナエシ

識別ポイント	草原の日向に大群落を形成する
名前の由来	シオンに似ていて花が黄色のため
花ことば	陽気
特徴	互生する葉は広披針形で、ふちには不ぞろいの浅いギザギザがある。直立した茎は太く、上部でよく枝分かれし、散房状の花序を出して黄色いキクのような小さな頭花を多数つける。舌状花は普通5個である。

DATA
園芸分類	多年草
科／属名	キク科キオン属
原産地	日本、中国、朝鮮、樺太、シベリア、ヨーロッパ
花色	〇
草丈	50〜100cm
花径	約2cm
花期	8〜9月
生育環境	山地

MEMO（観察のポイント）
北海道〜九州に分布し、山地の草原などの日当たりがよいところに生息する。ハンゴンソウとよく似ているが、ハンゴンソウの葉が3〜7深裂するのに対し、キオンは分裂しないため、見分けることができる。

黄色いキクのような小さな頭花

夏から咲く野草・山草　　　　　　　　　　　　　　　　　　　　　　　　　　キカラスウリ・キキョウ

キカラスウリ
黄烏瓜　　　　　　　　別名：ヤマウリカズラ

識別ポイント	レース状の花と大きな黄色の実
名前の由来	果実が黄色のカラスウリのため
花ことば	よき便り
特徴	葉は深裂し、無毛で光沢がある。巻きひげは先が2〜5本に分かれる。黄色の果実は長さ約10cmの球形で、カラスウリの果実より大きい。根からとった澱粉は天瓜粉と呼ばれ、汗疹などの治療に使われる。雌雄異株。

DATA
園芸分類	多年草
科／属名	ウリ科カラスウリ属
原産地	日本
花色	○
草丈	つる性
花径	4〜8cm
花期	8〜9月
生育環境	山野

MEMO（観察のポイント）
日本全国に広く分布し、人里のやぶ、都会の空き地、建物の隙間などに生息している。白い花の形はカラスウリに似ているが、レース状の裂片はカラスウリよりも広がる。開花時間もカラスウリより長い。

人里のやぶ、都会の空き地、建物の隙間などに生息

キキョウ
桔梗　　　　　　　　　別名：オカトトキ

識別ポイント	茎先につく星型の青紫の花
名前の由来	漢名の桔梗を和音読みしたもの
花ことば	変わらぬ愛
特徴	花は鐘形。つぼみは膨らませた風船のような形をしている。互生する葉は先がとがった長めの卵形で、ふちにはギザギザがある。黄白色の太い根には薬用効果があり、家庭薬、漢方薬としても用いられている。

DATA
園芸分類	多年草
科／属名	キキョウ科キキョウ属
原産地	日本、中国、朝鮮、ウスリー
花色	●
草丈	50〜100cm
花径	4〜5cm
花期	7〜9月
生育環境	山野

MEMO（観察のポイント）
北海道〜九州に分布し、日当たりがよく、やや乾燥した山地草原に生息する。白やピンクの花や八重咲きの園芸品種もある。秋の七草のアサガオはキキョウのことだといわれている。絶滅危惧種に指定されている。

星型のすずしげな花

キキョウソウ

桔梗草　　別名：ダンダンギキョウ

識別ポイント	柄のない葉が段々につく
名前の由来	花がキキョウに似ているため
花ことば	優しい愛
特徴	茎は細長く、直立。1cmほどの幅広い円形の葉には、細かいギザギザがあり互生する。基部は茎を抱いている。キキョウよりかなり小さめの花は、葉のわきに2～3個つく。花冠は深く5つに裂けている。帰化植物。

DATA

園芸分類	1年草
科／属名	キキョウ科キキョウソウ属
原産地	北アメリカ
花色	●
草丈	30～80cm
花径	10～15mm
花期	5～7月
生育環境	道ばた

MEMO（観察のポイント）

東北地方南部以西～沖縄に分布し、荒地や道ばたの日当たりがよいところを好む。はじめは茎の下部に閉鎖花だけをつけ、自家受粉を行うことで確実に種を残す。その後、花開き他株との交配をはかる。白花の変種もある。

キキョウに似ている紫色の花

from Summer

ギシギシ

羊蹄　　別名：ウシグサ

識別ポイント	淡緑色の花穂が立ち上がる
名前の由来	京都の方言という説や茎と茎を擦り合わせるとギシギシいうからという説などがある
花ことば	忍耐
特徴	葉は長さ約10～25cmの長楕円形で、基部はやや丸みを帯びて心形～円形になる。色は鮮やかで濃い緑色。花は上部で枝分かれした茎の節に輪生する。6枚のガクのうち3枚は果実期に大きな翼のようになって果実を包む。

DATA

園芸分類	多年草
科／属名	タデ科ギシギシ属
原産地	日本、中国、樺太
花色	○
草丈	22～100cm
花径	約5mm
花期	5～7月
生育環境	野原

MEMO（観察のポイント）

日本全国に分布し、やや湿地で見られる。同属のスイバとよく似ているが、ギシギシのほうが大型であり、スイバの葉の基部の違いから見分けられる。全草にシュウ酸を含んでいる。根は薬用になり、ヌメリがある若芽は食用。

花穂は立ち上がる　　茎の節に輪生する

夏から咲く野草・山草　　　　　　　　　　　　　　　　　　　　　　キツネノカミソリ・キツネノマゴ

キツネノカミソリ
狐の剃刀　　別名：ハナドキニハミズハドキニハナミズ

識別ポイント	花期に葉がなく、葉期に花がない
名前の由来	葉の形をキツネが使うカミソリに例えて
花ことば	妖艶
特　徴	やわらかい白緑色の葉は、長さ30〜40cmで先がとがったへら状。ユリに似た鮮やかな朱色の花は、花茎の先に散形状に3〜5個つく。ヒガンバナの仲間の花にしては小型で、花弁のそり返りも少ない。有毒植物である。

DATA
園芸分類	多年草
科／属名	ヒガンバナ科ヒガンバナ属
原産地	アジア
花　色	🟠
草　丈	30〜50cm
花　径	4〜5cm
花　期	6〜9月
生育環境	山野

MEMO（観察のポイント）
北海道〜九州に分布し、林のふちや明るい落葉広葉樹林に生育している。ヒガンバナ同様に葉の生育期と花の咲く時期がずれている。葉や花が大型のオオキツネノカミソリは、雄しべが花弁から長く突き出している。

花は朱色。花びらはヒガンバナほど反転しない

キツネノマゴ
狐の孫　　別名：メグスリバナ

識別ポイント	小さな蝶形の花が穂状につく
名前の由来	不明
花ことば	女性の美しさの極致
特　徴	4角ばった茎はまばらに枝分かれし、短い毛がある。下部は地面に這うように生え、上部は斜めに立ち上がる。葉にも毛があり、長さ2〜5cmの長楕円形。茎先に長さ1〜3cmの穂状の花序をつけ、小さな唇形の花が咲く。

DATA
園芸分類	1年草
科／属名	キツネノマゴ科キツネノマゴ属
原産地	アジア、ヨーロッパ
花　色	🟣
草　丈	10〜40cm
花　径	約8mm
花　期	8〜10月
生育環境	山野

MEMO（観察のポイント）
本州〜九州に分布し、道ばたや野原などに生育する。小花の上唇は細く2つに裂け、下唇は大きく3つに裂けている。中国では乾燥させ煎じた汁を目薬として使われていたという。変種のキツネノヒマゴは沖縄に分布。

穂状の花序をつけ、小さな唇形の花が咲く

キツリフネ

黄釣舟

識別ポイント	細い柄で釣り下がる花
名前の由来	黄色の花が咲くツリフネソウなので
花ことば	じれったい
特徴	茎は直立し、分枝する。長さ4〜8cmの楕円形の葉の質はやわらかく、互生している。葉のわきから細い花柄を出し、数個の花を咲かせる。つぼみの時には葉の上にあるが、膨らむにつれて下に垂れていく。ツリフネソウよりも花の数は少ない。

DATA
- 園芸分類　1年草
- 科／属名　ツリフネソウ科ツリフネソウ属
- 原産地　日本、シベリア、ヨーロッパ、北アメリカ
- 花色　●
- 草丈　40〜60cm
- 花径　3〜4cm
- 花期　6〜9月
- 生育環境　山地

MEMO（観察のポイント）
北海道〜九州に分布し、山地の湿地などに生育する。乾燥と暑さに弱い。好む生育地はツリフネソウとよく似ているが、混生することは少ない。ホウセンカと同じように、熟した果実に触れると種子がはじけ飛ぶ。

黄色の花が咲くツリフネソウ

キヌタソウ

砧草

識別ポイント	茎先に円錐状につく小花
名前の由来	柄がついた果実を砧(きぬた)に見立てて
花ことば	淡い夢
特徴	長さ3〜6cmの先が鋭くとがった卵形の葉は柄がなく、4枚輪生する。表面には3本の脈が目立つ。茎の上部に集散花序をつくり、白い小花をまばらに多数つける。花冠は4裂し、先はとがるが基部はつながる合弁花。

DATA
- 園芸分類　多年草
- 科／属名　アカネ科ヤエムグラ属
- 原産地　日本、中国
- 花色　○
- 草丈　30〜50cm
- 花径　約2.5mm
- 花期　7〜8月
- 生育環境　山地

MEMO（観察のポイント）
本州〜四国に分布し、林の下などに生育する。他のヤエムグラ属の植物よりも葉が大きい。果実は球体で無毛。よく似ているオオキヌタソウは、キヌタソウよりも大型で、花冠が5裂しているため区別しやすい。

円錐状につく小花

■ 夏から咲く野草・山草 ■　　　　　　　　　　　　　　　　　　　　　　　　　　　キリンソウ

キリンソウ
麒麟草

識別ポイント	多肉質の茎と葉に鮮やかな黄色の花
名前の由来	不明
花ことば	警戒
特　徴	太い根茎から肉質で円柱形の茎を伸ばす。卵形から長楕円形の葉は、長さ2～7cmで互生し、ふちにはギザギザがある。茎先に平たい集散花序を出し、黄色の花を多数咲かせる。5枚の花弁は披針形で、先は鋭くとがっている。

DATA

園芸分類	多年草
科／属名	ベンケイソウ科キリンソウ属
原産地	日本、シベリア、カムチャツカ
花色	●
草丈	10～30cm
花径	約1.5cm
花期	5～8月
生育環境	山地

MEMO（観察のポイント）

北海道～九州に分布し、日当たりがよい山の草地や海岸の岩上などに生息する丈夫な多肉植物。肉厚の葉に水分を蓄えている。花はメキシコ・マンネングサなどによく似るが、葉の幅が広いところが異なる。

テカリダケ（光岳）キリンソウ

日当たりがよい山の草地や海岸の岩上などに生息する

母種のホソバノキリンソウ

キンエノコロ
金狗尾草

識別ポイント	金色に輝く穂が直立する
名前の由来	金色の穂のエノコログサで
花ことば	愛嬌
特　徴	滑らかで細長い茎はあまり枝分かれしない。葉は細長い線形で、細かいギザギザがあり、互生する。小穂の基部に多数の黄金色の剛毛が生える。穂はエノコログサのものより小さめの円柱状でまっすぐ立っている。

DATA
園芸分類	1年草
科／属名	イネ科エノコログサ属
原産地	ユーラシア大陸
花色	●
草丈	30～90cm
花径	約3mm
花期	8～10月
生育環境	道ばた

MEMO（観察のポイント）
日本全土に広く分布し、日当たりがよい田のあぜ道や空き地、野原などに群生する性質がある。よく似るエノコログサは剛毛が緑色のため、区別は簡単につく。穂が2～3cmのものをコツブキンエノコロと呼ぶ。

直立する金色に輝く穂

キンミズヒキ
金水引

別名：ヒッツキグサ（種子が衣服や動物の毛にくっついて運ばれる植物の通称）

識別ポイント	全体に毛が密生する
名前の由来	花穂を金色のミズヒキに例えて
花ことば	しがみつく
特　徴	茎や葉に毛が多い。葉は羽状の複葉で表面に腺点がある。大きさが不ぞろいの小葉は5～9枚つく。茎先やわきに出た枝の先端に花穂をつける。花は5弁花。果実は約3mmで刺がある。タンニンなどを多く含み、薬草になる。

DATA
園芸分類	多年草
科／属名	バラ科キンミズヒキ属
原産地	東ヨーロッパ、アジア
花色	○
草丈	30～80cm
花径	6～11mm
花期	7～10月
生育環境	山野

MEMO（観察のポイント）
北海道～九州に分布し、林の中の道ばたなどに生育する。二重のガクのうち外側のものは果実になったとき外側に鍵状に曲がり、果実ごと動物や人の衣服に付着し散布する。ミズヒキの名がついているが、タデ科のミズヒキとは無関係。

林の中の道ばたなどに生育

夏から咲く野草・山草　　　　　　　　　　　　　　　　　　　　　クガイソウ・クサタチバナ

クガイソウ
九蓋草
別名：クカイソウ

識別ポイント	茎上に立つ長い花穂
名前の由来	輪生する葉が九階の屋根のような、蓋のような層をなすため
花ことば	みかけだおし
特　徴	葉は長さ5〜18cmの細長い披針形で、4〜8枚が輪生し、何段にもなる。葉縁は鋸針状。茎は枝分かれせずに直立する。茎先に総状花序をつけ、淡紫色の小花を多数咲かせる。花冠は筒状で先が4裂している。

DATA
園芸分類	多年草
科／属名	ゴマノハグサ科クガイソウ属
原産地	日本、韓国、中国
花色	●
草丈	80〜120cm
花径	約1mm
花期	7〜8月
生育環境	山地

MEMO（観察のポイント）
本州に分布し、日当たりがよい草地などに生育する。花はルリトラノオによく似ているが、ルリトラノオの葉は2枚が対生することから区別がつく。白花の品種をシロクガイソウという。

日あたりがよい草地などに生育

クサタチバナ
草橘

識別ポイント	大きな葉の上に集まって咲く小さな花
名前の由来	タチバナに似た花を咲かすため
花ことば	勇敢
特　徴	葉は長さ5〜13cm、幅3〜6cmの楕円形で対生する。葉には柄があり、両面の脈上には毛が生えている。茎は分枝せず、直立する。茎の上部に白く細めの花弁が5枚の花を多数つける。副花冠はずい柱よりやや短い。

DATA
園芸分類	多年草
科／属名	ガガイモ科カモメヅル属
原産地	日本、韓国、中国
花色	○
草丈	30〜60cm
花径	約2cm
花期	6〜7月
生育環境	山地

MEMO（観察のポイント）
関東以西から四国に分布し、山地の草地や、やや乾いた林の中などに生育する。果実は細長い袋果で、長さ約5cm。絶滅危惧種に指定されている。チョウジソウやイソトマの花と似ているが、葉の形の違いから区別がつく。

茎の上部に花弁5枚の花が多数つく

クサレダマ

草連玉　　　別名：イオウソウ

- **識別ポイント**　茎に綿毛や短毛が密生する
- **名前の由来**　マメ科のレダマに花が似る草で（決して腐れ玉ではない）
- **花ことば**　純情
- **特徴**　長く伸びる地下茎で繁茂し、群落を形成する大型の植物である。葉は長さ4～12cmの披針形で先がとがっている。2～4枚が輪生または対生するが、3枚であることが多い。葉肉内に黒い腺点がある。花冠は5つに裂ける。

DATA
- 園芸分類　多年草
- 科／属名　サクラソウ科オカトラノオ属
- 原産地　日本
- 花色　○
- 草丈　40～80cm
- 花径　約1.5cm
- 花期　7～8月
- 生育環境　湿地

MEMO（観察のポイント）
四国を除いた北海道から九州に分布し、日当たりがよい野や山地の湿地などに生育する。茎の先に円錐状の花序をつけ、鮮やかな黄色の花が多数まとまって咲く。実際は、マメ科のレダマとはあまり似ていない。

鮮やかな黄色の花

クズ

葛　　　別名：クズバイン・マクズ

- **識別ポイント**　10m以上伸びるつる
- **名前の由来**　葛粉の産地が奈良県の国栖だったため
- **花ことば**　芯の強さ
- **特徴**　茎はつるになって伸び、基部は木質化する。伸びる茎から根を出し、株を広げる。葉は互生し、3枚の小葉からなる。2枚の側葉は楕円形で、中央の葉は円形。裏面には毛が密集している。葉腋から伸びた軸に総状花序をつける。

DATA
- 園芸分類　多年草
- 科／属名　マメ科クズ属
- 原産地　日本、中国
- 花色　●
- 草丈　つる性
- 花径　18～20mm
- 花期　7～9月
- 生育環境　山野

MEMO（観察のポイント）
北海道から九州に分布し、他の木々に巻きついて山野のどこにでも生育する。太く長い根には多量の澱粉を含んでおり、これからくず粉を採る。その根はカッコンと呼ばれ、漢方薬としても用いられる。秋の七草のひとつ。

つるは10m以上伸びる

夏から咲く野草・山草

クマツヅラ
熊葛、馬鞭草

別名：バベンソウ

識別ポイント	全体に細かい毛が生えている
名前の由来	米ツヅラの転訛とされている
花ことば	心を奪われる
特徴	直立する茎の断面は4角形。上部で枝を分け、羽状に3～5裂する葉を対生する。葉にはしわがあり、長さ3～10cm、幅2～5cmの卵形。茎の上部に長さ30cmほどの穂状花序を出し、淡紅紫色の花を多数咲かせる。

DATA

園芸分類	多年草
科／属名	クマツヅラ科クマツヅラ属
原産地	日本、朝鮮、中国、アジア、ヨーロッパ、北アフリカ
花色	●
草丈	30～80cm
花径	4mm
花期	6～9月
生育環境	山野

MEMO（観察のポイント）

本州から沖縄に分布し、山地や野原などに生育する。古くは腫れ物の薬として使われていた。ハーブティーに用いられるハーブ「ベルベナ」は本草。はりつけにされたキリストの血を止めた聖なる薬草といわれている。

淡紅紫色の花は茎の上部に長さ30cmほどの穂状花序を出し咲く

同属のバーベナ・オフィキナリス

花穂の拡大

クロバナヒキオコシ
黒花引起こし

識別ポイント	暗紫褐色の唇形の小花
名前の由来	花弁が黒く見えるヒキオコシの仲間で
花ことば	秘密
特徴	茎は4角形で、上部で枝分かれする。長さ6〜15cmの広卵形の葉には柄があり、質は薄い。表面にはまばらに毛があり、裏面には網状に脈が浮き出している。ふちにはギザギザがある。比較的寒い地域を好む。

DATA
園芸分類	多年草
科／属名	シソ科ヤマハッカ属
原産地	日本
花色	●
草丈	50〜150cm
花径	5〜6mm
花期	8〜9月
生育環境	山地

MEMO（観察のポイント）
北海道から本州日本海側に分布し、山地の林のふちに生育する。枝先の葉の腋からまばらな円錐花序を出し、多数の花をつける。花冠の上唇は直立して4裂し、下唇は船形をしている。ガクは5裂して細い毛が生えている。

花はまばらな集散花序につく

上唇は直立する

from Summer

217

ゲンノショウコ
現の証拠　　別名：ミコシグサ

識別ポイント	毛がある茎葉と茎先に散在する花
名前の由来	薬用ですぐ効くため
花ことば	強い心
特徴	茎の大部分は地を這う。3〜5の掌状に深裂した葉は、長さ2〜4cmで対生する。東日本では白、西日本では紅紫の花をつける。両方とも薄紫の筋が入る。花後には槍のような形の果実をつける。熟すとはじけて種子を飛ばす。

DATA
園芸分類	多年草
科／属名	フウロソウ科フウロソウ属
原産地	日本、朝鮮半島、中国
花色	● ○
草丈	30〜50cm
花径	1〜1.5cm
花期	7〜10月
生育環境	山野

MEMO（観察のポイント）
古くから下痢止めや胃薬などとして煎じて飲まれてきた。残存果実が御輿の上に付いている飾りに似ているため、御輿草の別名がある。若い葉はトリカブトなどの有毒植物と非常に似ているため、注意が必要である。

花後には御輿の飾りのような果実をつける

夏から咲く野草・山草　　　　　　　　　　　　　　　　　　　　　　　　　　　　　　コアカザ・コウホネ

コアカザ
小藜

識別ポイント	白っぽい葉の中心部と裏側
名前の由来	小形のアカザのため
花ことば	救い
特徴	茎は直立し、あまり枝分かれしない。長卵形から披針形の葉は、長さ5cmほどで幅はアカザよりも狭い。ふちには不揃いのギザギザがあり、裏面には白色の粉状粒が多い。枝先にごく小さな花が密集してつく。

DATA
園芸分類	1年草
科／属名	アカザ科アカザ属
原産地	ユーラシア
花色	〇
草丈	30～60cm
花径	約1mm
花期	6～8月
生育環境	道ばた、荒地

MEMO（観察のポイント）
日本各地に分布し、畑やその周りなど、肥沃でやわらかい土壌を好む帰化植物。花弁はなく、雌しべの先は2裂している。ガクは5つに深く裂けている。花期はシロザよりも早い。種子は黒色で扁平。若芽、若葉は食用になる。

茎は直立しあまり枝分かれしない

コウホネ
河骨　　　　　　　　　　別名：カワホネ

識別ポイント	水上に突き出た花と葉
名前の由来	河に生え、根茎が白骨のように見えるため
花ことば	崇高
特徴	白色の地下根茎が水中で肥大する。円柱形の花柄を水上に長く出し、黄色い花を上向きにつける。水上の葉は長さ20～30cmで光沢がある。基部は矢じり形のサトイモの葉のような形。水中の葉は細長く、流れのある場所ではワカメ状。

DATA
園芸分類	多年草
科／属名	スイレン科コウホネ属
原産地	日本
花色	〇
草丈	10～20cm
花径	4～5cm
花期	6～9月
生育環境	池沼

MEMO（観察のポイント）
北海道から九州に分布し、池や沼、小川などやや浅い水中に生育する水草。花弁のように見えるものはガクで5個あり、花が終わると緑色に変わる。地下茎の部分などは薬効があり、婦人病などに用いられる。

池や沼、小川などやや浅い水中に生育する水草

コウリンタンポポ

紅輪蒲公英　　別名：エフデギク

識別ポイント	タンポポに似た赤い花
名前の由来	タンポポに似た紅色の花のため
花ことば	眼力
特　徴	長く直立した花茎には全体に黒っぽく長い毛が密集している。花茎の先端に約10個の鮮やかな花をつける。舌状花。葉は根生葉で根元にロゼット状に互生している。形は細長い倒披針形。円柱状の果実をつける。

DATA

園芸分類	多年草
科／属名	キク科ヤナギタンポポ属
原産地	ヨーロッパ
花色	●
草丈	10～50cm
花径	約2.5cm
花期	6～8月
生育環境	野原、道ばた

MEMO（観察のポイント）

日本全国に分布し、低地の明るい牧場や草原に生育する。観賞用として明治期に渡来し、現在は北海道や東北地方などに特に多く帰化している。繁殖力がかなり強いが、北海道以外では貧弱なものが多い。

舌状花。タンポポに似た紅色の花

from Summer

219

コオニユリ

小鬼百合　　別名：イハイヅル

識別ポイント	湿地を好む緑の茎のオニユリ
名前の由来	小さい花のオニユリで
花ことば	情熱
特　徴	茎は緑色でオニユリのように紫色は帯びない。線状披針形の葉は長さ8～15cmで先がとがっている。花は橙赤色でまばらに紫黒点があり、下から順々に咲いていく。花弁は6枚あり、披針形で上部は反り返っている。

DATA

園芸分類	多年草
科／属名	ユリ科ユリ属
原産地	日本
花色	○
草丈	70～150cm
花径	6～8cm
花期	7～9月
生育環境	道ばた、畑

MEMO（観察のポイント）

日本全国に分布し、日当たりがよい湿原周辺や湿った草原などに生育する。オニユリには見られる葉腋のムカゴが本種ではできない。地下に白い球形の鱗茎があり、食べることができる。

ムカゴはできない

夏から咲く野草・山草　　　　　　　　　　　　　　　　　　　　　　コガマ・ゴゼンタチバナ

コガマ

小蒲

識別ポイント	ガマより細く短い花穂
名前の由来	小型のガマのため
花ことば	従順
特徴	葉は幅1cm以下の細長い線形。雌花穂は長さ6〜10cmあり、そのすぐ上に長さ3〜9cmの雄花穂がつながってつく。花茎は高さ40〜80cmで、花は3個ずつ数段に輪生する。花粉は単粒でガマのように合着しない。

DATA

園芸分類	多年草
科／属名	ガマ科ガマ属
原産地	日本
花色	〇
草丈	100〜150cm
花径	10cm（花穂）
花期	6〜8月
生育環境	湿地

MEMO（観察のポイント）

北海道から九州に分布し、日当たりがよい水気の多い湿地や沼地などに生育する。ガマやヒメガマと比べてすべてが小さく、花期は最も遅い。ガマ同様に黄色い花粉は蒲黄と呼ばれ、止血剤や傷薬として用いられる。

小型のガマ。花粉は止血剤や傷薬として用いられる

ゴゼンタチバナ

御前橘

識別ポイント	大きな6枚の葉の中心に咲く花
名前の由来	発見地が白山の最高峰、御前で実の形がタチバナに似ているため
花ことば	移り気
特徴	先がとがった楕円形の葉は、花が咲く株に6枚、花が咲かない株に4枚輪生する。6枚の葉の中心から1本の花柄を直立し、白い花序をつける。花弁のように見えるものは苞で、花はその中心に20個ほど集まる。

DATA

園芸分類	多年草
科／属名	ミズキ科ゴゼンタチバナ属
原産地	日本、北アメリカ、東北アジア
花色	〇
草丈	5〜15cm
花径	約18mm
花期	6〜8月
生育環境	山野

MEMO（観察のポイント）

北海道から四国に分布し、亜高山帯の針葉樹林の林床や縁など、日陰で湿りがちなところに群落をつくる。花が終わった後に、直径5〜7mmの球形の実を数個つけ、熟すと赤くなる。エゾゴゼンタチバナなどが近縁種。

花は大きな6枚の葉の中心に咲く

コニシキソウ

小錦草

識別ポイント	葉の中央にある暗紫色の斑点
名前の由来	小型のニシキソウのため
花ことば	執着
特徴	発芽後しばらくすると茎は分岐しながら地面を這って急に広がっていく。節から根を出すこともある。赤色を帯びた茎には、縮れた白い毛が生えている。葉は長さ0.7〜1cm、幅0.2〜0.5cmの長楕円形。茎や葉を傷つけると乳液を出す。

DATA
- 園芸分類　1年草
- 科／属名　トウダイグサ科トウダイグサ属
- 原産地　北アメリカ
- 花色　●
- 草丈　10〜30cm
- 花径　4mm
- 花期　6〜9月
- 生育環境　畑地、道ばた

MEMO（観察のポイント）
明治時代に渡来した帰化植物。日本各地に分布し、人里近くの道ばたや線路、畑などに生育する。種子は水分を含むと粘り気が出る。よく似たニシキソウとは葉に斑点があることと、全体に毛が多いことで区別できる。

赤色を帯びた茎には縮れた白い毛がある

コバギボウシ

小葉擬宝珠

識別ポイント	花被内面の濃い紫色のすじ
名前の由来	葉が小型のギボウシのため
花ことば	沈静
特徴	他花受粉。つぼみの時から雌しべが長く、開花してからも雄しべと雌しべは離れている。雄しべ、雌しべ共に極端に反り返る。直立した花茎に10数個の花をつけ、下から順々に咲いていく。葉の基部は茎を抱く。

DATA
- 園芸分類　多年草
- 科／属名　ユリ科ギボウシ属
- 原産地　日本、東アジア
- 花色　●
- 草丈　30〜50cm
- 花径　4〜5cm
- 花期　7〜8月
- 生育環境　湿地

MEMO（観察のポイント）
本州から九州に分布し、湿原やその周辺に生育する。オオバギボウシと比べると花は小さめで、1枝につく花の数も少ない。花は深夜から明け方にかけて咲き、夕方にはしぼんでしまう。若芽は食べることができる。

湿原やその周辺に生育する

■夏から咲く野草・山草　　　　　　　　　　　　　　　　　　　　　　　　　　コヒルガオ・コマツナギ

コヒルガオ
小昼顔

識別ポイント	日中も咲く白っぽいラッパ状の花
名前の由来	花が小さいヒルガオで
花ことば	結ばれた約束
特徴	葉は互生し、3角状の矛（ほこ）形で先端は鋭くとがっている。葉の腋から花柄を出し、1個の花をつける。花は午前中に開いて昼の間咲き、夜には閉じる。横走する地下茎から芽を出し、つぎつぎと個体を殖やしていく。

DATA
園芸分類	多年草
科／属名	ヒルガオ科ヒルガオ属
原産地	日本、アジア東部、南部
花色	●
草丈	つる性
花径	3〜4cm
花期	6〜8月
生育環境	草地、道ばた

MEMO（観察のポイント）
本州〜九州に分布し、日当たりがよい草地や道ばたなどに生育する。繁殖力旺盛でわずか1節の茎断片からも旺盛に萌芽する。よく似たヒルガオの葉は細長く先端が丸みを帯びていることなどから区別できる。

ラッパ状のかわいい花

コマツナギ
駒繋ぎ

別名：ウマツナギ・コンゴウグサ

識別ポイント	ハギに似た花をつける草のような木
名前の由来	馬をつなげるほど丈夫な茎のため
花ことば	希望を叶える
特徴	葉のわきから円錐花序を形成し、マメ科の特徴である蝶形の花を多数咲かせる。つぼみの時は上を向いているが、咲きはじめると直角になり、受粉後は下を向く。葉は互生し、長さ0.8〜1.5cmの長楕円形の小葉を9〜11枚つける。

DATA
園芸分類	落葉小低木
科／属名	マメ科コマツナギ属
原産地	日本、中国
花色	●
草丈	60〜90cm
花径	約4mm
花期	7〜9月
生育環境	草地、道ばた

MEMO（観察のポイント）
日本全国に分布し、日当たりがよい乾いた草地や土手などに生育する。茎や根は細いが丈夫で強く、引っ張ってもなかなか抜けない。葉は夜には閉じる。豆果は長さ2.5〜3cmの円柱形で、熟すと黒くなる。

花はつぼみの時は上向き、咲きはじめると直角、受粉後は下を向く

ゴマナ
胡麻菜

識別ポイント	高く伸びる茎先にまとまる小花
名前の由来	葉がゴマに似ているため
花ことば	実り
特　　徴	地下に太い地下茎があり、直立する茎を出す。葉は長さ15～20cmの先のとがった長めの卵形で、両面に毛があり、ざらつく。花が咲く頃には根生葉は枯れる。茎先が多数の枝に分岐し、白いキクに似た花を多数つける。

DATA
園芸分類	多年草
科／属名	キク科シオン属
原産地	日本、サハリン
花　色	○
草　丈	100～150cm
花　径	1.5cm
花　期	9～10月
生育環境	山地のやや湿ったところ

MEMO（観察のポイント）
本州各地に分布し、日当たりがよい山地の草原の縁などに生育。群生することもある。揉むとゴマの香りがする若い葉は、山菜として利用される。イナカギクやシロヨメナとよく似るが、これらは葉に3本の脈があり、見分けがつく。

from Summer

茎先が多数の枝に分岐、白いキクに似た花を多数つける

コミヤマカタバミ
小深山傍食

識別ポイント	半日陰に群生する
名前の由来	小さい花のミヤマカタバミのため
花ことば	輝く心
特　　徴	長い葉柄があり、葉は倒心形の3小葉からなる。長さは1～3cmほどで、裏面や表面に毛が生える。白色の花の内側に淡紫紅色の筋が入る。花弁の基部は黄色を帯びる。果実は卵球形で、長さ3～4mm。地下茎は細長く横走する。

DATA
園芸分類	多年草
科／属名	カタバミ科カタバミ属
原産地	北半球の温帯から亜寒帯地域
花　色	○
草　丈	5～15cm
花　径	2～3cm
花　期	6～8月
生育環境	山地

MEMO（観察のポイント）
北海道～九州に分布。山地の針葉樹林下などの半日陰に生育し、群生することが多い。淡紅色の花をつける個体もある。全体的に大きく、長さ10～15mmの長い楕円形の果実をつけるものをヒョウノセンカタバミと呼ぶ。

半日陰に群生。淡紅色の花をつける個体もある

夏から咲く野草・山草

コメガヤ
米茅　　　　　　　　　　別名：スズメノコメ

識別ポイント	散在する米粒のような小穂
名前の由来	熟した小穂が白く、形と合わせて米粒そっくりに見えるため
花ことば	神の信頼
特徴	葉は細長い線形で、質はやわらかい。基部は筒形で、紫色を帯びている。茎は細く、直立する。長さ6〜8mmの小穂を10粒ほど片側につけるため、少し弓なりになる。小穂の基部には節があり、やや下向きにつく。

DATA
園芸分類	多年草
科／属名	イネ科コメガヤ属
原産地	日本、ユーラシア大陸
花色	●○
草丈	20〜50cm
花径	6〜8mm（小穂）
花期	6〜7月
生育環境	山地

MEMO（観察のポイント）
北海道から九州に分布し、山地や山すその湿った林の下などに生育する。ヨーロッパやアジアの温帯地域に広く分布している。雄しべは黄色く、雌しべの先端は白い羽のような形をしていて外に出ている。

米粒そっくりに見える熟した小穂

サギソウ
鷺草　　　　　　　　　　別名：サギラン

識別ポイント	糸状に細かく裂ける唇弁の側裂片
名前の由来	花の形が鳥のシラサギが飛ぶ姿を連想させるため
花ことば	夢でも貴方を想う
特徴	長く伸びた花茎の先端に2、3個の花をつける。大きな唇弁は3裂し、左右の縁が細かく裂けている。葉は互生し、下部のものほど大きい。長さ5〜10cm、幅3〜6mmの線形で、基部は鞘状になって茎を抱く。

DATA
園芸分類	多年草
科／属名	ラン科ミズトンボ属
原産地	日本、台湾、朝鮮半島
花色	○
草丈	20〜50cm
花径	約3cm
花期	7〜8月
生育環境	湿地

MEMO（観察のポイント）
本州から九州に分布し、日当たりがよい湿地に生育する。花の後ろに長さ3〜4cmの距があり、中に蜜が溜まる。地中に楕円形の球茎があり、細い地下匍枝を出して新しい球茎を作る。同属のダイサギソウより強く育てやすい。

花形はシラサギが飛ぶよう

サクラタデ
桜蓼

識別ポイント	大きめの5弁花
名前の由来	花の色が桜に似ていることから
花ことば	愛くるしい
特　徴	根茎は地中で長く伸び、枝を分けて殖える。茎節はやや太い。葉は披針形で長さ7～13cmで短い葉柄がある。両端はとがり、両面に短い毛がある。花穂は細長く、5弁の淡紅色の花を密につける。雄雌異株。

DATA
園芸分類	多年草
科／属名	タデ科タデ属
原産地	日本、朝鮮
花　色	●
草　丈	50～100cm
花　径	約5mm
花　期	8～10月
生育環境	水辺

MEMO（観察のポイント）
九州～四国、沖縄、本州を中心に、田のあぜ道などの湿地や水辺で見られる。日本産タデ類のなかでは花が一番大きく、一番美しいといわれている。雌花の雌しべは雄しべよりも長く、反対に雄花は雌しべよりも雄しべが長い。

花の色は桜に似ている

サジオモダカ
匙面高

識別ポイント	根茎の多数のひげと匙形の葉
名前の由来	葉がさじの形に似ていることによる
花ことば	健康
特　徴	水生植物で、根茎には短く多数のひげが生えている。葉は根茎に双生して長い柄があり、卵状楕円形か卵状長楕円形で長さ10～20cm、幅5～10cm。葉は、さじの形。枝先に径7～8mmの白い小花を多数つける。

DATA
園芸分類	多年草
科／属名	オモダカ科サジオモダカ属
原産地	中国、朝鮮半島、日本（長野、北海道）
花　色	○
草　丈	50～120cm
花　径	7～8mm
花　期	6～10月
生育環境	池、田

MEMO（観察のポイント）
日本では中北部以北や北海道の寒地の小川や池沼地に自生する。球茎は日干しして漢方薬としても使われており、沢瀉と呼ばれている。標準のオモダカは葉が矢尻形であるのに対し、サジオモダカは葉がさじ形である。葉がへら形のヘラオモダカもある。

水生植物。葉がさじの形に似ている

from Summer

225

■ 夏から咲く野草・山草

サラシナショウマ
晒菜升麻

識別ポイント	穂状の白色の花
名前の由来	若菜をゆでて水で晒して食用に供することから
花ことば	助力
特徴	葉は互生し、長い柄があり多くの複葉をつける。基部の葉は小さい。小葉は先がとがった卵形で2～3裂しており、ふちにはとがったギザギザがある。花は茎頂に長いブラシのように白色の小花を多数つけ、穂状花序を形成。

DATA
園芸分類	多年草
科／属名	キンポウゲ科サラシナショウマ属
原産地	日本
花色	○
草丈	1～1.5m
花径	20cm（花穂）
花期	8～10月
生育環境	山地

MEMO（観察のポイント）
低山帯～亜高山帯の山地、山すそなどに自生する大型の多年草。ガク片は花弁状で早く散り、白色の雄しべが残る。また、「升麻」という名のとおり、漢方としても使われる。花穂には特有の芳香がある。

ブラシのように白色の小花が穂状花序を形成

サワギキョウ
沢桔梗

茎上部についた濃紫色の多数の花

識別ポイント	茎上部についた濃紫色の多数の花と披針形の葉
名前の由来	水が多い湿地に生育することから
花ことば	高貴
特徴	茎は円柱形で高さ50～100cmになり、枝分かれしない。葉は無柄でやや幅がある船形をしており、長さ4～7cm。先は鋭く、ふちに鋭いギザギザがある。茎上部に総状花序を出し、濃紫色の花を多数つける。花柄は長さ5～12mm、花冠は長さ3cm。

DATA
園芸分類	多年草
科／属名	キキョウ科ミゾカクシ属
原産地	日本、台湾など
花色	●
草丈	50～100cm
花径	3cm
花期	8～9月
生育環境	湿地

MEMO（観察のポイント）
北海道～九州まで山野の湿地に生えている。漢名では沢に咲く桔梗という意味だが、花と葉は桔梗に似ているわけではない。花は唇形で上唇は2つに深く裂け、下唇は3つに浅く裂ける。茎は中空で、傷がつくと白い乳液を分泌する。

サワギク

沢菊　　　別名：ボロギク

識別ポイント	やわらかく白い毛をもつ茎と羽状に深く切り込まれた葉
名前の由来	キクの1種で山中の河川の支流の川畔に自生することから
花ことば	特異な才能
特　徴	茎はやわらかく、白色の毛があり直立するが、上部で枝分かれする。葉は薄くまばらに生え、羽状に深く裂ける。裂片には低いギザギザがあり、両面にまばらな毛がある。茎先には黄色の小花が7～10個ほど散状につく。

DATA

- 園芸分類　2年草
- 科／属名　キク科キオン属
- 原産地　日本
- 花　色　○（黄）
- 草　丈　60～90cm
- 花　径　1cm
- 花　期　6～8月
- 生育環境　山地

MEMO（観察のポイント）

北海道～四国、九州の山地の湿り気がある木陰に自生している。刺がないアザミのような葉の形がキオン属には見えず、特徴的。花が終わると冠毛がぼろくずのように見えることから、別名がついた。

山地の湿り気がある木陰に自生

from Summer

227

サワヒヨドリ

沢鵯

識別ポイント	披針形で対生して生える2枚の葉
名前の由来	沢などの湿地に生えており、ヒヨドリの鳴くころに咲くことから
花ことば	ためらい
特　徴	葉はやや幅がある船形で長さ6～12cm、幅1.5～3cm。ふちにふぞろいのギザギザがあり、表面は毛が多くざらついている。葉柄はなく、通常2枚の葉が対生して生える。茎上部につく花は白色または淡桃紫色で、多数が集まり散房状になる。

DATA

- 園芸分類　多年草
- 科／属名　キク科フジバカマ属
- 原産地　日本、東南アジア
- 花　色　○ または ●（淡桃紫）
- 草　丈　40～90cm
- 花　径　1～1.5mm
- 花　期　8～10月
- 生育環境　湿地

MEMO（観察のポイント）

日本全国の湿地や草原に生える。しばしばヒヨドリバナとの間に自然雑種ができ、大きく枝が伸びて葉が3つに裂けるものをミツバサワヒヨドリといい、葉が細長くなって腺点がないものをホシナシサワヒヨドリという。

夏から咲く野草・山草　　　　　　　　　　　　　　　　　　　　シキンカラマツ・シデシャジン

シキンカラマツ
紫錦唐松

識別ポイント	円錐状の紫色のガク片と黄色い葯
名前の由来	紫色のガク（花弁はない）と黄色い雄しべが紫色の錦のようだということから
花ことば	華やか
特徴	葉は互生し、3回3出複葉。小葉は広めの卵形をしており、長さは2〜3cmある。茎の上部で多数分枝し、紅紫色の花を円錐状につける。花弁はなく、ガク片が4〜5個あり、いずれも長さ約6cm。雄しべが多数あり、葯は黄色。

DATA
園芸分類	多年草
科／属名	キンポウゲ科カラマツソウ属
原産地	日本
花色	●
草丈	70〜150cm
花径	6cm
花期	7〜8月
生育環境	山地

MEMO（観察のポイント）
本州中部地方の山地に生育する。落葉樹林下や林縁などの湿ったところによく見られる。果実は長楕円形をしている。姿形はカラマツソウに似ているが、カラマツソウは白色の花をつけるため、花の色で見分けることができる。

本州中部地方の山地に生育する

シデシャジン
四手沙参

識別ポイント	花弁が後ろにそり返った独特の形
名前の由来	神社のしめ縄玉串などにつけてある白い紙、四手にたとえられたことから
花ことば	華麗
特徴	葉は互生し、上部の葉は小形で無柄、下部の葉は短い柄があり、卵形か長楕円形をしている。長さは5〜12cm。花は青紫色で花弁が後ろにそり返った独特の形をしている。一見、離弁花のように見えるが、花の基部はくっついている合弁花。

DATA
園芸分類	多年草
科／属名	キキョウ科シデシャジン属
原産地	日本、朝鮮、中国、アムール、ウスリー
花色	●
草丈	50〜100cm
花径	1cm
花期	7〜8月
生育環境	山地

MEMO（観察のポイント）
北海道〜九州の山地に自生している。花柄は短く1〜3mm。花冠は青紫色で基部から5つに深く裂け、長さは約1cm、後ろにそり返っている。シャジンという名は、同類であるツリガネニンジンの中国名からついた。

花は青紫色で花弁がそり返った独特の形

シシウド
猪独活

別名：ミヤマシシウド

識別ポイント	羽状の複葉と四方に張り出した花柄
名前の由来	ウドに似て強豪に見えることから
花ことば	健康美
特徴	茎には毛があり、太く中空。直立し、上部で分枝する。葉は羽状の複葉で、小葉は長めの卵形をしており、長さは5～10cm。花柄は四方に広く張り出しており、花火が開いたようである。花弁は5枚で外側の1枚が大きい。

DATA

園芸分類	多年草
科／属名	セリ科シシウド属
原産地	中国、日本
花色	○
草丈	1～2m
花径	3～4mm
花期	8～9月
生育環境	山地

MEMO（観察のポイント）

本州～九州に分布。山地の斜面など、やや湿った日当たりがよい場所に自生する。果実は成熟すると暗紫色を帯びる。若い茎は山菜として食用されている。形はウドに似ているが、ウドよりも大きく丈夫である。

from Summer

229

ウドに似ているが食用にはならない

花柄は四方に広く張り出し、花火が開いたよう

山地の斜面など、やや湿った日当たりがよい場所に自生

夏から咲く野草・山草

シナノナデシコ
信濃撫子　別名：ミヤマナデシコ（深山撫子）

- **識別ポイント**　4角ばった茎とふくれた節部、桃紅色の密集した花
- **名前の由来**　信濃（長野県）に多いナデシコのため
- **花ことば**　純愛、無邪気
- **特徴**　茎は4角ばっていて節部がふくれている。葉はうすく、形は線状披針形をしており長さ4〜7cm、幅3〜8mm。花は茎先に密集して散形状につく。花色は青みがかった桃紅色で、花底に紅紫色の濃い斑点がある。花弁は5枚。

DATA
- 園芸分類　多年草
- 科／属名　ナデシコ科ナデシコ属
- 原産地　日本
- 花色　●
- 草丈　20〜45cm
- 花径　1.5cm
- 花期　6〜9月
- 生育環境　山地

MEMO（観察のポイント）
本州中部の高山帯を中心に自生。カワラナデシコと同じ場所に生えていることも多い。また、タカネナデシコよりも茎がやや太く4角。葉も幅広くつやがあり、全体的にがっしりした姿をしている。

花色は青みがかった桃紅色。花底に紅紫色の濃い斑点がある

シモツケソウ
下野草　別名：クサシモツケ（草下野）

- **識別ポイント**　羽状の複葉と散房状の小花
- **名前の由来**　下野（栃木県の古名）に多く見られたことから
- **花ことば**　おだやか、努力
- **特徴**　茎は直立し、葉は羽状の複葉で5〜7裂している。小葉は先が鋭くとがっており、ふちにはギザギザがある。花は小花が多数集まり、散房状。蕾は赤い小さな玉状で、咲くと多数の長い雄しべが広がりピンクの霞がかったような色になる。

DATA
- 園芸分類　多年草
- 科／属名　バラ科シモツケソウ属
- 原産地　日本
- 花色　●○
- 草丈　30〜90cm
- 花径　4〜5mm
- 花期　6〜8月
- 生育環境　山地

MEMO（観察のポイント）
関東地方以西〜四国、九州の山地に自生する。元のシモツケ（権木）に似ているが、シモツケは葉が狭卵形〜広卵形であるため、葉の形状によって区別できる。葉が黄金色のものもあり、園芸用として販売されている。

関東地方以西〜四国、九州の山地に自生する

シャジクソウ
車軸草

識別ポイント	蝶形の花と放射状についた小葉
名前の由来	小葉が車軸に見えることから
花ことば	あどけなさ
特徴	葉は互生し、葉柄は短い。てのひら状の複葉で、小葉は長さ2～5cmのものが3～6個放射状につく。花は濃紅紫色をしており、まれに白色のものもある。蝶形の花で、葉のわきに柄を出し、10～20個が扇状の頭状花序につく。

DATA
園芸分類	多年草
科／属名	マメ科シャジクソウ属
原産地	日本、東アジア、ヨーロッパ
花色	●
草丈	20～40cm
花径	0.5～1cm
花期	6～8月
生育環境	山地

MEMO（観察のポイント）
北海道、長野県、群馬県、宮崎県などの乾いた山地の高原や海岸岩上に生育するため、見られる地域が限定されている。シロツメクサ（クローバー）等と同じ仲間。また、日本以外ではアジアの東北部やヨーロッパに分布している。

from Summer

231

小葉は車軸に見える

ジャノヒゲ
蛇の鬚　　別名：リュウノヒゲ（竜の鬚）

識別ポイント	細く長い葉と果実と思われる青い種子
名前の由来	細い葉が蛇や竜のひげにたとえられたことから
花ことば	天才的
特徴	ほふく枝を伸ばして増殖、群生することが多い。葉は長さ10～20cm、幅2～3mmの線状で、先端は丸みを帯びている。葉の間から花茎を伸ばし、その先に白色または淡紫色の花を下向きにつける。花弁は6枚。矮性品種はタマリュウと呼ばれ地被植物として栽培されている。

DATA
園芸分類	多年草
科／属名	ユリ科ジャノヒゲ属
原産地	日本、中国、朝鮮半島
花色	○ または ●
草丈	7～15cm
花径	7～8mm
花期	7～8月
生育環境	山野の道ばたなど

MEMO（観察のポイント）
北海道～九州まで、道ばたなどで生育する。果実のように見える青い種子が特徴的。ヤブランと似ているが、ヤブランの種子が成熟すると紫黒色になるのに対し、ジャノヒゲはきれいなコバルト色になる。

果実のように見える青い種子

■ 夏から咲く野草・山草 ■　　　　　　　　　　　　　　　　　　　　　　　　　　　ジュズダマ

ジュズダマ
数珠玉　　　　　別名：トウムギ（唐麦）

識別ポイント	堅くつやがあるつぼと鞘状の葉
名前の由来	つぼ（苞鞘）をつないで数珠にしたことから
花ことば	祈り
特　徴	幅が広い葉をつけ、上部の葉のわきから多数の花穂をたてる。長さ約1cmのつぼ（苞鞘）は堅くてつやがあり、その先に2〜3個の雄性小穂が垂れる。つぼは熟すと緑色から黒褐色〜灰白色へと変色する。

DATA

園芸分類	多年草
科／属名	イネ科ジュズダマ属
原産地	熱帯アジア
花　色	●
草　丈	1〜2m
花　径	6〜7mm
花　期	7〜10月
生育環境	水辺

MEMO（観察のポイント）

日本各地で見られる。もともとは、食用として稲とともに伝播された。よく似た同属のハトムギはつぼが薄く、また果実が下垂するので区別しやすい。つぼはネックレスや数珠、マラカスなどに用いられた。

上部の葉のわきから多数の花穂をたてる

鞘状の葉と堅くつやがあるつぼ

つぼは熟すと緑色から黒褐色〜灰白色へと変色

ジュンサイ
蓴菜　　　　　　　　　別名：ヌナワ

識別ポイント	楕円状楯形の葉と茎・葉の背面の寒天様粘膜
名前の由来	茎と葉が寒天様の粘膜に覆われていることから
花ことば	清浄
特徴	日本全国に見られる水草。地下茎は泥中を伸び、根をおろす。葉は楕円状楯形で、長い葉柄で水面に浮かぶ。茎と葉の背面に寒天様の粘膜を分泌する。葉の間から花茎を出し、目立たない紫紅色の花を咲かせる。

DATA
園芸分類	多年草
科／属名	スイレン科ジュンサイ属
原産地	日本、アジア、オーストラリア、西アフリカ、北アメリカ
花色	●
草丈	不明
花径	1.5～2cm
花期	5～8月
生育環境	溜め池

MEMO（観察のポイント）
全国の池の浅い水域に群生する。ジュンサイはスイレンの一種で日本人に古来より親しまれてきた。若芽・若葉は食用として重宝される。ガク片3枚、花弁3枚の小さな花がひとつ咲く。葉に切れ目はなく、裏面は赤紫色を帯びている。

池の浅い水域に群生する

シラヤマギク
白山菊

識別ポイント	ハート形の葉とまばらな舌状花
名前の由来	白い花の野菊で山路に多く見られるため
花ことば	丈夫
特徴	茎や葉には短毛があり、ざらつく。8月ごろより茎を出し生長し、高さ1～1.5mにもなる。茎の上部は枝分かれして、散房状に花をつける。花は白色の舌状花と中心部の黄色の筒状花からなるが、舌状花は数が少なくまばらにつく。

DATA
園芸分類	多年草
科／属名	キク科シオン属
原産地	日本、朝鮮半島、中国
花色	○
草丈	1～1.5m
花径	2cm弱
花期	8～10月
生育環境	山地

MEMO（観察のポイント）
北海道～四国、九州の山地に見られる。茎が赤くなるのが特徴的。下部の葉は長い柄があり、長さ10～15cm、幅5～15cmほど。ハートの形をしていて、野菊類としては珍しい。若葉は食用としても利用される。

花は白色の舌状花と中心部の黄色の筒状花からなる

ジンジソウ
人字草

別名：モミジバダイモンジソウ

識別ポイント	花の下側2枚が長い特徴的な形
名前の由来	下側の2つの花びらが長く、その様子が「人」という字に似ていることから
花ことば	不調和
特徴	根生葉は束生し、長さ5〜15cmの葉柄がある。基部はハート形。全体にまばらな毛が生えている。集散花序に多数の花をつけ、花弁は5個。白色で、上部の3個は小さく、下側の2個が大きいことが特徴。

DATA

園芸分類	多年草
科／属名	ユキノシタ科ユキノシタ属
原産地	日本
花色	○
草丈	10〜35cm
花径	2cm
花期	9〜11月
生育環境	山地の渓流沿いの岩場

MEMO（観察のポイント）

関東以西や四国、九州などの山地の岸壁に自生している。葯は橙黄色をしている。遠めにはダイモンジソウと区別がつきにくいが、近づいて見れば花弁の形がダイモンジソウは字のごとく「大」の文字をしているため、すぐに判別できる。

花の下側2枚が長い特徴的な形

スズメウリ
雀瓜

識別ポイント	白い果実と巻きつる
名前の由来	果実がカラスウリより小形のため、または果実がスズメの卵に似ていることから
花ことば	生まれ変わり
特徴	巻きつるによって、他の植物に登っていることが多い。葉は3角状卵心形でしばしば浅く3裂し、長さは3〜6cm、幅は4〜8cmほど。花は葉のわきに単生する。花径は約6mmで、深く5裂する。果実は白く熟す。

DATA

園芸分類	1年草
科／属名	ウリ科スズメウリ属
原産地	日本
花色	○
草丈	つる性
花径	6mm
花期	8〜9月
生育環境	原野、水辺

MEMO（観察のポイント）

本州〜四国、九州の川辺などに自生する。カラスウリに比べるとずっと小形で、花も小さく目立ちにくい。スズメウリは、花よりも果実の方が観賞価値は高い。果実ははじめ緑色をしており、熟してから白く変色する。

果実は白く熟す

スカシユリ

スカシユリ
透かし百合　　別名：イワトユリ（岩戸百合）・イワユリ

識別ポイント	上向きに咲く橙赤色の花
名前の由来	花びらの間に隙間があることにちなんで
花ことば	注目を浴びる
特　徴	茎は角張っており、下部に乳頭状の突起がある。葉は披針形から広めの披針形で、光沢がある。花は、日本のユリでは珍しく上向きに咲く。6枚の花被には赤褐色の斑点がある。花弁の先は少し反り返っている。

DATA
園芸分類	多年草（球根植物）
科／属名	ユリ科ユリ属
原産地	北半球の亜熱帯〜亜寒帯
花色	🟠🩷🟡
草丈	30〜80cm
花径	12〜14cm
花期	6〜8月
生育環境	海岸

MEMO（観察のポイント）
紀伊半島や新潟県以北の海岸や岩場に生育。その美しさゆえ、昔から栽培されており、現在では多くの品種が作られている。仲間のエゾスカシユリは北海道の原生花園などで見られ、つぼみや花柄に白い綿毛が生えているのが特徴。

from Summer

235

橙赤色の花は上向きに咲く

'サンシロ'

'コネチカットキング'

白花品種

夏から咲く野草・山草

スズラン
鈴蘭　　　　　別名：キミカゲソウ（君影草）

識別ポイント	長楕円形の葉と白色壺形の下向きの小花
名前の由来	花が「鈴」、葉が「蘭の葉」に似ていることから
花ことば	純潔、繊細
特徴	葉は根生葉で、長い楕円形をしている。葉質は厚い。花茎を伸ばし、葉より低い位置に白色壺形の芳香がある花を数個下向きにつける。愛らしい見かけに似つかず、アルカロイド系の毒性の強い植物でもある。果実は球形で、赤く熟す。

DATA

園芸分類	多年草
科／属名	ユリ科スズラン属
原産地	ヨーロッパ、日本、朝鮮、中国、シベリア東部
花色	○
草丈	20〜30cm
花径	1cm
花期	4〜6月
生育環境	山、高原

MEMO（観察のポイント）
北海道〜九州までの山地や高原の草地に自生している。地下茎は細く四方に伸びて株を作り繁茂する。園芸用として育てられているのは、主にドイツスズランである。より花が咲きやすく、大きく見映えがよいために日本のスズランよりも好まれている。

山地や高原の草地に自生している

スベリヒユ
滑り莧

識別ポイント	厚ぼったくへらの形をした光沢がある葉
名前の由来	ヒユの仲間で、うっかり踏むと滑るということから
花ことば	無邪気、あばれんぼう
特徴	葉は長さ1〜2.5cmのへら形で厚ぼったく、光沢がある。茎も多肉質で赤紫色を帯びており、地を這い、斜上して立ち上がる。夏に盛んに成長し、枝分かれする。枝先の葉の中心に花弁5枚の黄色い花をつける。

DATA

園芸分類	1年草
科／属名	スベリヒユ科スベリヒユ属
原産地	温帯から熱帯にかけて広く分布
花色	●
草丈	5〜30cm
花径	7〜8mm
花期	7〜9月
生育環境	道ばた、畑

MEMO（観察のポイント）
日本全国の道ばたなどに自生している。独特の形をした葉は、カネノナルキ（花月）によく似ている。果実は熟すと蓋がとれたようになり、多くの細かい種子をこぼす。茎は、古来より食用として活用されている。

葉はへらの形をして光沢がある

セリ
芹

識別ポイント	花茎の先についた白色の傘状の花
名前の由来	せり合うように新苗が出ることから
花ことば	貧しいが高潔
特徴	白く太いほふく枝を伸ばし、秋には節から新苗を立ち上げる。葉は複葉。ふちにギザギザがある卵形をしており、特有の芳香がある。花茎の先に白色の小さな花が傘状につく。葉は春の七草としても有名で、古来より食用とされている。

DATA
- 園芸分類　多年草
- 科／属名　セリ科セリ属
- 原産地　アジア
- 花色　○
- 草丈　20〜50cm
- 花径　2〜4mm
- 花期　7〜8月
- 生育環境　湿地〜きれいな流水の中

MEMO（観察のポイント）
日本全国の湿地に見られ、今日では広く栽培されている。よく似たものに「ドクゼリ（毒芹）」があるが、全体的に本種よりも大きく、セリ特有の香りを放っていない。その名のごとく、有毒なので注意したい。

from Summer

白色の傘状の花

競り合うように群生する

きれいな流水の中で生育

センニンソウ
仙人草　　別名：ウマクワズ（馬食わず）

識別ポイント	無毛の長く伸びたつるとまとまって咲く白花
名前の由来	果実につく綿毛が仙人のひげに例えられたことから
花ことば	安全、無事
特徴	つるは無毛で長く伸び、近くのものに絡みついていく。葉は3～5に分かれた複葉。花は葉のわきからのぞくように生え、4枚の花弁をもつ。まとまって白色の花をつけるため、遠目にもわかりやすい。

DATA
園芸分類	多年草
科／属名	キンポウゲ科センニンソウ属
原産地	日本、中国、朝鮮
花色	○
草丈	つる性
花径	2～3cm
花期	8～9月
生育環境	野原

MEMO（観察のポイント）
日本全国の野原で見られる。別名どおり毒性がある植物で、馬や牛は絶対に口にしないという。ボタンヅルに似ているが、センニンソウは羽状複葉なのに対し、ボタンヅルは3出複葉という違いがあり、見分け方は簡単である。

毒性がある植物で、馬や牛は絶対に口にしないという

センノウ
仙翁　　別名（属名）：リクニス

識別ポイント	4cmほどの深紅色の花
名前の由来	京都府嵯峨の仙翁寺に伝わったことから
花ことば	名誉、機転、恋のときめき
特徴	直径4cmほどの深紅色の花をつける。耐寒性、耐暑性があり、茎が強いので倒れることが少ない。土質を選ばないが日当たりがよい場所でよく育つ。

DATA
園芸分類	多年草または1年草
科／属名	ナデシコ科リクニス（シレネ）
原産地	シベリア、小アジア、中国
花色	●
草丈	60cm前後
花径	約4cm
花期	5～9月
生育環境	山地

MEMO（観察のポイント）
本州以西～九州で見られる。センノウには種類が複数あり、センノウ、フシグロセンノウ、マツモトセンノウ、アメリカセンノウ、スイセンノウ、コムギセンノウなど多数の種類が作られている。葉は先がとがったやや幅広の船形。花弁には不ぞろいの切れ込みがある。

直径4cmほどの深紅色の花

センブリ
千振

別名：トウヤク（当薬）

識別ポイント	白色に紫色の縦線の花と細長い葉
名前の由来	千回振り出し（煎じ）ても、まだ苦味が残っていることから
花ことば	義侠の愛
特徴	茎は4角で根元から数本に分かれて生えており、初夏のころには高さが10～20cmになる。茎の太さは1～2mmで、葉は細長く対生する。センブリには薬効があるとされ、日本古来より民間薬として用いられてきた。

DATA
園芸分類	2年草
科／属名	リンドウ科センブリ属
原産地	日本、朝鮮半島、中国
花色	○
草丈	10～40cm
花径	2～3cm
花期	9～10月
生育環境	湿地、山野

MEMO（観察のポイント）
日本全土に分布。日当たりがよく、やや湿り気味で水はけがよい山野に自生する。2年草のため発芽した芽がそのまま冬を越して、翌年の秋に開花する姿が見られる。全草を薬用に用い、花、葉、茎、根はすべて噛むと苦い。

古来より民間薬として用いられてきた

ソナレムグラ
磯馴れ葎

識別ポイント	海岸線の岩場に咲く白い花
名前の由来	ヤエムグラと同じアカネ科で海岸に咲く（磯馴れ）ことから
花ことば	小さな嘆き、誓い
特徴	葉は対生し、海浜植物らしく多肉質。光沢があり、狭倒卵形で先が少しとがっている。長さ1～2cmの肉厚の葉のわきに、径4mmほどの小さな花を咲かせる。花弁は4枚。花が咲く直前のつぼみは、ピンクを帯びていてかわいらしい。

DATA
園芸分類	多年草
科／属名	アカネ科フタバムグラ属
原産地	日本、台湾、朝鮮半島、中国、インド、フィリピン
花色	○
草丈	5～30cm
花径	約4mm
花期	8～10月
生育環境	海岸の岩地

MEMO（観察のポイント）
関東（千葉県）以南の本州～沖縄で見られ、海岸の岩の割れ目、隙間などを埋めるようにして生えている。磯馴れ葎という和名が表しているように、強い潮風を受ける海岸の岩上で花を咲かせていることが多い。

葉は対生し、海浜植物らしく多肉質

夏から咲く野草・山草　　　　　　　　　　　　　　　　　　　　　　　ソバナ・ダイコンソウ

ソバナ
岨菜・蕎麦菜

識別ポイント	釣鐘状の垂れ下がって咲く青い花
名前の由来	若葉が食用にされたことから
花ことば	慈しむ心、優しさ
特徴	花は茎頂のまばらな円錐花序につき、垂れ下がる。先端が広がった鐘形。裂片はやや反り返り、披針形もしくは円形である。葉は互生し長い柄があり、卵形でやや薄くやわらかい。傷つけると白い乳汁がにじみ出る。

DATA
園芸分類	多年草
科／属名	キキョウ科ツリガネニンジン属
原産地	日本、朝鮮半島、中国
花色	●
草丈	70～100cm
花径	2～3cm
花期	7～8月
生育環境	山地の半日陰

MEMO（観察のポイント）
小さな釣鐘形の青紫の花がひとつずつ独立してつく。ツリガネニンジンに似ているが、柱頭が花冠より突き出ないことなどで区別できる。茎は普通無毛だが、まれに長い毛があるものもある。キキョウと同じように解毒作用がある。

青い花は釣鐘状に垂れ下がって咲く

ダイコンソウ
大根草　　　　　　　　　　別名：ドクバナ

山野や道ばたなどに普通に見られる多年草

識別ポイント	茎全体の粗い毛とやや小さな黄色い花
名前の由来	根から生える根生葉がダイコンの葉に似ていることから
花ことば	小さな恋、前途洋々
特徴	茎は直立して50cm前後になり、全体に毛が少しつく。葉はダイコンの葉によく似ていて茎の上部の葉は心臓形である。花は黄色でやや小さめの5弁花をつける。全国の山野や道ばたなどで普通に見られる多年草である。

DATA
園芸分類	多年草
科／属名	バラ科ダイコンソウ属
原産地	日本、朝鮮半島、中国
花色	○
草丈	50cm
花径	2cm
花期	7～8月
生育環境	草地の日陰

MEMO（観察のポイント）
生息地帯が広く、北海道～九州まで、また朝鮮半島、中国などにも分布している。雄しべの花柱に腺毛があり、先がかぎ状になっているため、花期が終わると、花柱が5～6mmになり、衣類や動物につきやすい。

タイトゴメ
大唐米

識別ポイント	多肉質の葉は円柱形で茎に密生
名前の由来	葉の形が外米の大唐米に似ていたため
花ことば	未練
特徴	葉は先が丸い卵形の円柱状で長さは3～7mm、幅は2～3mm程度の小葉。茎は多肉質で地面を分岐して這う。側枝の先に3～10個まとめて花をつける。花は黄色で側枝だけにつき、主茎にはつかない。開花直前の萼も黄色である。

DATA
園芸分類	多年草
科／属名	ベンケイソウ科キリンソウ属
原産地	日本
花色	○
草丈	5～7cm
花径	10～11mm
花期	5～7月
生育環境	海岸

MEMO（観察のポイント）
関東地方以西～四国、九州、南西諸島に分布。主に日当たりがよい岩場に生育するが、まれに近くの砂地などにも生育することがある。側枝だけに花をつけるため、主茎に花をつけるメノマンネングサと区別ができる。

from Summer

241

主に日当たりがよい岩場に生育

ダイモンジソウ
大文字草　　別名：イワブキ

識別ポイント	枝先に多数の小花がまとまって円錐状につく
名前の由来	花の形が漢字の「大」に似ていることによる
花ことば	不調和、自由
特徴	葉は根元から出る根性葉で楕円形をしており、長い柄がある。ふちにはギザギザがあり、カエデ状に浅く裂けている。長さは3～10cm、幅4～15cm。花弁は5枚で、上の3枚は短く下の2枚は細長いため「大」の文字に見える。

DATA
園芸分類	多年草
科／属名	ユキノシタ科ユキノシタ属
原産地	日本、朝鮮半島、サハリン
花色	○●
草丈	5～40cm
花径	1～3cm
花期	7～10月
生育環境	山地の湿地、湿った岩壁など

MEMO（観察のポイント）
北海道～四国、九州に分布し、山地や亜高山帯の湿った岩上や渓流沿いに生育。ユキノシタによく似ているが、花弁の特徴で見分けることができる。また、花弁の上の3枚がほとんどないものがジンジソウである。

湿り気がある岩の上や石垣などに生える

■ 夏から咲く野草・山草 ■

タカトウダイ
高燈台
別名：イブキタイゲキ

識別ポイント	茎先に輪生した5枚の葉から枝が5本逆傘状に伸びる
名前の由来	形が高い燭台に似ていることから
花ことば	ひかえめ、地味
特徴	節についた葉は披針形で細長いが、上葉は丸みがある。葉にはギザギザがあり白い主脈が見え、秋には紅葉する。花は枝の先、杯状に小さな花をつける。葉や茎を切ると出てくる白い液には毒性があり、誤食すると中毒症状があらわれる。

DATA
園芸分類	多年草
科／属名	トウダイグサ科トウダイグサ属
原産地	日本、朝鮮半島、中国
花色	◯
草丈	50〜80cm
花径	3〜4mm
花期	6〜8月
生育環境	山地

MEMO（観察のポイント）
本州〜四国、九州に分布し、山野の草地や丘陵地に生育。草丈が高く生長し、トウダイグサ類のなかでも丈が高いことからタカトウダイの名前になった。本種の仲間にはナツトウダイやトウダイグサがあるが、やや小型である。

花はつぼ形

タチフウロ
立ち風露

識別ポイント	葉が掌状に裂け、裏表とも毛が多い
名前の由来	茎が立つフウロソウという意味から
花ことば	上機嫌
特徴	葉は基部近くまで5つに裂け、裂片は幅が狭く葉脈上に多く毛が生えている。夏には細長い2本の花柄にひとつずつ花を咲かせる。花は数本の色の濃い脈があり、脈はほぼ枝が分かれない。花弁の基部には白い毛が密集している。

DATA
園芸分類	多年草
科／属名	フウロソウ科フウロソウ属
原産地	日本、朝鮮半島、中国
花色	◯
草丈	50〜80cm
花径	2.5〜3cm
花期	7〜9月
生育環境	山地

MEMO（観察のポイント）
本州〜四国、九州に分布し、山地や低山、草原などの日当たりがよい場所に生育。花にある脈は濃い色で目立つ。その名のとおりに茎が立っているため、ハクサンフウロや他のフウロソウの仲間と区別ができる。

山地や低山、草原などの日当たりがよい場所に生育

タケニグサ

竹似草

別名：チャンパギク（チャンパ菊）

識別ポイント	茎は長く伸び、人の丈くらいまで伸びる
名前の由来	茎がまっすぐで中空、竹に似ているという意味から
花ことば	素直
特徴	まっすぐに伸びる茎は中空で、茎や葉の裏が粉白色を帯びているため全体が白く見える。花は小花が多数集まって咲き、大きな円錐状になる。葉は長さ20〜40cmほどの円心形でふちが裂け、互生している。

DATA

園芸分類	多年草
科／属名	ケシ科タケニグサ属
原産地	日本、中国
花色	○
草丈	1〜2m
花径	3〜4mm
花期	7〜8月
生育環境	山野

MEMO（観察のポイント）

本州〜四国、九州に分布し、丘陵地や荒れ地などに生育。花弁がなく多数の雄しべが花弁のように見え、約1cmのガク片があるが、開花後すぐ落ちる。ガク片はケシ科共通の2個のみ。茎を折ると出てくる乳液は有害である。

from Summer

243

花は小花が多数集まって大きな円錐状になる

丘陵地や荒れ地などに生育

茎を折ると出てくる乳液は有害

夏から咲く野草・山草　　　　　　　　　　　　　　　　　　　　　　　　　　　　タヌキマメ・タヌキモ

タヌキマメ
狸豆

識別ポイント	ガクに褐色の毛が密生している
名前の由来	花の正面の形がタヌキに似て、豆果に茶色い毛が生えていることによる
花ことば	愛敬
特徴	葉は互生し、細長い披針形でふちにギザギザがあり、裏には光沢がある毛がびっしりと生えている。夏に直立した茎の先に穂が出て青紫色の蝶形の花を多数つける。花が終わると褐色の毛が密生したガクが大きくなり、豆果をすっぽりと包む。

DATA
園芸分類	1年草
科／属名	マメ科タヌキマメ属
原産地	日本、熱帯アジア
花色	●
草丈	20～70cm
花径	10～15mm
花期	7～9月
生育環境	野原

MEMO（観察のポイント）
本州東北地方以西～沖縄に分布。日当たりがよい、やや湿った草地やまれに道ばたに生育している。また本種のような細い葉はマメ科の植物には珍しい。現在では生育地の減少などにより、絶滅が危惧されている。

絶滅が危惧されている植物の1種

タヌキモ
狸藻

識別ポイント	水上に黄色の花を咲かせる水生植物
名前の由来	草の姿がタヌキの尾に似ていることから
花ことば	無関心
特徴	水中にたくさんの裂片した葉があり、いたるところに捕虫器官を有し、遊泳する微生物などを捕食して栄養分としている食虫植物。夏には水上に伸ばした茎に黄色い花をつける。果実はできず、球形の芽が水中に沈み、越冬する。

DATA
園芸分類	多年草
科／属名	タヌキモ科タヌキモ属
原産地	日本、中国東北部
花色	●
草丈	10～20cm
花径	1～1.5cm
花期	7～9月
生育環境	池沼

MEMO（観察のポイント）
北海道～四国、九州に分布し、池や沼、水田に浮いて生育する。根はない。イヌタヌキモとよく似ているが、本種の殖芽が黄緑色で卵形なのに対し、イヌタヌキモは茶褐色で紡錘形の殖芽をもつことで見分けることができる。

水上に咲いた黄色の花

タマガワホトトギス

玉川杜鵑草　　別名：キバナホトトギス

識別ポイント	花は内側に紫褐色の小さな斑点を敷く
名前の由来	ヤマブキの名所、京都府井出の玉川の名を借りたことによる
花ことば	永遠にあなたのもの
特　徴	葉の長さは8～18cm。広い楕円形で先はとがり、基部に茎を抱いている。茎の先や上部の葉のわきに黄色で上向きの花を2～3個散状につけ、花には小さな斑点が目立つ。基部は大きくふくらんでいて、ガク片は内側の花弁より幅が広い。

DATA

園芸分類	多年草
科／属名	ユリ科ホトトギス属
原産地	日本
花色	●
草丈	40～80cm
花径	2.5～3cm
花期	7～9月
生育環境	山地

MEMO（観察のポイント）

北海道～四国、九州に分布し、谷間の湿った土地や暗い林の影などを好んで生育。他のホトトギスに比べて高所に生えて、花もくずれにくい。また、黄色のホトトギスで唯一東北地方にも分布している。

小さな斑点が目立つ花

ダンドボロギク

段戸襤褸菊　　別名：オオボロギク（大襤褸菊）

識別ポイント	上部は分枝して筒状の花をつける
名前の由来	愛知県の段戸山ではじめて発見されたことによる
花ことば	強いこころ
特　徴	ふちに不揃いなギザギザがある葉はやわらかく、線状で先がとがったやや幅のある船形。上部の葉は茎を抱き、茎の上部が枝分かれして上向きに筒状の花をつける。冠毛は種子から離れてしまいやすく、飛び散ったり茎にまとわりついたりする。

DATA

園芸分類	1年草
科／属名	キク科タケダグサ属
原産地	北アメリカ
花色	●○
草丈	50～150cm
花径	2～3cm
花期	9～10月
生育環境	山地

MEMO（観察のポイント）

日本各地に分布し、山林の伐採地区や荒れ地、道ばたにもよく生育。もともとは北アメリカ原産の帰化植物で最初に発見されたのは1933年。種子で繁殖する1年草で、葉茎が軟弱。若い葉はゆでれば食用にもなる。

山林の伐採地区や荒れ地、道ばたにもよく生育

■ 夏から咲く野草・山草 ■　　　　　　　　　　　　　チカラシバ・チダケサシ

チカラシバ

力芝　　　　　　　別名：ミチシバ（道芝）

識別ポイント　円柱状の長い茎の先にブラシ状の穂がつく
名前の由来　根が強くはって簡単に引き抜けないことによる
花ことば　信念
特徴　葉は濃い緑色の細長い線形で硬くなめらか。葉の間から真っ直ぐに茎が伸び、先にブラシ状の穂をつける。小穂は密生して開き、やがて紫色の毛に変化する。種と地下茎で繁殖し、地上茎が広がり群がって生育する特徴がある。

DATA
園芸分類　多年草
科／属名　イネ科チカラシバ属
原産地　日本、東南アジア、インドネシア
花　色　●
草　丈　30～80cm
花　径　2～3cm
花　期　8～11月
生育環境　草地

MEMO （観察のポイント）
日本各地に分布。日当たりがよい草地をはじめ、道ばたや堤防、荒れ地などに生育。根はたいへんしなやかで粘りがあり力強く張っているため、力を入れても引き抜くことが困難。また、踏みつけにも大変強い。秋に目立つ植物。

葉は濃い緑色の細長い線形

チダケサシ

乳茸刺

識別ポイント　薄いピンクの花を円錐状につける
名前の由来　チダケというきのこを茎に差して持ち帰ったことによる
花ことば　まっすぐな性格
特徴　葉は複葉で2～3回羽状に分かれ、小葉は卵形で1～4cmほど。ふちにぎざぎざがあり、両面に毛が散在している。茎の上部に円錐花序を出し、淡紅色あるいは白色の花をたくさん密集させる。

DATA
園芸分類　多年草
科／属名　ユキノシタ科チダケサシ属
原産地　日本
花　色　●○
草　丈　40cm～60cm
花　径　3～5mm
花　期　6～8月
生育環境　山地

MEMO （観察のポイント）
本州～四国、九州に分布。山野の湿った土地を好み、耐寒性があり半日陰の場所でも生育する。園芸種で人気があるアスチルベによく似ているが、アスチルベは本種とアワモリショウマなどを交雑して作られた園芸品種である。

白色の花　　淡紅色の花

チドメグサ
血止草

識別ポイント	光沢があるてのひら状の小さな葉
名前の由来	傷に葉を貼って軽い出血を止めたことによる
花ことば	正義
特徴	分枝した枝は細く、節から根を出しながら地面を這い、立ち上がらない。葉は円形でてのひら状に浅い切れ込みがあり、径1〜2cm。表面は光沢があり、つやつやしている。花茎は葉柄より短く葉のわきから伸び、小さな花をまとめてつける。

DATA
園芸分類	多年草
科／属名	セリ科チドメグサ属
原産地	日本
花色	○
草丈	5〜15cm
花径	2〜3mm
花期	6〜10月
生育環境	道端、庭先

MEMO（観察のポイント）
本州〜沖縄に分布し、庭先や湿った木陰、道ばたにもよく生育する。関東より暖かい地方では冬にも枯れずに常緑で光沢もそのまま保つ。名前の由来である止血のほかに、利尿や解熱にも効果があるとして民間療法に用いられた。

庭先や湿った木陰、道ばたにもよく生育する

チョウセンアサガオ
朝鮮朝顔　　別名：キチガイナスビ

識別ポイント	美しい大型の花が咲くが有毒
名前の由来	チョウセンは「外来」の意か、アサガオはラッパ状の花を表す
花ことば	いつわりの魅力
特徴	葉は長さ8〜15cm、青緑色で両面とも無毛。茎はよく枝分かれし直立して伸びる。夏に咲く大きな花はロート形で、夕方ごろ開花し翌朝8時ごろにはしぼんでしまう。果実は約25mmの球形で、まばらに刺がある。

DATA
園芸分類	1年草
科／属名	ナス科チョウセンアサガオ属
原産地	熱帯アジア
花色	○
草丈	約100cm
花径	10〜13cm
花期	8〜9月
生育環境	庭地、荒れ地

MEMO（観察のポイント）
日本各地に分布。草地、空き地などに自生するほか、栽培もされる。有毒成分アルカロイドを含む植物で、誤食すると中毒症状が出るため注意が必要。江戸時代に華岡清洲が麻酔薬に用いたことは有名。

夕方開花し翌朝8時ごろにはしぼんでしまう

夏から咲く野草・山草

ツチアケビ
土通草　　別名：ヤマノカミノシャクジョウ

- **識別ポイント**　多肉質で鮮やかな赤い楕円形の果実
- **名前の由来**　果実がアケビの実に似ていることから
- **花ことば**　堂々
- **特徴**　褐色で細かい毛が生えている地下茎は太く多肉質。地上に伸びた茎は枝分かれして2cmほどの大きさの花をたくさん咲かせる。花が終わると花軸の上部に、楕円形で多肉質の赤い果実が垂れ下がって実る。大きさは約10cm。

DATA
- 園芸分類　腐生植物
- 科／属名　ラン科ツチアケビ属
- 原産地　日本
- 花色　●（黄）
- 草丈　50〜100cm
- 花径　1.5〜2cm
- 花期　6〜7月
- 生育環境　山地

MEMO（観察のポイント）
北海道南部〜四国、九州に分布し、山林の腐葉層の豊富な場所に自生する。腐生植物のため葉緑素がなく、地上部は無葉で花房のみがある。果実は薬として効能があるとされ、民間療法に用いられることもある。

果実はアケビの実に似ている

ツマトリソウ
褄取草

- **識別ポイント**　花冠が6〜8に裂けた白い花
- **名前の由来**　花の先が薄い紅色をして端取りをしているようなことから
- **花ことば**　純真
- **特徴**　茎の下部の小さな葉は互生し、上部の葉は披針形かやや楕円形をしていて輪生状につく。上部の葉腋から花柄が出て、上向きに白い花をひとつずつつける。花冠は通常7つに裂け、雄しべも同数になる。時折6つや8つに裂ける個体もある。

DATA
- 園芸分類　多年草
- 科／属名　サクラソウ科ツマトリソウ属
- 原産地　日本、カラフト、シベリア、北アメリカ
- 花色　○
- 草丈　5〜20cm
- 花径　10〜15mm
- 花期　6〜7月
- 生育環境　山地

MEMO（観察のポイント）
北海道〜四国に分布し、山地の林内などに生育する。花は通常白で、先が薄紅色に染まる個体は珍しい。よく似たコツマトリソウという仲間があるが、本種よりも小さく、葉の形が丸みを帯び、湿原に生育することから見分けることができる。

山地の林内などに生育する

ツユクサ

露草

別名：アオバナ（青花）・ボウシバナ（帽子花）・ツキクサ（着草）・トンボソウ

識別ポイント	苞葉の間から花弁が突き出た鮮やかな青い花
名前の由来	露のついた草という意味から
花ことば	恋の心変わり
特徴	上部が斜めに立ち上がった茎は、地面を這って分枝しながら増殖する。葉は卵状の披針形で互生する。花は帽子形に折れた苞葉の間から、ひとつずつ突き出て咲く。上の2枚の花弁は鮮やかな青色で、下の1枚は白色で小さい。

DATA

園芸分類	1年草
科／属名	ツユクサ科ツユクサ属
原産地	日本、朝鮮半島、中国、カラフト、ウスリー
花色	●
草丈	20～50cm
花径	1.5～2cm
花期	6～9月
生育環境	野原

MEMO（観察のポイント）
日本全国に分布し、野原や湿った道ばたなどに自生する。雄しべは人の字形が3つと、葯が細い米粒状のものが2つの2種類あり特徴的。早朝に開花して午後にはしぼんでしまうため、観察できる時間が限られている。

野原や湿った道ばたなどに自生する鮮やかな青い花

ツリフネソウ

釣舟草

別名：ムラサキツリフネ（紫釣舟）

識別ポイント	花は距が後方に長く突き出している
名前の由来	花の形が帆をかけた舟に似ていたことから
花ことば	安楽
特徴	やや赤い茎は無毛で節がふくらみ、多汁質でやわらかい。葉はギザギザしたひし形をしている。茎先の葉の下の陰に花柄が出て、そこから花が垂れ下がる。花弁は3枚で上は1枚、下の2枚は左右に広がる。突き出た距はうずまき状になる。

DATA

園芸分類	1年草
科／属名	ツリフネソウ科ツリフネソウ属
原産地	日本、朝鮮半島、中国
花色	●
草丈	30～80cm
花径	2.5～3cm
花期	7～8月
生育環境	山地

MEMO（観察のポイント）
北海道～四国、九州に分布し、山地の水辺の湿った場所を好んで生育する。熟した果実は仲間のホウセンカと同じく、接触などの刺激で種子をはじき飛ばす。全草が有毒な植物のため、誤食すると中毒症状が出る。

全草が有毒な植物で注意が必要

夏から咲く野草・山草　　ツルニンジン・ツルボ

ツルニンジン

蔓人参　　　　　別名：ジイソブ（爺ソブ）

識別ポイント　ふっくらした鐘形の花が下向きにつく

名前の由来　ツルがあり根がチョウセンニンジンに似ていることによる

花ことば　執着

特徴　つる性で他の植物によく絡みつく。先のとがった葉は卵形で裏面は粉白色を帯びやわらかく、互生するが枝の先では3～4枚輪生している。鐘形に咲く花は枝先に下向きにつき、外側は白緑色で内側には紫褐色の斑点が入っている。

DATA
園芸分類	多年草
科／属名	キキョウ科ツルニンジン属
原産地	日本、朝鮮半島、中国、ウスリー、アムール
花色	○
草丈	つる性
花径	3.5～4cm
花期	7～9月
生育環境	山野

MEMO（観察のポイント）
北海道～四国、九州に分布し、山地の明るい林や原野に生育。つるは切ると白い乳液が出てきてとても臭い。別名のジイソブは、花の内側の斑点を爺さんのソバカスに見たてたことによる。ソブは長野県木曽の方言でそばかすの意味。

花はふっくらした鐘形で下向きにつく

ツルボ

蔓穂　　　　　別名：スルボ・サンダイガサ（参内傘）

識別ポイント　ツクシのような穂状に花を咲かせる

名前の由来　不明。別名の参内傘は宮中に参内しに行く時にさした傘をたたんだ形に見たてたことによる

花ことば　あなたの死を悼む

特徴　葉は細長い線形をしており長さは15～25cm、幅が4～6mmで厚みがありやわらかい。葉の間からまっすぐに高く伸びる花茎に小花が密生し、穂のようになる。地下の鱗茎は2cmほどの卵球形でやわらかく、食用にもなる。

DATA
園芸分類	多年草
科／属名	ユリ科ツルボ属
原産地	日本、朝鮮半島、中国
花色	●
草丈	20～40cm
花径	2～3mm
花期	8～9月
生育環境	山野

MEMO（観察のポイント）
日本全国に分布。山のほか、日当たりがよい土手などでもよく生育しているのがみられる。密生している小さな花は花弁とガク片いずれも3枚ずつで、花が終わると袋果が多数できあがり、中には黒い種子が入っている。

花が終わると袋果が多数でき、中には黒い種子が入る

ツルリンドウ
蔓竜胆

識別ポイント	対性の葉のわきに筒状鐘形の花をつける
名前の由来	つる性のリンドウという意味による
花ことば	情愛
特　徴	つる状になった茎は細く、地表を這ったり他の植物に絡みつき伸びてゆくが、高いところまで巻き上がることはない。先がとがった楕円形の葉は対生で基部が心形。花は葉のわきから通常ひとつずつ咲き、花弁の中で赤い果実がなる。

DATA
園芸分類	多年草
科／属名	リンドウ科ツルリンドウ属
原産地	日本、カラフト、朝鮮半島、中国
花　色	●
草　丈	つる性
花　径	1.5〜2cm
花　期	8〜10月
生育環境	山地

MEMO（観察のポイント）
北海道〜四国、九州に分布し、山地の木陰や湿原周辺の雑木林などでひっそりと生育する。筒状鐘形の花は花弁の先端が5裂していて、花が終わった後に突き出すように顔をみせる赤い実も、たいへん奇麗である。

花後の赤い実もたいへん奇麗

ドイツスズラン
独逸鈴蘭

識別ポイント	白色の鐘形の花が花序につく
名前の由来	ヨーロッパから来た鈴蘭をドイツ産だと思いこんだことによる
花ことば	純潔、繊細
特　徴	葉は卵状の楕円形で長さ12〜20cm、幅3〜7cmの2枚ずつ1組になって伸び、中央から花茎が伸び、葉と同じ高さに花がつく。花は鐘形で長さ5〜10cmの花序につき、花弁は反り返っている。

DATA
園芸分類	多年草
科／属名	ユリ科スズラン属
原産地	ヨーロッパ
花　色	○
草　丈	15〜20cm
花　径	1〜1.5cm
花　期	4〜6月
生育環境	山地

MEMO（観察のポイント）
日本全国に分布。園芸店で扱われている品種であり、在来種のスズランに比べて育てやすく強健。見分け方は、本種の方が花が大ぶりで香り高く、葉のつやがよいこと。在来種は花が葉の陰に隠れて咲くため見分けやすい。

花序につく白色の鐘形の花

夏から咲く野草・山草　　　　　　　　　　　　　　　　　　　　　　　　　　トウオオバコ・トコロ

トウオオバコ
唐大葉子

識別ポイント	長い花茎が直立しさらにその上に長い花穂がつく
名前の由来	唐から来たオオバコと思われたことによるが実際原産地は不明
花ことば	正直者
特徴	卵形の大きな根生葉の幅は5cm～18cm、長さは50cmを超えることもあり反り返って立っている。葉の間から伸びた花茎の先につく花穂は固く、長さが30～40cmになることもある。雌しべが熟した後に雄しべが飛び出し、花粉を飛散させる。

DATA
園芸分類	多年草
科／属名	オオバコ科オオバコ属
原産地	不明
花色	○
草丈	40～80cm
花径	1～3mm
花期	7～8月
生育環境	海岸

MEMO（観察のポイント）
本州～四国、九州に分布し、日当たりがよい海岸に生育する。非常に大型のオオバコで、花茎はオオバコに比べるとあきらかに長い。ほとんどの個体が群生せずに単独で生えている。鑑賞用として園芸品種もある。

非常に大型のオオバコ

トコロ
野老　　別名：オニドコロ（鬼野老）

識別ポイント	葉は円心形か3角状心形をしている
名前の由来	根茎にあるひげ根を老人の髭にたとえたことによる
花ことば	威厳
特徴	根茎は太く多肉質で、ひげ根がある。葉は互生で長さは5～12cmの円心形もしくは3角状心形。葉のわきに淡黄緑色の花弁が6枚ある花がつく。つる性のため、近くにある植物や低木などに絡まって伸びる性質がある。

DATA
園芸分類	多年草
科／属名	ヤマノイモ科ヤマノイモ属
原産地	日本
花色	○
草丈	つる性
花径	約5mm
花期	7～8月
生育環境	山野

MEMO（観察のポイント）
日本全国に分布し、山野のやぶの陰や草地、河岸などに生育する。古代ではヤマノイモの仲間として根茎を食用にしていた説がある。苦みが強いため今では食用にしないが、風邪に効くなどの薬効があるとされている。

葉のわきに淡黄緑色花がつく

ドクゼリ

毒芹　　　別名：オオゼリ（大芹）

識別ポイント	セリより大型で地下茎は小型の筍状をしている
名前の由来	セリに似ているが有毒な植物という理由による
花ことば	嫉妬
特徴	茎は空洞で直立して伸び、上部で枝分かれをする。葉は羽状複葉。小葉の形は細長い楕円形で先のとがった披針形をしており、ふちにギザギザがある。伸びた花茎の先端には球状に白色の小花が咲く。全草が有毒で、誤食すると中毒死することもある。

DATA
園芸分類	多年草
科／属名	セリ科ドクゼリ属
原産地	日本、朝鮮半島、中国
花色	○
草丈	90〜100cm
花径	3〜5mm
花期	6〜8月
生育環境	湿地

MEMO（観察のポイント）
北海道〜四国、九州に分布し、湿地や沼地など湿ったところを好んで生育する。食用のセリに大変似ているが有毒なため注意が必要。見分け方は、セリは本種とは違い根の形状が紐状であり、大きさもはるかに小さい。

伸びた花茎の先端に球状の白い小花が咲く。全草が有毒

ドクダミ

蕺草　　　別名：ジュウヤク（十薬）

識別ポイント	花弁に見える苞葉（ほうよう）の上にたくさんの花が咲く
名前の由来	薬効に優れ、毒を矯めるとの意味から
花ことば	白い追憶
特徴	円柱状の地下茎があり、横に伸びてよく繁殖する。茎は無毛で赤味をおびていて、緑色の葉はやわらかだが、もむと独特の臭気がある。花は花茎の上のほうで穂状につく。花穂の下に白色で4枚に開いているものは、花ではなく苞である。

DATA
園芸分類	多年草
科／属名	ドクダミ科ドクダミ属
原産地	日本、東アジア
花色	○
草丈	20〜30cm
花径	2〜3cm
花期	5〜7月
生育環境	陰地

MEMO（観察のポイント）
北海道南部〜四国に分布。陰地や湿地を好み、自生している。花は咲かせるが有性生殖は行なわず種子を形成する。本種にはさまざまな薬効があるとして、茶にしたり湿布にしたりと多用途で、主に民間療法に使われている。

花穂の下に白色で4枚に開いているものは苞

夏から咲く野草・山草　　　　　　　　　　　　　　　　　　　　　　　　トチバニンジン・トリアシショウマ

トチバニンジン

栃葉人参　　別名：チクセツニンジン（竹節人参）

識別ポイント	根茎が肥大し、結節がある
名前の由来	葉がトチノキに似ていることから
花ことば	実直
特徴	竹の節のような硬い結節がある根茎が地中を横走り、1年ごとに1節殖えていく。地上茎は単一で垂直に伸び無毛。てのひら状複葉の葉は5〜7枚の小葉からなり、披針形でふちがギザギザになっている。先端に球状の散形花序を形成する。

DATA

園芸分類	多年草
科／属名	ウコギ科トチバニンジン属
原産地	日本、中国、朝鮮半島
花色	○（緑）
草丈	20〜30cm
花径	2.5〜3cm
花期	7〜8月
生育環境	山野

MEMO（観察のポイント）

北海道南部〜四国、九州に分布し、山地の樹陰や山林を好んで自生している。地上部はチョウセンニンジンによく似ている。果実は赤く熟し、ときおり先端に黒い斑点がでる個体もある。根茎は薬効があり民間療法に用いられる。

先端に球状の散形花序を形成

トリアシショウマ

鳥足升麻

識別ポイント	雄しべの花糸も花弁も白いため、花序全体が真っ白に見える
名前の由来	まっすぐな茎を鳥の足に例え、葉がショウマに似ていることから
花ことば	可憐なこころ
特徴	地下に塊茎があり3回3出の複葉を出し、小葉は卵形で先端は尾状にとがっていて基部が心形で、ふちにギザギザがある。円錐状の花序の枝は12〜25cm程で枝分かれする。花は白く、花弁は先端が丸いしゃもじ形。ガク片は小さく、披針形をしている。

DATA

園芸分類	多年草
科／属名	ユキノシタ科チダケサシ属
原産地	日本
花色	○
草丈	30〜60cm
花径	4〜6mm
花期	6〜7月
生育環境	山地

MEMO（観察のポイント）

北海道〜本州の中部以北に分布。山間部の半日陰の場所や林縁、草原などに自生する。若芽は山菜として食用になる。よく似たアカショウマとの見分け方は、本種は小葉の基部が心形であることから区別がつく。

側枝はよく分枝する

ナガバノコウヤボウキ
長葉の高野箒

- **識別ポイント** 前年枝の束生する葉の中央に花がつく
- **名前の由来** 葉が長いコウヤボウキという意味から
- **花ことば** 真心
- **特　徴** 本年枝の葉が卵形で互生をするのに対し、2年枝の葉は長楕円形をしていて束生。両面とも無毛で葉の縁には細かいギザギザがある。2年枝の束生した葉の中央から、白い筒状花が10数個集まった頭花がひとつずつつく。

DATA
園芸分類	落葉小低木
科／属名	キク科コウヤボウキ属
原産地	日本、中国
花色	○
草丈	50〜100cm
花径	約15mm
花期	8〜9月
生育環境	山地

MEMO（観察のポイント）
宮城県以南〜四国、九州に分布し、山地の乾燥した土地を好んで生育する。コウヤボウキと似ているが、花が枝の先端に咲く点が本種とは異なる。本種のほうが枝や葉に毛がなく、花が小さめで葉が厚いことなどからも見分けることができる。

花は束生した葉の中央につく

ナツエビネ
夏海老根

- **識別ポイント** 花に距がなく唇弁は3裂している
- **名前の由来** 偽球茎の形がエビに似ていて、夏に花が咲くから
- **花ことば** 誠実
- **特　徴** やや太く長い披針形の葉が数枚束生している。葉は無毛かもしくは裏側に短毛がわずかに生えていて表面に光沢はない。夏に葉の間から花茎を伸ばし、8〜15個花をつけたまばらな総状花序を形成する。花色は淡紅紫色で可憐。

DATA
園芸分類	多年草
科／属名	ラン科エビネ属
原産地	日本、朝鮮半島、中国
花色	●
草丈	30〜40cm
花径	2〜3cm
花期	7〜8月
生育環境	山地

MEMO（観察のポイント）
本州〜九州に分布し、高い山や湿り気がある落葉広葉樹林や林下などを好む。かつては比較的人里近くや朽木などにもたくさん生育していた。仲間にはエビネや黄色い花をつけるキエビネなどがある。

可憐な淡紅紫色の花

ナツズイセン
夏水仙

識別ポイント	ラッパ状の花は花弁がそり返っている
名前の由来	夏に咲くスイセンの仲間という意味から
花ことば	くつろぎ
特徴	春に幅2～3cm、長さ30～50cmの広い線形の葉を伸ばす。葉はスイセンに似ていて粉白を帯びている。夏になると葉が枯れてしまい、花茎を伸ばしラッパ状の花を複数つける。淡紅紫色の花弁がそり返り、目立つ。

DATA
園芸分類	多年草
科／属名	ヒガンバナ科ヒガンバナ属
原産地	中国
花色	●
草丈	50～70cm
花径	7～8cm
花期	8～9月
生育環境	山野

MEMO（観察のポイント）
本州～四国、九州に分布し、人里に近い原野や草地などに生育する。古くに中国から渡来した帰化植物。野原や道ばたに群れて咲き乱れる様子は迫力がある。有毒成分があるため、誤食すると麻痺などの中毒症状が出る。

花弁がそり返る

ナツノタムラソウ
夏の田村草

識別ポイント	穂状に唇状の花が咲く
名前の由来	夏に咲くタムラソウという意味から
花ことば	知略
特徴	葉は羽状複葉。小葉は卵形で先が少しとがり、ふちにはギザギザがある。夏ごろになると、細長い穂に唇形で濃紫色をした花がつく。また、おしべが先に熟した後でめしべが熟しはじめる、雄性先熟の性質をもっている。

DATA
園芸分類	多年草
科／属名	シソ科アキギリ属
原産地	日本
花色	●
草丈	25～50cm
花径	約10cm
花期	6～8月
生育環境	山地

MEMO（観察のポイント）
神奈川県～近畿地方の太平洋側の地域に分布し、山地の林内などに生育している。本種の仲間には秋に咲くアキノタムラソウや沖縄まで広く分布する春咲きのハルノタムラソウ、ケナツノタムラソウなどがあり、それぞれ花色が違う。タムラソウは、アザミに似たキク科の草本で、まったく似ていない。

穂状に唇状の花が咲く

ナミキソウ
波来草

識別ポイント	タツナミソウの仲間は多くよく似ている
名前の由来	波が寄せてくるようなイメージの花から
花ことば	時代錯誤
特徴	海岸の砂地などに自生する多年草。茎は角ばり、毛が生えている。対生する葉は、長さ1〜4cm、幅1〜2cmの卵形。夏には青紫色の唇形花が、同じ方向を向いて2列並んで咲く。

DATA
園芸分類	多年草
科／属名	シソ科タツナミソウ属
原産地	日本
花色	●●
草丈	10〜50cm
花径	約2cm（花長）
花期	7〜8月
生育環境	海岸、砂地

MEMO（観察のポイント）
北海道、本州、四国、九州に分布する。タツナミソウ属の仲間は多く、タツナミソウ、コバノタツナミ（ビロードタツナミ）、エゾタツナミソウ、ヤマタツナミソウ、トウゴクシソバタツナミ、オカタツナミソウなどがある。花はすべて紫色系の唇形で、打ち寄せる波のよう。

花はすべて紫色系の唇形

ナンテンハギ
南天萩　　別名：フタバハギ

識別ポイント	マメ科特有の蝶形の花
名前の由来	葉はナンテンに、花はハギに似ているため
花ことば	溢れる愛情
特徴	山野の道端、草原などの日当たりで見かける多年草。葉は卵形で長さ4〜7cm、幅1〜4cm。葉柄のつけ根には小さな托葉がある。6〜10月に咲く花は、紅紫色の蝶形花。葉の基部から伸びた花柄に総状花序につく。ツルフジバカマ、クサフジなどが仲間。

DATA
園芸分類	多年草
科／属名	マメ科ソラマメ属
原産地	日本
花色	●●
草丈	50〜90cm
花径	約1cm
花期	6〜10月
生育環境	山野、人里、道端、草地

MEMO（観察のポイント）
北海道、本州、四国、九州に生える多年草。クサフジやツルフジバカマ、ナヨクサフジに比べて花がやや少なく、まばらにつく。若葉はアズキ菜と呼ばれ、山菜として食用にされる。

山野の道端、草原などの日当たりで見かける

■ 夏から咲く野草・山草 ■

ナンバンギセル
南蛮煙管　　　　別名：オモイグサ

識別ポイント	全体はパイプのような姿
名前の由来	草姿が南蛮人の吸う煙管に似ているため
花ことば	遠距離恋愛
特　徴	森林や草地に生えるススキやサトウキビ、ミョウガなどの根に寄生する。長さ10～20cmの花柄が茎のように直立し、先端には長さ約3cmの花が横向きにひとつ開く。花は先が浅く5裂した筒形で、雄しべ4本、雌しべ1本、先がとがった舟形のガクからなる。

DATA

園芸分類	1年草
科／属名	ハマウツボ科ナンバンギセル属
原産地	日本
花　色	●○
草　丈	10～20cm
花　径	3～3.5cm（花冠）
花　期	7～9月
生育環境	山野

MEMO（観察のポイント）

日本各地に生育している。葉は赤褐色の鱗片状で、目立たない。オオナンバンギセルは、ヒカゲスゲなどの根に寄生し花冠が4～6cmと大きく、裂片のふちに細かいギザギザがあり、ガクの先端がとがらない。

ススキやサトウキビ、ミョウガなどの根に寄生

花は先が浅く5裂した筒形

ニッコウキスゲ

日光黄菅　　　別名：ゼンテイカ（禅庭花）

識別ポイント	ろうと形の黄色い花を咲かせる
名前の由来	日光に多く生え、花は黄色、葉が菅に似ることから
花ことば	元気溌溂
特徴	高山〜亜高山のやや湿った草原などに群生して見られる多年草。葉は60〜70cmと長く、上半部が曲がって垂れ下がる。7〜8月に咲く花は、鮮やかな黄色のろうと状鐘形。花被片は6枚あり、やや反り返っている。植物名はもともとゼンテイカだったが、日光に多いことから登山者がニッコウキスゲと呼びはじめ、名前が変わってしまった。

DATA

園芸分類	多年草
科／属名	ユリ科ワスレグサ属
原産地	日本
花色	○○
草丈	50〜80cm
花径	約7cm
花期	7〜8月
生育環境	山野、高山、草原

MEMO（観察のポイント）

本州中部地方以北で多く見られる。北海道に分布するエゾゼンテイカ、大形で海岸などに生えるトビシマカンゾウ、オレンジ色の花が八重咲きにつくヤブカンゾウ、浜辺に自生するハマカンゾウ、花びらが強く反転するノカンゾウなど仲間が多い。

高山〜亜高山のやや湿った草原などに群生して見られる

from Summer

花は鮮やかな黄色のろうと状鐘形

夏から咲く野草・山草　　　　　　　　　　　　　　　　　　　　　　　　　　　ヌスビトハギ・ネコノシタ

ヌスビトハギ

盗人萩　　　　　　　別名：ドロボウハギ

識別ポイント	花は小さく目立たない
名前の由来	節果が盗人の忍び足の足跡に似ているため
花ことば	奪略愛
特徴	山野の林内などに生える多年草。互生してつく葉は、3出複葉で小葉は卵形。7～9月、蝶形花が葉のわきから伸びた花序にまばらにつく。花色は淡い紅紫色やピンク色、まれに白色があり、花径は約5mmほどで小さく目立たない。

DATA

園芸分類	多年草
科／属名	マメ科ヌスビトハギ属
原産地	日本
花色	●●○
草丈	60～90cm
花径	約5mm
花期	7～9月
生育環境	山野、林のふち

MEMO （観察のポイント）

花後にできる果実は2節になっていて、その形が盗人が爪先立って忍び歩いた足跡に似ていることがこのおもしろい名前の由来。ヌスビトハギはやや光が弱い林のふちなどに多く、仲間のアレチヌスビトハギは日当たりがよい所で見かける。

花色は淡い紅紫色やピンク色、まれに白色

ネコノシタ

猫の舌　　　　　　　別名：ハマグルマ（浜車）

識別ポイント	葉は肉厚でざらつく
名前の由来	葉のざらつきを猫の舌にたとえた
花ことば	心変わり
特徴	海岸近くや浜辺に自生する多年草。葉は小さい楕円形、多肉質で剛毛が密生している。夏から秋にかけて茎の先端に咲く花は、径約2cmで車咲き。花色は黄色で、舌状花と筒状花からなる。

DATA

園芸分類	多年草
科／属名	キク科ハマグルマ属
原産地	日本
花色	●
草丈	10～30cm
花径	約2cm
花期	7～10月
生育環境	海辺、砂浜

MEMO （観察のポイント）

本州関東地方以西、四国、九州、沖縄に生育する。長い茎を分枝しながら伸ばして地面を這い、節から根を出して増殖していく。亜低木のキダチハマグルマ、葉は薄く頭花が3個つくオオハマグルマなどがある。

海岸近くや浜辺に自生する

ノカンゾウ

野萱草　別名：ベニカンゾウ（紅萱草）

- **識別ポイント** 花は昼間のみ咲く1日花
- **名前の由来** 野原に多く生えるカンゾウの仲間で
- **花ことば** 決意
- **特徴** 野原や草原で見かける多年草。葉は長さ40～70cm、幅15～20mmの広線形。主脈がへこんでいるのが特徴。7～8月、葉の間から太い花茎を直立させ、ろうと状の花を10個くらい開く。花やつぼみ、若芽は食用にされることもある。

DATA
- 園芸分類　多年草
- 科／属名　ユリ科ワスレグサ属
- 原産地　日本
- 花色　●●●
- 草丈　70～90cm
- 花径　2.5～2.8cm（花筒）
- 花期　7～8月
- 生育環境　日当たりがよい野原

MEMO（観察のポイント）
本州、四国、九州、沖縄に自生する。花色の赤みが強い種類はベニカンゾウとされる。仲間にはゼンテイカ（ニッコウキスゲ）、トビシマカンゾウ、ユウスゲ、ハマカンゾウ、ヤブカンゾウなど種類が多い。

ろうと状の花を10個くらい開く

ノゲイトウ

野鶏頭

- **識別ポイント** 花穂の先端はとがっている
- **名前の由来** 野原に自生するケイトウなので
- **花ことば** 激しい愛憎
- **特徴** 熱帯地域に多く分布している1年草。互生する葉は、長さ5～8cmの披針形。分枝した茎の先には、小花が多数集まって5～8cmの花穂をつくる。1つ1つの花は、花披片5枚と1つの苞、2つの小苞からなり、花色は紅色～白色。

DATA
- 園芸分類　1年草
- 科／属名　ヒユ科ケイトウ属
- 原産地　熱帯アジア
- 花色　○○●
- 草丈　30～100cm
- 花径　5～8cm（花穂）
- 花期　7～10月
- 生育環境　野原、草地、畑、道ばた

MEMO（観察のポイント）
本州西部～沖縄に生育。高さ30cm～1mの長い茎は、よく分枝する。ケイトウよりも形態は原種に近い。

花穂の先端はとがっている

■ 夏から咲く野草・山草

ノコギリソウ
鋸草

識別ポイント	ギザギザの葉はノコギリのよう
名前の由来	葉のふちに鋭いギザギザがあり、それをノコギリの刃に見立てた
花ことば	心の鬼
特徴	山地や草地に生える多年草。互生してつく葉は長さ8〜10cmの長楕円形、羽状に多く切れ込み、鋭いギザギザが目立つ。茎の先に白い小花が多数集まり、散房花序に咲く。中心には径8mmの筒状花が球形にかたまり、その周りを長さ3〜5cmの舌状花が5〜7枚囲むようにつく。

DATA

園芸分類	多年草
科／属名	キク科ノコギリソウ属
原産地	日本、ヨーロッパ
花色	○●
草丈	20〜100cm
花径	1cm以下
花期	7〜9月
生育環境	野山、草原

MEMO（観察のポイント）

北海道、本州に自生する。仲間のエゾノコギリソウは北海道〜東北地方に多く、舌状花が多い。シュムシュノコギリソウは草丈が低く、頭花は径1.5cm。

茎の先に白い小花が多数集まり、散房花序に咲く

ノコンギク
野紺菊

識別ポイント	身近に生える野草のひとつ
名前の由来	キクの仲間で紺（紫紺）色の花を咲かせるため
花ことば	忘れられない想い
特徴	山野の道端、林のふちなどで普通に出会える多年草。楕円形の葉は互生し、ふちにはギザギザがあり、毛が生えている。8〜11月、茎の上部に頭花が集まって散房花序に咲く。花は15〜20枚の舌状花と、中央に多数の筒状花が半球状に集まっている。花後には、冠毛があるそう果が観察できる。

DATA

園芸分類	多年草
科／属名	キク科シオン属
原産地	日本
花色	○●●●
草丈	40〜100cm
花径	1〜3cm
花期	8〜11月
生育環境	野山、土手、草地、林内

MEMO（観察のポイント）

本州、四国、九州に広く分布している。ノコンギクの園芸品種であるコンギクは、花色が濃い紫色。シロヨメナは花が白く葉は披針形、シラヤマギクは花が白色で葉が円形、海辺に自生するダルマギクは頭花が大きい。

身近に生える野草のひとつ

ノササゲ
野豇豆　　別名：キツネササゲ（狐豇豆）

- **識別ポイント** つるを伸ばして生長する
- **名前の由来** 野に生えるササゲであるため
- **花ことば** 甘い乙女心
- **特徴** 野ササゲと名がつけられたが、自生地は野より山が多い。つる性の茎を長く伸ばし、ほかのものに絡まりつく。互生してつく葉は、3出複葉。小葉は長さ3～15cm、幅2～6cmの三角状で薄く、裏面は粉白色を帯びる。

DATA
園芸分類	多年草
科／属名	マメ科ノササゲ属
原産地	日本
花色	黄
草丈	つる性
花径	約1cm
花期	8～9月
生育環境	山地、山野

MEMO（観察のポイント）
本州、四国、九州に分布するつる性植物。葉のわきから出た花茎に黄色い小花が総状花序につく。花が終わった後には、長さ4～5cmの豆果がなり、なかには2～5粒の種子ができる。

野ササゲという名だが自生地は野より山が多い

ノシラン
熨斗蘭　　別名：オピオポゴン・ヤブラン

- **識別ポイント** ヤブランに似ているが匍匐枝がない
- **名前の由来** 野に生えているシランの意味から
- **花ことば** ひっそり
- **特徴** 同属のヤブランに似ているが、匍匐枝をもたない。葉は長さ30～80cm、幅9～15mmで先端はとがらない。葉肉は厚く、光沢がある。初夏に葉の間から偏平の花茎を伸ばし白または淡紫色の小さな花が総状につく。花後、花茎に美しいコバルトブルーの種子をつける。

DATA
園芸分類	多年草
科／属名	ユリ科ジャノヒゲ属
原産地	日本、中国
花色	白・紫
草丈	30～80cm
花径	5mm前後
花期	7～9月
生育環境	海岸近くの林内

MEMO（観察のポイント）
本州中部以西～四国、九州、琉球諸島の林のなかの下草として生え、普通に目につく。日陰でもよく育つので、日陰、半日陰の庭や樹木の下に植えられる。庭に植えられるのは、斑入り品種が多い。

白または淡紫色の小さな花が総状につく

ノチドメ
野血止

識別ポイント	葉がチドメグサの2倍ある
名前の由来	野に生えるチドメグサの意味から
花ことば	威張らないで
特徴	チドメグサより全体が大きい。細い茎はまばらに分岐して横に走る。地面をいっぱいに覆いつくし、節にはひげ根を出す。茎の上部は斜上し、葉ごとに葉腋に花をつける。葉は直径1.5〜3cmの腎円形。花は淡緑白色で小さい。

DATA
園芸分類	多年草
科／属名	セリ科チドメグサ属
原産地	日本、中国
花色	●
草丈	5〜8cm
花径	2〜3mm前後
花期	6〜10月
生育環境	野原、田のあぜ、道ばた

MEMO（観察のポイント）
本州〜四国、九州、沖縄などの暖かい地方に生えている。チドメグサの約2倍の大きさ。同属のヒメチドメは葉の大きさが直径0.4〜1cmと小さく、オオチドメの葉は本種と同じくらいだが、切れ込みが浅いので見分けられる。

群生する

ノハナショウブ
野花菖蒲

識別ポイント	外花披片の中央は黄色く色づく
名前の由来	野に咲くハナショウブ
花ことば	大人の付き合い
特徴	野山の湿った場所を好む多年草。園芸品種のハナショウブ（花菖蒲）の原種とされる。葉は剣状で長さ20〜50cm、幅5〜15mm、太く盛り上がった中央の脈が特徴的。5月の節句に菖蒲湯に使われるサトイモ科のショウブの葉と似ている。真っ直ぐに伸びた花茎の先に、径10〜13cmの花を咲かせる。

DATA
園芸分類	多年草
科／属名	アヤメ科アヤメ属
原産地	日本
花色	●
草丈	80cm〜1m
花径	10〜13cm
花期	6〜7月
生育環境	湿地、湿原

MEMO（観察のポイント）
北海道〜四国、九州で見られる。アヤメ科特有の花形で、内花披片3枚は立ち上がり、外花披片3枚は外側に垂れる。アヤメの仲間は種類が多く、アヤメ、ヒオウギアヤメ、シャガ、ヒメシャガ、ハナショウブ、キショウブなどさまざま。

園芸品種のハナショウブ（花菖蒲）の原種とされる

ノハラアザミ
野原薊

識別ポイント	総苞は反り返り、粘りがない
名前の由来	野原に多く生えるアザミ
花ことば	愛の鞭
特徴	野山の草原や空き地などでよく見かけるアザミの仲間。根生葉は楕円状の披針形、羽状に切れ込みが多く裂片には刺がある。基部は葉を抱くようにつき、葉脈が目立つ。8〜10月、茎の先に紅紫色の筒状花のみが多数集まり、丸い頭花となる。

DATA
園芸分類	多年草
科／属名	キク科アザミ属
原産地	日本
花色	●●
草丈	40〜100cm
花径	約2cm
花期	8〜10月
生育環境	野原

MEMO（観察のポイント）
本州の中部地方以北に多く分布している。ノハラアザミは花が直立し、総苞は反り返って触れると粘らない。ノアザミは花が直立し、総苞は反り返らず粘着質がある。フジアザミは花が下向きに咲き、総苞は反り返っている。

本州の中部地方以北に多く分布

ノブキ
野蕗

識別ポイント	実には腺毛が生えている
名前の由来	野に生え、葉がフキに似ているので
花ことば	長すぎた春
特徴	山地や丘陵の半日陰になる湿った場所に自生する多年草。10〜20cmの長い葉柄には、フキの葉に似た大きな腎円形の葉がつく。葉表は緑色、葉裏は綿毛が密生して粉白色になる。

DATA
園芸分類	多年草
科／属名	キク科ノブキ属
原産地	日本
花色	○
草丈	30〜50cm
花径	約1cm
花期	7〜8月
生育環境	野山、湿地

MEMO（観察のポイント）
北海道、本州、四国、九州に生えている。7〜8月、上部で分かれる花茎に白い小花が咲きはじめる。頭花は筒状花のみで、舌状花はない。秋にできるそう果は、長さ6mmほどの棒状、粘り気がある腺毛が密生している。

野に生え、葉がフキに似ている

■ 夏から咲く野草・山草　　　　　　　　　　　　　　　　　　　　　　　　　　　　ノラニンジン・バイカオウレン

ノラニンジン
野良人参

識別ポイント	ニンジンというが食べられない
名前の由来	野生化したニンジンなので
花ことば	流れにくい
特徴	ヨーロッパから輸入されたニンジンが、野生化して広がったといわれる。葉は2～3回3出複葉で、小葉はニンジンの葉のように細かい切れ込みが入っている。夏から秋にかけて、小さな白い花が多数集まり、散形花序をなす。

DATA

園芸分類	多年草
科／属名	セリ科ニンジン属
原産地	ヨーロッパ、日本
花色	○
草丈	50cm～2m
花径	1cm以下
花期	7～9月
生育環境	草原、道ばた、空き地

MEMO（観察のポイント）

日本全土に広く自生している多年草。食用のニンジンが野生化してできた品種と考えられているが、根は径1cmほどで肥大せず、赤く色づかない。筋が多い根茎なので、食用にもされない。

小さな白い花が多数集まり、散形花序をなす

バイカオウレン
梅花黄蓮　　別名：ゴカヨウオウレン（五加葉黄蓮）

識別ポイント	オウレンの仲間のひとつ
名前の由来	梅に似た花を咲かせるオウレンであることから
花ことば	2度目の恋
特徴	低山～亜高山で見られる多年草。別名のゴカヨウオウレンは、小葉が5枚ずつつくことから名づけられた。長い柄のある根生葉は、小葉5枚の掌状複葉。ひとつひとつの小葉は長さ1～3cmの卵形、質が厚く光沢があり、ふちにはギザギザが目立つ。

DATA

園芸分類	多年草
科／属名	キンポウゲ科オウレン属
原産地	日本
花色	○
草丈	5～15cm
花径	1～2cm
花期	6～8月
生育環境	山野、林内

MEMO（観察のポイント）

本州の福島県以南～四国に生育している。6～8月、花茎の先端には1茎1輪、白い花が咲く。花は径1～2cm、花びらのように見えるのはガク片で、本当の花弁は中央に集まってつき、目立たない。

梅に似た花を咲かせる

バイケイソウ

梅蕙草

識別ポイント	花びらより雄しべが長い
名前の由来	花は梅の花に、葉が蕙蘭に似るため
花ことば	寄り添う心
特　徴	山野や林のやや湿った場所に自生する多年草。互生してつく葉は、長さ20〜30cmの楕円形〜幅が広い楕円形、下の葉ほど大きくなるのが特徴。花は緑白色で径2cmほど、茎の上部に多数集まって円錐花序になる。

DATA
園芸分類	多年草
科／属名	ユリ科シュロソウ属
原産地	日本
花色	○○
草丈	1〜1.5m
花径	約2cm
花期	6〜8月
生育環境	山地、湿地

MEMO（観察のポイント）
北海道、本州に生育する。バイケイソウの花は緑白色で径約2cm、雄しべより花弁が長い。コバイケイソウの花は白色で径約8mm、雄しべより花弁が短くなり、ひとつひとつの花は小さいが花房は大きく見応えがある。

花は緑白色で径約2cm

ハガクレツリフネ

葉隠釣舟

識別ポイント	大きい葉が特徴的
名前の由来	花が葉の陰に隠れるようにつくため
花ことば	羞恥心
特　徴	山野の林内や湿地に生える1年草。互生する葉は、長さ4〜15cmの菱形状楕円形で脈に沿って縮れ毛が生えている。先端はとがり、ふちにはギザギザが目立つ。夏から秋に咲く花は、紅紫色〜淡い紅色の唇形の花。大きな葉に隠れるようにつり下がって咲く。

DATA
園芸分類	多年草
科／属名	ツリフネソウ科ツリフネソウ属
原産地	日本
花色	○○
草丈	30〜80cm
花径	1〜3cm
花期	7〜10月
生育環境	野山、水辺、林内

MEMO（観察のポイント）
本州紀伊半島、四国、九州に生育する。花は葉のわきから細い花茎を垂れ下げてつく。花の基部には合着した白い萼があり、中央は黄色く色づき花弁には濃い紫色の斑点模様が見られる。背後にある距は、先端は内側に曲がるが渦巻き状には巻き込まない。

花は大きな葉に隠れるようにつり下がって咲く

■ 夏から咲く野草・山草 ■　　　ハエドクソウ

ハエドクソウ
蝿毒草　　　　　　別名：ハエトリソウ（蝿取草）

識別ポイント	1科1属1種の珍しい植物
名前の由来	ハエ取り紙の原料とされたことから
花ことば	君が気がかり
特　徴	低山の木陰や林のふちに自生する多年草。対生してつく葉は、長さ7〜10cm、幅4〜7cmの楕円形〜卵形。ふちにはギザギザが目立つ。夏に開花する花は、長さ5〜7mmで淡いピンク色〜白色の唇形の花。つぼみのときは上を向き、花が開くと横向き、果実ができると下を向く。

DATA

園芸分類	多年草
科／属名	ハエドクソウ科ハエドクソウ属
原産地	日本
花色	○●
草丈	30〜70cm
花径	5〜7mm
花期	7〜8月
生育環境	低山、林内

MEMO（観察のポイント）

北海道〜本州、四国、九州に広く分布している。根を煮詰めてつくった汁からハエ取り紙がつくられていた。花後にできる果実は先端に3つの刺があり、衣服などにくっついて運ばれる。

花は淡いピンク色〜白色

低山の木陰や林のふちに自生する多年草

先端の刺が衣服などにくっつく

ハキダメギク

掃溜菊

識別ポイント	茎は2分岐をくりかえす
名前の由来	掃き溜め(ゴミ捨て場)で発見されたので
花ことば	不屈の精神
特徴	大正時代、東京都世田谷区の掃き溜めで見つかり、ゴミ捨て場や人家の近く、畑などチッ素成分を好む。葉は卵形～卵状披針形、ふちには鈍いギザギザがあり対生する。多数分岐する茎先には、径1cm以下の小花がひとつずつ咲く。頭花は中央に黄色い筒状花、まわりを5枚の白い舌状花が囲んでいる。

DATA
- 園芸分類　1年草
- 科／属名　キク科コゴメギク属
- 原産地　熱帯アメリカ
- 花色　○○
- 草丈　15～60cm
- 花径　1cm以下
- 花期　6～11月
- 生育環境　道ばた、空き地、田畑など

MEMO (観察のポイント)
本州関東地方以西に雑草化して生えている1年草。初夏になると、名前のイメージとは異なった可愛らしい小花が咲きはじめる。葉や茎、花柄、総苞には腺毛が密生し、触れると粘りつく。秋にできる実は、鱗片状の冠毛が生えるそう果。

中央に黄色い筒状花。まわりに5枚の白い舌状花がつく

from Summer

269

ハクサンチドリ

白山千鳥　　別名：シラネチドリ

識別ポイント	花は総状花序につく
名前の由来	石川県白山に多く生え、花が千鳥に似ているため
花ことば	一心同体
特徴	亜高山～高山帯に分布している多年草。葉は長さ5～15cmの披針形で、3～6枚が茎を抱くように互生する。花期は6～8月、淡い桃色～紅紫色の唇形花が、直立した茎の上部に複数まとまって咲く。ひとつひとつの花は、空を舞う千鳥をイメージさせ可愛らしい。

DATA
- 園芸分類　多年草
- 科／属名　ラン科ハクサンチドリ属
- 原産地　日本
- 花色　○○○
- 草丈　10～40cm
- 花径　1～3cm
- 花期　6～8月
- 生育環境　高山、草原

MEMO (観察のポイント)
北海道～本州中部地方以北で見られる。花をよく観察すると、上ガク片と側花弁、左右の翼のような側ガク片、下に唇弁がつき、それぞれの裂片は細くとがっている。ウチョウラン、オノエラン、カモメソウ(カモメラン)などが仲間。

千鳥に似ている花

夏から咲く野草・山草　　　　　　　　　　　　　　　　　　　　　　　ハチジョウナ・ハッカ

ハチジョウナ
八丈菜

識別ポイント	同属の植物の中では頭花が大きい
名前の由来	八丈島に分布するため
花ことば	戸惑い
特徴	八丈島原産の植物として名づけられたが、実際は北国に多く分布していることが確認されている。長い地下茎を伸ばして殖え、繁殖力が強い。互生する葉は、先がとがった楕円形～披針形で長さ10～20cm、幅2～5cm。ふちはまばらに切れ込みがあり、茎を抱くように生える。分枝した花茎の先に黄色い頭花が散形状につく。花は舌状花のみ。

DATA
- 園芸分類　多年草
- 科／属名　キク科ノゲシ属
- 原産地　日本
- 花色　○
- 草丈　60～80cm
- 花径　3～4cm
- 花期　8～9月
- 生育環境　海辺、砂浜、荒れ地

MEMO（観察のポイント）
北海道～本州、四国、九州に生育。ハチジョウナの総苞は4～5列ついて長さ1.5～2cm、綿毛が生えている。秋にできるそう果にはたてに脈があり、白い冠毛が見られる。ノゲシ（ハルノノゲシ）は春に開花し、花がハチジョウナより小さい。

花茎の先に黄色い頭花が散形状につく

ハッカ
薄荷
別名：メグサ（目草）

識別ポイント	全草に独特の香りをもつ
名前の由来	漢名「薄荷」を和音読みにしたもの
花ことば	美しい日々
特徴	全体に特有の芳香があり、薬用、香料などに多用される。目に刺激を与え、目薬などに使われたことから「目草」ともいわれる。対生する葉は、長楕円形で長さ2～8cm、幅1～3cm。裏面に腺点があり、ふちには鋭いギザギザが目立つ。葉や茎には軟毛が密生している。

DATA
- 園芸分類　多年草
- 科／属名　シソ科ハッカ属
- 原産地　中国
- 花色　○
- 草丈　20～60cm
- 花径　約5mm
- 花期　8～10月
- 生育環境　野原、草原、湿地

MEMO（観察のポイント）
北海道～本州、四国、九州に広く分布している多年草。花は花びら4枚の小さな唇形、葉のわきに球状に咲き、段をなしてつく。ヒメハッカは全体に小型で、数が非常に少なくなっている。マルバハッカはヨーロッパ原産種、葉は幅が広い楕円形でしわがある。

全体に特有の芳香がある

ハマアザミ

浜薊　　　別名：ハマゴボウ（浜牛蒡）

識別ポイント	根は食用にされる
名前の由来	浜辺に生えるアザミであることから
花ことば	勝負の時
特　徴	太平洋側の海岸に多く自生するアザミの仲間。根生葉は長さ15～35cmと大きい長楕円形、羽状に深く裂けて先端は鋭くとがる。表面には光沢があり、質は厚い。花は紅紫色で直立し、1茎に1花咲く。苞葉には1～4個の刺があり、総苞は筒状で2～3cm、やや反転している。

DATA
園芸分類	多年草
科／属名	キク科アザミ属
原産地	日本
花　色	●
草　丈	15～60cm
花　径	2～5cm
花　期	6～12月
生育環境	海辺、砂浜

MEMO（観察のポイント）
本州伊豆半島以西～四国、九州で見られる。ハマアザミの根茎は地中深くまで長く伸び、食べられることから別名「浜牛蒡」と名づけられた。アザミの仲間は種類が多く、ノアザミ、ノハラアザミ、サワアザミ、オイランアザミ、チシマアザミ、ツクシアザミ、クロサワアザミなどさまざま。

太平洋側の海岸に多く自生するアザミの仲間

ハマカンゾウ

浜萱草

識別ポイント	花は一重咲き
名前の由来	浜辺に多く分布するカンゾウの仲間
花ことば	醜い争い
特　徴	日当たりがよく暖かい場所を好んで生える多年草。葉は厚みがある線形で、長さ60～70cm、幅1～2cm。7～9月には、細長い花茎の先に黄色～橙色の花を3～6個咲かせる。花は一重で花びらの先はやや反り返り、花弁の中央には黄色い筋模様が入る。

DATA
園芸分類	多年草
科／属名	ユリ科ワスレグサ属
原産地	日本
花　色	●●
草　丈	60～100cm
花　径	5～10cm
花　期	7～9月
生育環境	海岸、浜辺、岩地、草原

MEMO（観察のポイント）
本州関東地方以西～四国、九州に自生する。ノカンゾウ、キスゲ（ユウスゲ）、ヤブカンゾウなどの仲間があり、花のつき方や葉の太さなどで見分けられる。

日当たりがよく暖かい場所を好んで生える

夏から咲く野草・山草

ハマナデシコ

浜撫子　　別名：フジナデシコ（藤撫子）

- **識別ポイント**　花びらのふちの切れ込みは浅い
- **名前の由来**　浜で見かけるナデシコなので
- **花ことば**　清純
- **特徴**　海辺などに自生するナデシコの仲間。ひとつの根から複数の茎を伸ばし、厚みがある葉が対生してつく。葉は長さ5～8cm、幅1～3cmの長楕円形。光沢があり、ふちには毛が生える。夏から秋に咲く花は、紅色～紅紫色の5弁花。茎の上部に多数集まり、集散花序につく。ガクは5つに裂け、3対の苞がある。

DATA

- 園芸分類　多年草
- 科／属名　ナデシコ科ナデシコ属
- 原産地　日本
- 花色　●●
- 草丈　20～50cm
- 花径　1～2cm
- 花期　7～10月
- 生育環境　海岸、砂浜

MEMO（観察のポイント）

カワラナデシコはナデシコの代表的品種で秋の七草のひとつ。花びらの先は糸状に細かく切れ込む。ノハラナデシコはヨーロッパ原産種。全体に毛が多く、花弁に白い斑点模様が目立つ。ムシトリナデシコもヨーロッパからの帰化植物。茎先の節の下に粘液をもち、虫などがくっつきやすい。

夏から秋に咲く花は紅色～紅紫色の5弁花

ハマユウ

浜木綿　　別名：ハマオモト（浜万年青）

- **識別ポイント**　花には芳香がある
- **名前の由来**　浜辺に生え、白い鱗茎を木綿に見立てた
- **花ことば**　若気の至り
- **特徴**　暖地に多く見られる多年草。葉形が万年青に似ているため、別名「ハマオモト」と呼ばれる。葉は先がとがった線形で長さ40～70cm、幅4～10cm、質はかたくつやがある。7～9月、真っ直ぐに伸びた太い茎の先に細長い花が散形花序に咲く。

DATA

- 園芸分類　多年草
- 科／属名　ヒガンバナ科ハマオモト属
- 原産地　日本
- 花色　○
- 草丈　50～80cm
- 花径　10～20cm
- 花期　7～9月
- 生育環境　海辺、海岸、砂地

MEMO（観察のポイント）

本州関東地方以西～四国、九州、沖縄に分布。ハマオモトの花は夕方になると開きはじめ、夜中がもっとも美しく芳香も強い。花後にできる果実は、径2～3cmの丸形で、径2～3cmの実と同じくらい大きな種子が入っている。

太い茎の先に細長い花が散形花序につく

ハマボウフウ

浜防風

別名：ヤオヤボウフウ

from Summer

識別ポイント	小花が密集し、球状の花房をつくる
名前の由来	浜に生え、風を防ぐとされたため
花ことば	恋の芽生えた瞬間に
特　徴	明治時代から栽培されている植物のひとつ。若い芽は刺身のツマなどに利用される。葉は1～2回3出複葉。小葉は倒卵状楕円形で長さ1～6cm、ふちにはギザギザが目立ち肉厚でつやがある。6～7月、小さな白い花が密に集まり、散形花序に咲く。

DATA

園芸分類	多年草
科／属名	セリ科ハマボウフウ属
原産地	日本、中国
花色	○
草丈	5～30cm
花径	1cm以下
花期	6～7月
生育環境	浜辺、砂浜

MEMO（観察のポイント）

日本各地の砂地に自生している多年草。ハマボウフウの果実は、長さ5～8mmの小さな分果が密着してひとかたまりのように見える。刺や毛が多く、サボテンのような草姿。

日本各地の砂地に自生している多年草

果実はサボテンのような草姿

小さな白い花が密に集まり散形花序に咲く

■ 夏から咲く野草・山草 ■　　　　　　　　　　　　　　　　　　　　　　　　　　　　　　　　　ハンゲショウ

ハンゲショウ

半夏生、半化粧　　　別名：カタシログサ（片白草）

識別ポイント	葉の半分が白く色変わりする
名前の由来	半夏生（夏至から11日目）のころ開花するので
花ことば	秘めた想い
特徴	やや湿った場所を好む多年草。互生する葉は、長さ5〜15cmの卵状で葉脈が目立つ。葉色ははじめはすべて緑色だが、開花期になると茎の上部の葉はつけ根のほうから白く変化する不思議な特徴をもっている。白く色変わりした葉は、花が終わったころには再び緑色になる。

DATA

園芸分類	多年草
科／属名	ドクダミ科ハンゲショウ属
原産地	日本
花色	○●
草丈	60cm〜1m
花径	10〜15cm（花穂）
花期	6〜8月
生育環境	湿原、水辺

MEMO （観察のポイント）

本州〜四国、九州、沖縄に生育し、ドクダミの仲間なので全体に独特の臭いがある。花はかなり小さく多数集まって穂状につく。開花前に垂れ下がっていた花穂は、花が咲きはじめると立ち上がる。ひとつの花には花びらもガク片もなく、総苞片と雄しべ、雌しべのみ。

開花期になると茎の上部の葉はつけ根のほうから白く変化する

やや湿った場所を好む多年草

ヒオウギ
桧扇

識別ポイント	花びらには斑点模様が目立つ
名前の由来	葉のつき方を桧扇に見立ててつけられた
花ことば	真実の愛
特　徴	日当たりがよい場所に自生する多年草。葉は長さ30〜60cm、幅2〜4cmの線形。根元から扇のように生え、やや粉白色を帯びている。8〜9月には、分枝した花茎の先に黄色または朱赤色の6弁花が水平に開く。花披片は楕円状で、濃い赤橙色の斑点がある。

DATA

園芸分類	多年草
科／属名	アヤメ科ヒオウギ属
原産地	日本
花色	🟡🟠
草丈	50cm〜1m
花径	3〜5cm
花期	8〜9月
生育環境	山野、草地、海岸

MEMO（観察のポイント）

本州〜四国、九州、沖縄で見かける。ヒオウギの花は1日花だが、つぼみが多くつぎつぎと花を楽しめる。咲き終わった花弁はねじれ、楕円形の果実がなる。実の中にできる種子はつやがある黒い球状。古来、ヌバタマと呼ばれる。

日当たりがよい場所に自生する

花びらには斑点模様が目立つ

実の中にできる種子はつやがある黒い球状

from Summer

275

夏から咲く野草・山草　　　　　　　　　　　　　　　　　　　　　ヒオウギアヤメ・ヒカゲイノコズチ

ヒオウギアヤメ
檜扇菖蒲

識別ポイント	外花被片には網目模様がある
名前の由来	葉が扇状に生えるアヤメの仲間
花ことば	したたかな女性
特徴	葉は長さ20～40cm、幅1～3cmの線形で、根元から扇のように伸びている。直立する花茎の先には、紫色の清楚な花を開く。外側につく3枚の外花被片は、基部に網目模様が目立つ。内側につく3枚の内花被片は長さ約1cm。

DATA
園芸分類	多年草
科／属名	アヤメ科アヤメ属
原産地	日本
花色	●
草丈	50～80cm
花径	8～10cm
花期	7～8月
生育環境	湿原、高原、山地、草地

MEMO（観察のポイント）
本州中部地方以北～北海道で見られる多年草。アヤメの仲間は種類が多いが、本種は葉が扇状につき、花びらに模様が入り、内花被片が立ち上がらず目立たないことから見分けられる。

外花被片の基部は網目模様が目立つ

ヒカゲイノコズチ
日陰猪子槌　　別名：イノコズチ（猪子槌）

識別ポイント	ヒナタイノコズチより花穂が細い
名前の由来	日陰に生え、節を猪の足に見立てた
花ことば	命燃え尽きるまで
特徴	茎は角ばり、茶褐色のふくれた節がある。対生する葉は、長さ5～15cmの長楕円形。8～9月、緑白色の小花が集まって細い穂状花序をつくる。花被片は長さ4～5mm、先が鋭くとがり5個ついている。花後にできる小さな実は、刺のような小苞をもつため衣服などにくっついて運ばれる。

DATA
園芸分類	多年草
科／属名	ヒユ科イノコズチ属
原産地	日本
花色	●
草丈	50cm～1m
花径	4～5mm
花期	8～9月
生育環境	半日陰～日陰、竹やぶ、林下

MEMO（観察のポイント）
ヒナタイノコズチは日当たりを好み、全体に毛が密生し、花穂は太い。マルバイノコズチは葉の先が丸くなっている。ヤナギイノコズチは葉が細長く、光沢がある。昔はヒナタイノコズチとヒカゲイノコズチは、区別されず、どちらもイノコズチと呼ばれていた。

花は穂状花序

ヒシ
菱

識別ポイント	水中植物の一種
名前の由来	菱形の果実ができるため
花ことば	夢のような出来事
特徴	水中の泥に根を張り、長さ幅とも3〜6cmの三角状の葉が水面を覆うように多数浮いている。葉の表面はつやがあり、ふちにはギザギザが目立つ。葉柄の一部がふくらみ、浮き袋の役目をしている。夏から秋にかけて咲く花は、白い4弁花。食用にもされる果実は長さ3〜5cmの菱形で、かたい刺が両端にある。水中で熟し、浮き上がってくる。

DATA
- 園芸分類　1年草
- 科／属名　ヒシ科ヒシ属
- 原産地　日本
- 花色　○
- 草丈　10cm前後
- 花径　約1cm
- 花期　7〜10月
- 生育環境　池、沼、水中

MEMO（観察のポイント）
ヒシ科の植物はヒシ属1属のみ。刺が4つあり、全体に小型のヒメビシ、葉柄が赤くなるメビシ、メビシの近縁種で葉柄が緑色になるオニビシなどがある。ヒシの実は栗のような風味をもつ。

池や沼に群生する

ヒダカミセバヤ
日高見せばや

識別ポイント	多肉質の葉をつける
名前の由来	日高地方に分布するミセバヤであることから
花ことば	自己満足
特徴	「見せばや」とは美しい花を「誰に見せよう」という意味からつけられた。茎の基部は木質化し、葉が対生してつく。葉は長さ2〜3cmの卵形で、やや肉厚。表面は白っぽい緑色だが、日光に当たるとふちは赤紫色に色づく。8〜10月、茎の上部に紅紫色の小花がまとまり、球状の散房花序をつくる。

DATA
- 園芸分類　多年草
- 科／属名　ベンケイソウ科キリンソウ属
- 原産地　日本
- 花色　●
- 草丈　10〜15cm
- 花径　約1cm
- 花期　8〜10月
- 生育環境　岩場、海岸

MEMO（観察のポイント）
北海道の日高地方に生える多年草。四国・小豆島に自生するミセバヤとは、葉や花、花期が少しずつ異なるため見分けられる。ミセバヤの葉は3枚が輪生し、10〜11月に咲く花は淡いピンク色。ヒダカミセバヤは葉が対生し、8〜10月に開く花は濃い紅紫色。

栽培もされる

夏から咲く野草・山草　　　　　　　　　　　　　　　　　　　　　　　　　　ヒツジグサ・ヒナタイノコズチ

ヒツジグサ
未草　　　　　　　別名：スイレン（睡蓮）

識別ポイント	スイレンの仲間
名前の由来	未の刻（午後2時頃）に花を咲かせるといわれたため
花ことば	気品溢れるオーラ
特　徴	水面に浮かんで生える水草の一種。根生する葉は長さ5～20cm、幅8～18cmの円形で、基部はハート形に切れ込んでいる。水中にある長い花茎の先には、6～9月に白い美花がひとつ咲く。花びらは8～15枚で純白色、中央の葯が黄色く映える。花後には、水の中で球形の果実ができる。

DATA

園芸分類	多年草
科／属名	スイレン科ヒツジグサ属
原産地	日本、中国
花　色	○●
草　丈	水面
花　径	約5cm
花　期	6～9月
生育環境	池、沼、水中

MEMO（観察のポイント）

北海道～本州、四国、九州に自生する水生植物。花は昼間に開花し、夜になると閉じる性質がある。よく似た水草のコウホネは、花びらに見える黄色い部分はガク。本当の花は雄しべ雌しべのようでわかりにくい。

花は花柄の先に1個つく

ヒナタイノコズチ
日向猪子槌

識別ポイント	ヒカゲイノコズチよりも毛が多く密生する
名前の由来	日なたを好むイノコズチであることから
花ことば	二重人格
特　徴	日当たりがよい場所に自生する多年草。茎はヒカゲイノコズチより太く、赤紫色になる。葉は長さ10～15cmの卵形で、質は厚い。全体に毛が密生し、若葉はとくに毛が多いため白っぽく見える。茎先には黄緑色の小さな花が多数集まり、穂状花序につく。花序の軸にも白い毛が生えている。

DATA

園芸分類	多年草
科／属名	ヒユ科イノコズチ属
原産地	日本
花　色	●
草　丈	50cm～1m
花　径	1cm以下
花　期	8～9月
生育環境	日なた、道ばた、野原、荒れ地

MEMO（観察のポイント）

本州～四国、九州に生育している。ヒカゲイノコズチとの違いは、全草に毛が多い、葉が厚い、花は密生してつくので花穂が太く短いことなど。

小さい花が多数集まる

ヒメガマ
姫蒲

識別ポイント	雄花穂と雌花穂が離れている
名前の由来	細長く可愛らしいガマなので
花ことば	適切な距離感
特　徴	草丈はガマより小さく、コガマより大きい。葉は長さ1～2m、幅5～12mmの細長い線形。花穂は雄花穂と雌花穂があり、茎の上部には雄花穂、下部には雌花穂がつく。この雄花穂と雌花穂の間があいていて、茎が裸出しているのがヒメガマの特徴。ガマやコガマはくっついている。

DATA
園芸分類	多年草
科／属名	ガマ科ガマ属
原産地	日本
花色	●
草丈	1.5～2m
花径	6～20cm
花期	6～8月
生育環境	湿地、湿原

MEMO（観察のポイント）
日本全国に広く分布する多年草。ガマ科はガマ属1属のみで、日本にはガマ、コガマ、ヒメガマの3種が自生している。ガマは大型で高さ2～2.5mほど、コガマは全体が小型で高さ1～1.5m。雄花穂と雌花穂が離れているのはヒメガマだけ。

茎が裸出する

ヒメジョオン
姫女苑

識別ポイント	ハルジオンとよく似ている
名前の由来	小型の紫苑（しおん）なので
花ことば	交友関係が広い
特　徴	明治時代に渡来し、道ばたや草原、高山など日本各地に野生化して広がった。根生葉は長い柄をもつ卵形。茎葉は披針形で基部は茎を抱かない。茎には粗い毛が生え、上部で枝分かれして頭花を多数つける。花は中央に黄色い筒状花、そのまわりを白～淡い紫色の舌状花が囲むようについている。

DATA
園芸分類	1～2年草
科／属名	キク科ムカシヨモギ属
原産地	北アメリカ
花色	○●●
草丈	30cm～1.5m
花径	約2cm
花期	6～10月
生育環境	山地、市街地、空き地

MEMO（観察のポイント）
よく似た草花に多年草のハルジオンがある。ハルジオンは春に花を咲かせ、開花直前のつぼみは下向きになる。またハルジオンの葉は茎を抱くようにつき、茎は中空になっている。ヒメジョオンの茎は白い髄がつまっているので、茎を切って見分けるとよい。

葉は茎を抱かない

from Summer

夏から咲く野草・山草　　　　　　　　　　　　　　　　　　　　　　　　　　　　　　ヒメヤブラン・ヒヨドリジョウゴ

ヒメヤブラン
姫藪蘭

識別ポイント	地下茎を伸ばして生長する
名前の由来	ヤブランより全体に小さいため
花ことば	新しい出逢い
特徴	日なたを好んで生育する多年草で、匍匐根(ほふくこん)を出して殖えていく。根生する葉は長さ10〜20cm、幅1〜2cmの線形。開花期は7〜9月、10〜15cmの花茎の上方に小花が複数つく。花色は淡い紫色、花びらは6枚。花茎より葉のほうが長いため、花は葉に隠れるようにひっそりと咲く。花後には球状の果実が黒く熟す。

DATA
園芸分類	多年草
科／属名	ユリ科ヤブラン属
原産地	日本
花色	●
草丈	10〜20cm
花径	約1cm
花期	7〜9月
生育環境	野原、草地

MEMO（観察のポイント）
日本全土に分布している。仲間のヤブランの葉は長さ30〜60cm、花茎の高さも30〜50cmと大きい。花数も多く、長い総状花序につく。もっとも異なる性質として、ヒメヤブランは匍枝を伸ばして殖えるが、ヤブランはランナーがない。

花はまばらにつく

ヒヨドリジョウゴ
鵯上戸

識別ポイント	花びらは強く反転する
名前の由来	ヒヨドリが実を食べるため
花ことば	すれ違い
特徴	全草に毛が密生しているつる性植物。互生してつく葉は、長さ3〜10cmの卵形。8〜9月には、径1cmくらいの白花が集散花序につく。5枚の花びらは反り返り、黄色い葯がよく見える。秋になると径7〜8mmの液果がなり、赤く熟す。

DATA
園芸分類	多年草
科／属名	ナス科ナス属
原産地	日本
花色	○
草丈	つる性
花径	約1cm
花期	8〜9月
生育環境	山野、林内

MEMO（観察のポイント）
日本全国に分布している。ヤマホロシ(ホソバノホロシ)は、淡紫色の花を咲かせる。マルバノホロシは、淡い紫色〜白色の花をつけ、花冠の裂片の基部が黄緑色に色づく。オオマルバノホロシは、紫色の花を開き、花冠の裂片の基部は緑色になる。どの花も花弁は5裂し、反転している。

花びらは強く反転する

ヒヨドリバナ
鵯花

識別ポイント	小花が集まって花房をつくる
名前の由来	ヒヨドリが鳴くころ花を開くため
花ことば	最高の時間
特徴	日当たりがよい野原などで見かける多年草。対生する葉は長さ10〜18cm、先がとがる卵状楕円形でふちにはギザギザが目立つ。両面に縮れた毛が密生し、裏面には腺点がある。花期は8〜10月、枝分かれした茎の先に散房状の花を咲かせる。頭花は両性の筒状花で、白色〜淡いピンク色。

DATA
園芸分類	多年草
科／属名	キク科フジバカマ属
原産地	日本
花色	○●
草丈	1〜2m
花径	1cm以下
花期	8〜10月
生育環境	山野、空き地

MEMO（観察のポイント）
北海道〜本州、四国、九州で見られる。仲間にはヨツバヒヨドリ、サワヒヨドリ、サケバヒヨドリ、ヤマヒヨドリなどがある。

from Summer

281

頭花は散房状につく

ヒルガオ
昼顔

識別ポイント	アサガオとよく似ている
名前の由来	花が昼に開花するため
花ことば	気分屋さん
特徴	道ばたや草地など身近に生えている多年草。つる性の茎を伸ばし、ほかのものに絡みついて生長する。つるは左巻きになる。互生する葉は、長さ5〜10cmの矢じり形。葉のわきから長い柄を出して径3〜5cmの花をひとつ咲かせる。花はアサガオに似たろうと形、付け根にはガク片と苞葉がある。

DATA
園芸分類	多年草
科／属名	ヒルガオ科ヒルガオ属
原産地	日本
花色	●
草丈	つる性
花径	3〜5cm
花期	6〜8月
生育環境	野原、空き地、山野、道ばた

MEMO（観察のポイント）
北海道〜本州、四国、九州の日なたで生育している。コヒルガオは、花や葉がヒルガオよりやや小さい。葉は三角状で、基部が両側に張り出している。花柄の上部には縮れた細いひれをもつ。ヒルガオにはひれがない。

花は1個つく

■夏から咲く野草・山草　　　　　　　　　　　　　　　　　　　　　　　　　　　フジカンゾウ・フジアザミ

フジカンゾウ
藤甘草

識別ポイント	花は淡桃色～紫色の蝶形花
名前の由来	花がフジに、葉が甘草に似ているため
花ことば	背伸びした恋
特徴	野山の日当たりがよい場所に自生する多年草。茎や葉には、まばらに毛が生えている。互生する葉は、2～3対の小葉がある奇数羽状複葉。小葉は長さ10cmくらいの卵形。8～9月には、細長い花茎の上方に小花が集まって咲く。

DATA
園芸分類	多年草
科／属名	マメ科ヌスビトハギ属
原産地	日本
花色	●●
草丈	50cm～1.5m
花径	1cm以下
花期	8～9月
生育環境	山野、林のふち、野原

MEMO（観察のポイント）
本州～四国、九州に生育している。よく似ているヌスビトハギは、葉が3出複葉。節果には2節がある。フジカンゾウの果実は長さ1～2cm、半月状の2節をもつ。

茎は直立する

フジアザミ
富士薊

識別ポイント	花は下向きに咲く
名前の由来	富士山の付近に多く生えているので
花ことば	おしゃべり
特徴	世界中に250種あり、北半球に多く分布しているアザミの仲間。根生する葉は長さ50～70cm、羽状に切れ込みが多数入っている。葉には刺や毛がある。花は径6～10cmと大きく、茎が曲がって下向きにつく。総苞片は鋭くとがり、反り返っている。

DATA
園芸分類	多年草
科／属名	キク科アザミ属
原産地	日本
花色	●
草丈	70cm～1m
花径	6～10cm
花期	8～10月
生育環境	砂礫地、荒れ地、草原

MEMO（観察のポイント）
本州関東地方～中部地方に生える大型のアザミ。アザミの仲間は種類が多く、花のつき方、総苞の形、反り返り方などで見分ける。花が下向きにつくアザミは、北海道に分布するエゾノサワアザミ、チシマアザミ（エゾアザミ）などがある。

花は下向きにつく

フシグロセンノウ

節黒仙翁

識別ポイント	朱赤色の鮮やかな花
名前の由来	節が黒くなるセンノウなので
花ことば	チャームポイント
特　徴	山野のやや日陰になるような場所で見かける多年草。茎や葉には毛が密生していて、太めの茎のところどころは黒紫色になる。対生する葉は、長さ4〜12cmの披針形。夏から秋にかけて、花茎の先に可愛らしい5弁花をつける。花びらの基部に2つずつ鱗片があるのも特徴のひとつ。

DATA

園芸分類	多年草
科／属名	ナデシコ科センノウ属
原産地	日本
花　色	🔴
草　丈	40〜80cm
花　径	約5cm
花　期	7〜10月
生育環境	野山、林内

MEMO（観察のポイント）

本州〜四国、九州に生育するセンノウの仲間。エンビセンノウ、マツモトセンノウ、オグラセンノウ、センジュガンピなどがある。

花弁の先は切れ込まない

フジバカマ

藤袴

識別ポイント	秋の七草のひとつ
名前の由来	不明
花ことば	女心と秋の空
特　徴	奈良時代に中国から渡来し、野生化して広がった。対生する葉は、長さ8〜13cmの披針形で、ふちにはギザギザがある。花期は8〜9月、両性の小さな筒状花が多数集まって散房状の花房をつくる。葉を乾燥させると芳香を放ち、ハーブや入浴剤として利用された。

DATA

園芸分類	多年草
科／属名	キク科フジバカマ属
原産地	中国
花　色	⚪🌸
草　丈	1〜1.5m
花　径	1cm以下
花　期	8〜9月
生育環境	山野、林下、河原

MEMO（観察のポイント）

本州関東地方以西〜四国、九州に分布する帰化植物。同属のマルバフジバカマは北アメリカ原産種で、頭花の筒状花が15〜25個と多い。フジバカマの頭花の筒状花は5個。

しばしば群生する

■ 夏から咲く野草・山草 ■　　　　　　　　　　　　　　　　　　　　　　　　　　ブタクサ・ブタナ

ブタクサ
豚草

識別ポイント	花粉症の原因のひとつとされる
名前の由来	英名を訳したもの
花ことば	気持ちが変わってしまった
特徴	明治時代に渡来し、昭和になってから日本各地で雑草化して殖えていった。葉は2〜3回羽状で深い切れ込みが多く入っている。下部の葉は対生し、上部の葉は互生する。細長い茎先に小さな花が穂状に咲く。雄花は径3〜5mm、雌花はほとんど目立たない。

DATA
園芸分類	1年草
科／属名	キク科ブタクサ属
原産地	北アメリカ
花色	●●
草丈	30cm〜1.5m
花径	3〜5mm
花期	7〜10月
生育環境	山地、林縁、空き地

MEMO（観察のポイント）
日本各地に生育し、夏〜秋の花粉症の原因のひとつとなっている。大型のオオブタクサ、全草に毛が多く密生するブタクサモドキなどもある。

各地で雑草化している

ブタナ
豚菜

識別ポイント	タンポポに似た黄花を咲かせる
名前の由来	フランスの俗名を訳したもの
花ことば	最後の恋
特徴	ヨーロッパ原産の帰化植物。葉は根生葉のみで、羽状に深く裂けるもの、浅い切れ込みが入るもの、分裂しない楕円形など変化に富む。6〜9月、花茎の先にはタンポポのような黄花が咲く。草丈は高く枝分かれしている。

DATA
園芸分類	多年草
科／属名	キク科エゾコウゾリナ属
原産地	ヨーロッパ
花色	●
草丈	50cm〜1m
花径	3〜4cm
花期	5〜7月
生育環境	野原、河原、道ばた

MEMO（観察のポイント）
北日本に多く分布している。ブタナの果実は刺があり、羽毛状の冠毛が生える。よく似ているコウゾリナは暗赤紫色の剛毛が茎や葉にびっしりとついているため、注意が必要だ。

タンポポに似た花をつける

フトイ
太藺　　別名：オオイ・マルスゲ

- **識別ポイント**　太く丸い茎をもつ
- **名前の由来**　茎が太いことからつけられた
- **花ことば**　永遠
- **特徴**　日当たりがよいやや湿った場所を好んで自生する多年草。根茎は太く横に広がって伸びる。直立する茎も径1〜2cmと太く、中には白い髄がある。葉は葉鞘のみで発達していない。長い茎の頂部には、1cmくらいの小穂を散房状につける。花後には、刺がある黄褐色の実がなる。

DATA
- 園芸分類　多年草
- 科／属名　カヤツリグサ科ホタルイ属
- 原産地　日本
- 花色　●
- 草丈　80cm〜2m
- 花径　1cm（小穂）
- 花期　7〜10月
- 生育環境　湿地、湿原、池、沼

MEMO（観察のポイント）
日本各地に大群落をつくって生育する。フトイの茎は丸いが、同属のサンカクイの茎は三角形で、苞の先端はとがっている。

花後には、刺がある黄褐色の実がなる

ヘクソカズラ
屁糞蔓　　別名：ヤイトバナ・サオトメカズラ

- **識別ポイント**　花は白く、基部が赤くなる
- **名前の由来**　臭気があることから
- **花ことば**　誤解を解きたい
- **特徴**　空き地や草地、ヤブなどでよく見かける身近な草花。葉や花、実を傷つけたり揉んだりするとくさい臭いを放つ。茎はつる性で基部は木質化し、ほかのものに絡まって伸びる。対生する葉は長さ4〜10cm、幅1〜7cmの楕円形。葉柄のつけ根には三角状の鱗片が見られる。

DATA
- 園芸分類　多年草
- 科／属名　アカネ科ヘクソカズラ属
- 原産地　日本
- 花色　○●
- 草丈　つる性
- 花径　1cm（花長）
- 花期　8〜9月
- 生育環境　山野、林下、やぶ、河原

MEMO（観察のポイント）
日本全土に広く生育している。8〜9月には、葉のわきに筒状の小花が集散花序に咲く。花色は白色で中央が赤く色づき、名前とは違って可愛らしいイメージ。秋にできる褐色の果実は、径5mmくらいの球状。古くからしもやけの薬として利用されていた。

名前からは想像できない愛らしい花

from Summer

285

夏から咲く野草・山草　　　　　　　　　ベニバナイチヤクソウ・ベニバナボロギク

ベニバナイチヤクソウ
紅花一薬草

識別ポイント	花は下向きに咲く
名前の由来	花は紅色、草は薬用にされるため
花ことば	いつまでも変わらないこの想い
特徴	高山〜亜高山、深山などに群生する多年草。葉は長さ3〜5cm、幅2〜4cmの広めの楕円形。長い柄があり、2〜5枚が根元から生える。初夏〜夏には、直立した花茎の上部に小花が集まり、総状花序をつくる。花は径約1cm、花冠は5つに裂けて蕊は赤紫色。

DATA
- 園芸分類　多年草
- 科／属名　イチヤクソウ科イチヤクソウ属
- 原産地　日本
- 花色　●
- 草丈　15〜20cm
- 花径　1cm前後
- 花期　6〜7月
- 生育環境　山地、林内、林下

MEMO（観察のポイント）
北海道、本州中部地方以北に生育する。仲間には白い花を咲かせるイチヤクソウ、小型のコバノイチヤクソウ、丸みがある葉をつけるマルバノイチヤクソウなどがある。

林内にひっそりと咲く

ベニバナボロギク
紅花襤褸菊

識別ポイント	葉は香りがある
名前の由来	花は紅色、ボロのような冠毛をつけるキクなので
花ことば	大切なのは外見より中身
特徴	アフリカ原産の帰化植物。互生する葉は、長さ10〜20cmの長楕円形。下の方の葉は羽状に裂け、やわらかく食用にされる。高さ30〜70cmの茎先には、くすんだような赤い筒状花が下向きにつく。花が咲き終わった後、白い綿毛が現れる。

DATA
- 園芸分類　多年草
- 科／属名　キク科ベニバナボロギク属
- 原産地　アフリカ
- 花色　●
- 草丈　30〜70cm
- 花径　1cm（花長）
- 花期　8〜10月
- 生育環境　山地、土手、空き地

MEMO（観察のポイント）
日本全土の暖地に多く自生している多年草。よく似ている草花にダンドボロギクがあり、ダンドボロギクは頭花を上向きに咲かせるため区別できる。

頭花は下向きにつく

ヘラオモダカ
箆面高

識別ポイント	浅い水中に自生する
名前の由来	へら形の葉をつけるため
花ことば	勝利
特徴	池や湿原、水田など水がある場所で見かける多年草。水中から葉柄を伸ばし、長さ10〜30cmのへら状の葉をつける。花期は7〜10月。高さ40cm〜1.2mの花茎は分枝をくり返し、茎先に白く小さな花を咲かせる。花は径約1cm、花びらは3枚。

DATA
- 園芸分類：多年草
- 科／属名：オモダカ科サジオモダカ属
- 原産地：日本
- 花色：○
- 草丈：50cm〜1.2m
- 花径：約1cm
- 花期：7〜10月
- 生育環境：湿地、水中

MEMO（観察のポイント）
日本各地に生育する。仲間には太い葉茎とさじ状の葉をつけるサジオモダカのほか、オモダカ、ウリカワ、アギナシなどがある。

浅い水中に生える

ホオズキ
酸漿、鬼灯

識別ポイント	袋状の特徴的な実を楽しむ
名前の由来	さまざまな諸説があり、はっきりしない
花ことば	不機嫌
特徴	長く伸びる地下茎を乾燥させたものは酸しょう根と呼ばれ、せき止め、利尿剤として利用されている。互生する葉は、長さ5〜12cm、幅3〜9cmの広卵形で、ふちにはまばらにギザギザがある。葉のわきから長い花柄を伸ばし、白い杯形の花を咲かせる。

DATA
- 園芸分類：多年草
- 科／属名：ナス科ホオズキ属
- 原産地：アジア
- 花色：○
- 草丈：60〜90cm
- 花径：1〜2cm
- 花期：6〜7月
- 生育環境：人里近く、庭植え、鉢植え

MEMO（観察のポイント）
珍しいふうせんのような果実を鑑賞するために、古くから栽培されている。袋状の果実はガク片が発達したもので、緑色〜朱色に変化する。長さ4〜6cmの袋の中には、径1〜2cmの赤い液果ができる。

熟すにしたがって色が変わる

■ 夏から咲く野草・山草 ■　　　　　　　　　　　　　　　　　　　　　　　　　　　ホタルブクロ

ホタルブクロ
蛍袋

識別ポイント	大きな鐘形の花をつける
名前の由来	子供が花の中に蛍を入れて遊んだことから
花ことば	気づかない想い
特　徴	根から伸びる葉は卵心形で、花が咲くころには枯れてしまう。茎に互生してつく葉は長さ5〜8cm、幅1〜4cmの披針形で、ふちにはギザギザが目立つ。6〜7月には、長さ4〜5cmの鐘形の花が下向きに咲く。花筒の先は5つに裂け、ガク片の基部に反り返った付属体をもつのがホタルブクロの特徴。

DATA

園芸分類	多年草
科／属名	キキョウ科ホタルブクロ属
原産地	日本、朝鮮半島、中国
花色	●
草丈	40〜80cm
花径	4〜5cm（花長）
花期	6〜7月
生育環境	山地、丘陵、林内

MEMO （観察のポイント）

北海道、本州、四国、九州に自生する多年草。ホタルブクロの仲間は見分け方が難しい。シマホタルブクロは白くやや小さな花を咲かせるホタルブクロの変種。付属体があるものとないものがある。ヤマホタルブクロは付属体がなく、基部がふくらんでいる。

▲ホタルブクロ
▼ヤマホタルブクロ
イシダテホタルブクロ 
'アケボノ' 
シロバナヤエホタルブクロ   
モモバナフタエザキホタルブクロ

ボタンヅル
牡丹蔓

識別ポイント	花びらのようなガク片がまとまってつく
名前の由来	つる性で葉がボタンに似ているため
花ことば	心地よい空気
特徴	野山の日当たりを好む半低木。葉は1回3出複葉で、小葉は長さ3〜7cmの卵形。ふちには鋭い切れ込みが入っている。葉のわきに多数集まって咲く花は、花びらがなく、4枚の白いガク片が花弁状に開く。果実は長さ1cm以下の楕円形で、先端に羽毛状の花柱がついている。

DATA
園芸分類	半低木
科／属名	キンポウゲ科センニンソウ属
原産地	日本、朝鮮半島、中国
花色	○
草丈	つる性
花径	1.5〜2cm
花期	8〜9月
生育環境	山地

MEMO（観察のポイント）
ボタンヅルは本州〜四国、九州に生えている。本州関東地方〜中部地方に分布するコボタンヅルの葉は、2回3出複葉で小葉は細長い。果実には毛がないことからも見分けられる。

ガク片は十字形に開く

ボタンボウフウ
牡丹防風

識別ポイント	海浜に生える強壮な草本
名前の由来	葉がボタンの葉に似ているので
花ことば	反対勢力
特徴	茎は直立し、高さ20〜50cmくらい。しばしば木のように硬くなる。葉は1〜3回3出複葉で、小葉は長さ3〜6cmの倒卵形。浅い切れ込みがあり、先は鈍くとがる。春から夏にかけて、多数の小さな白い花が傘状に並んで咲く。

DATA
園芸分類	多年草
科／属名	セリ科カワラボウフウ属
原産地	日本
花色	○
草丈	60〜100cm
花径	1cm以下
花期	6〜9月
生育環境	海辺、浜辺

MEMO（観察のポイント）
関西以西（太平洋側）・石川以西、四国、九州（日本海側）に生え、1回稔実性の傾向があるがそうでないものもある。若葉や根茎は食べられるため、食用防風の別名をもつ。独特の香りと苦味があり、肉や魚などの臭みを消してくれるだけでなく毒消しの役目もする。

葉は厚い

■ 夏から咲く野草・山草 ■　　　　　　　　　　　　　　　　　　　　　　　　　　　　　　ホテイアオイ・マツカゼソウ

ホテイアオイ

布袋葵　　　別名：ウォーターヒヤシンス

識別ポイント	葉柄の中央がふくれて浮袋になる
名前の由来	大きくふくれる葉柄の基部を七福神の布袋の腹に見立てて
花ことば	幸福な時間
特徴	明治時代に渡来した水草の一種。葉身は広倒卵形で厚く光沢があり、長さ幅ともに5〜10cm。8〜10月の花期には葉の間から太い花茎を伸ばし、ランに似た淡紫色の花を開く。花は1日花で花被片6枚、雄しべ6個、雌しべ1個。

DATA

園芸分類	多年草
科／属名	ミズアオイ科ホテイアオイ属
原産地	熱帯アメリカ
花色	〇
草丈	20〜30cm
花径	3〜5cm
花期	8〜10月
生育環境	池沼

MEMO（観察のポイント）

熱帯アメリカ原産の帰化植物。当初、金魚鉢などに入れる観賞用として持ち込まれたものとされる。現在では野生化して繁殖し、用水路などの害草となることで問題視されている。

庭の池などでも栽培される

マツカゼソウ

松風草

識別ポイント	葉をもむとミカンと同じ香り
名前の由来	能の舞台などに描かれた「松」に似た草姿から
花ことば	倦怠期
特徴	葉は3回羽状複葉で、不ぞろいの小葉は倒卵形でやわらかく裏面は白色を帯びる。8〜10月、よく枝分かれした茎の先に小花が集まり、円錐状に花をつける。ひとつひとつの花は、白色で花びら4枚。花後にできる実は小さく、4つに分岐している。

DATA

園芸分類	多年草
科／属名	ミカン科マツカゼソウ属
原産地	日本、中国
花色	〇
草丈	50〜80cm
花径	1cm以下
花期	8〜10月
生育環境	山地、林内、やぶ

MEMO（観察のポイント）

本州〜四国、九州の山地の木陰でよく見かける多年草。花は小さいが、風にやさしくなびく様子は風雅。丸みがあり、リズミカルな並び方をする葉も趣がある。

小さな4弁花が多数咲く

マツムシソウ
松虫草

識別ポイント	茎頂に淡紫色の美しい頭状花を開く
名前の由来	松虫の鳴く頃に開花するため
花ことば	結実
特徴	根生葉は羽状深裂でロゼット状に生え、茎葉は披針形で対生する。長く伸びた花柄の先には、紅紫色の花が上向きに開く。頭花は径約4cm、下に緑色の総苞が2列に並ぶ。周辺の花は5裂して外側の裂片は大きく舌状になり、内部の花は4裂して小さい。果実は長さ4mmで刺状の剛毛が5〜8本つく。

DATA

園芸分類	2年草
科／属名	マツムシソウ科マツムシソウ属
原産地	日本
花色	●
草丈	60〜90cm
花径	4cm
花期	8〜10月
生育環境	山地

MEMO（観察のポイント）

初秋に咲く可憐な花。高原や北地の野によく見られ、青紫色の花のかたまりは印象的。マツムシソウの抽出液には、血液を流れやすくする作用と血管内での血小板凝集を抑制する作用があり、今日の抗高脂血薬の元祖のような薬草とされる。

from Summer

291

頭花は紅紫色で直径4cm

外側から開きはじめる

花の拡大

夏から咲く野草・山草

ママコナ

継子菜、飯事菜、飯子菜

識別ポイント	飯粒状の白い斑点がある花
名前の由来	ご飯（まま）粒が2つあるように見えるため
花ことば	かいかぶり
特徴	やせて乾いた林下に生える半寄生の1年草。葉は長さ2〜8cm、幅1〜3cmの卵形。花は紅紫色の円筒形で、先端は唇形になる。唇の上側は帽子のようで、下側は先端が3つに切れ込む。下側の中央部分には、白い米粒のような隆起が見える。苞にはギザギザがある。

DATA

園芸分類	1年草
科／属名	ゴマノハグサ科ママコナ属
原産地	日本、朝鮮半島
花色	●
草丈	20〜50cm
花径	14〜18mm（花冠）
花期	7〜9月
生育環境	山地

MEMO（観察のポイント）

ハギが咲くころに顔を出しはじめる。ママコナ属はイネ科やカヤツリグサ科の植物と根を連結させ、養分を横取りする変わり者。四国、九州に多く自生するシコクママコナ、屋久島に生えるヤクシマママコナ、対馬で見られるツシマママコナなどがある。

紅紫色の花冠

マルバルコウ

丸葉縷紅

識別ポイント	小さい花だが、朱色で美麗
名前の由来	葉が羽状に裂けるルコウソウと異なり、葉が丸いルコウソウ
花ことば	紙一重
特徴	熱帯アメリカ原産で、観賞用に栽培されるつる性植物。つるは左巻きにからみつく。互生する葉は先がとがったハート形。葉のわきから長い花柄を出し、星形に開いた花を数個つける。花冠は朱赤色で径1.5cm、花筒は長さ2cm。雄しべと雌しべは花冠の外に突き出ている。

DATA

園芸分類	1年草
科／属名	ヒルガオ科ルコウソウ属
原産地	熱帯アメリカ
花色	● ●
草丈	つる性
花径	1.5〜2cm
花期	8〜10月
生育環境	道ばた

MEMO（観察のポイント）

本州中部地方以西に多く生えているつる性の1年草。3mほど伸びるツルは他種に比べて太いため、細いサツマイモのイメージがある。やや湿潤の富栄養な場所を好み、太い茎を伸ばして大きな群落をつくる。

花の中心部は黄色

ミクリ
実栗

識別ポイント	雄花が上に雌花が下につく
名前の由来	果実をクリのイガに見立てて
花ことば	潔さ
特徴	茎は高さ50cm～1.5mに伸び、浅い水底から直立する。葉は幅1～2cmの細い線形で茎よりも長くなり、裏面の中央には低いスジがある。茎の上方の葉わきから枝を出し、下部に1～3個クリのイガ状の雌花、上部には多数の雄花をつける。

DATA
- 園芸分類　多年草
- 科／属名　ミクリ科ミクリ属
- 原産地　アジア
- 花色　○
- 草丈　50cm～1.5m
- 花径　1cm以下
- 花期　6～8月
- 生育環境　池沼

MEMO（観察のポイント）
沼や沢地、流れの緩やかな水路などに生育する多年生の草本。北海道から九州に自生し、アジアに広く分布する。ミクリ仲間のなかでも本種は最も大きくなり、高さは1.5mを越えることもある。1属20種が知られているが、その半数近くは日本産。

雌花はクリのイガ状

ミズタマソウ
水玉草

識別ポイント	白毛の生えた球形の実が穂状に並ぶ
名前の由来	朝露のかかった様子を水玉に見立てて
花ことば	偽りの自分
特徴	北海道～四国、九州で見かける多年草。茎は高さ20～60cmになり、下向きの毛が密生している。葉は長さ5～13cm、幅1～4cmの披針形。ふちには浅いギザギザがあり、長い葉柄で茎に対生する。8～9月に咲く花は、花びらが2枚で白または淡紅色。花後にできる果実は、楕円形でかぎ状の白い毛が密生する。

DATA
- 園芸分類　多年草
- 科／属名　アカバナ科ミズタマソウ属
- 原産地　日本、アジア
- 花色　○●
- 草丈　20～50cm
- 花径　1cm以下
- 花期　8～9月
- 生育環境　山野、木陰、林縁

MEMO（観察のポイント）
見た目は花弁が4つあるように思えるが、実際にはハート形に切れ込んだ花弁が2つあるだけの花。花自体が小さく、あまり日が差さない物陰などにひっそりと咲いているため、ふつう気がつかないことも多い。

果実は水玉のよう

from Summer

夏から咲く野草・山草　　　　　　　　　　　　　　　　　　　　　　　　　　　　ミズヒキ・ミゾソバ

ミズヒキ
水引

識別ポイント	茎先から長い花穂が出る
名前の由来	細長い花穂を上から見ると紅色、下からは白色に見えるため
花ことば	虚勢
特徴	葉は先がとがる楕円形で、長さ5～15cm。両面に毛があり、多くは表面の中央に紫色の斑点がある。8～10月、茎先から30～40cmの花穂を伸ばす。小花には花びらがなく、花弁状のガクが4枚つき、上の3片は赤、下の1片は白。

DATA
園芸分類	多年草
科／属名	タデ科タデ属
原産地	日本、アジア
花色	○●
草丈	50～80cm
花径	5mm前後
花期	8～10月
生育環境	山野

MEMO（観察のポイント）
冬になると地上部が枯れ、根だけ残って冬を越す宿根草。根元には球根のような茎の塊があり、そこから新しい茎が出てくる。夏の濃い緑葉の中に鮮やかな赤い色がよく似合う。

小さな花には花びらがない

ミゾソバ
溝蕎麦
別名：ウシノヒタイ

識別ポイント	コンペイトウのような花序をつくる
名前の由来	溝のような湿った場所に群生し、花や草姿が少しソバに似ているため
花ことば	風変わり
特徴	葉は牛の顔をさかさまにしたような矛形で、左右対称の紫色の斑が入ることがある。ひとつの花は小さく花弁状のガクが5裂。5つの裂片の先は紅色がぼかし状に入っている。この小花が集合して、コンペイトウのようになる。

DATA
園芸分類	1年草
科／属名	タデ科タデ属
原産地	日本、アジア
花色	●
草丈	30cm～1m
花径	1cm以下
花期	8～10月
生育環境	湿地、あぜ、田んぼ

MEMO（観察のポイント）
山地や里山の水辺に普通に見られる1年草。似た種類は多いが、ほとんどの地域では本種がもっとも多く群生している。つる状に伸びた茎は、下向きの刺で、ほかの茎などに寄りかかって枝を分ける。

ママコノシリヌグイと間違いやすい

ミソハギ

禊萩　　　　　　　　別名：ボンバナ

- **識別ポイント**　長い花穂が立ち上がる
- **名前の由来**　お盆の祭事に使うため「禊(みそぎ)」から
- **花ことば**　朴訥(ぼくとつ)
- **特徴**　直立して伸びる茎は四角形で80cmくらいになり、上部では枝を出す。対生してつく葉は、長さ2～6cmの披針形。基部と先端が細長くとがる。夏になると葉の脈に3～5個の5弁花が穂状につく。小花は径15mm、花びらは4～6枚。

DATA
園芸分類	多年草
科／属名	ミソハギ科ミソハギ属
原産地	北海道、四国、九州、朝鮮半島
花色	●
草丈	50～100cm
花径	15mm
花期	7～8月
生育環境	湿地

MEMO（観察のポイント）
よく似た植物にエゾミソハギがあるが、茎や葉に細毛があり葉の基部が広がって茎を抱くので区別ができる。ミソハギは、お盆の花として全国で広く用いられていて、ボンバナ、ボンクサ、ミズバナなどと呼ばれている。

葉は茎を抱く　　　　　　　　花は穂状につく

from Summer　　295

ミツバ

三葉　　　　　　　　別名：ミツバゼリ

- **識別ポイント**　若葉はやわらかく香味がある
- **名前の由来**　小葉が3つつくため
- **花ことば**　意地っ張り
- **特徴**　全体は無毛で平滑。茎は高さ30～80cmくらいまで生長し、上部で分枝する。葉は3出複葉で、小葉は先がとがった卵形。ふちには細かいギザギザがある。6～7月の花期には、小さな白花が多数集まり、複散形花序につく。

DATA
園芸分類	多年草
科／属名	セリ科ミツバ属
原産地	日本、朝鮮半島、中国
花色	○
草丈	30～80cm
花径	1cm以下
花期	6～7月
生育環境	山地

MEMO（観察のポイント）
北海道～本州、四国、九州に分布する多年草。江戸時代から栽培されており、春に摘む若葉は食べられる。花後、長さ4～5mmの楕円状の白い果実がなり、小さな種子が2個入っている。

花は多数集まる

■夏から咲く野草・山草　　　　　　　　　　　　　　　　　　　　　　　　　ミヤマアキノキリンソウ

ミヤマアキノキリンソウ
深山秋の麒麟草　　　　　　別名：コガネギク

識別ポイント	小さな花がまとまってつく
名前の由来	深山に多く生え、キリンソウに似た花をつけるため
花ことば	似たもの同士
特　徴	夏から秋にかけてベンケイソウ科のキリンソウによく似た花を咲かせる。葉は長さ2〜8cmの披針形。ふちには小さなギザギザがあり、秋には美しく紅葉する。キリンソウとよく似ているが、自生地や草丈、花のつき方で区別する。

DATA
園芸分類	多年草
科／属名	キク科アキノキリンソウ属
原産地	日本
花　色	〇
草　丈	20〜30cm
花　径	1〜2cm
花　期	8〜9月
生育環境	高山、砂礫地、草原

MEMO（観察のポイント）
北海道〜本州中部地方以北に生える多年草。アキノキリンソウより高山に多く、草丈はやや低く、花は大きく密についている。

黄色の小花がまとまってつく

乗鞍桔梗ヶ原に咲く

ミョウガ
茗荷

識別ポイント	野菜として食べられる
名前の由来	さまざまな説がある
花ことば	失恋から立ち直る
特　徴	古い時代に日本へ持ち込まれた帰化植物。苞片に包まれたつぼみをハナミョウガ、軟白した若芽はミョウガタケとして食用にされ、広く栽培されている。「ミョウガを食べ過ぎると物忘れをしてしまう」という俗説まである。

DATA
園芸分類	多年草
科／属名	ショウガ科ショウガ属
原産地	中国
花　色	○
草　丈	40cm〜1m
花　径	1〜3cm
花　期	7〜9月
生育環境	山野、湿地、木陰

MEMO（観察のポイント）
地下茎を伸ばして殖えていき、一度植えつけると長期間栽培収穫が楽しめる。互生する葉は長さ20〜40cmの披針形。苞片の中から白っぽい3弁花が咲き、1日でしぼんでしまう。

ランの花に似ているといわれる

ムシャリンドウ
武佐竜胆

識別ポイント	花には毛が多い
名前の由来	滋賀県武佐町で発見され、リンドウに似るため
花ことば	感受性が豊か
特　徴	日当たりがよい草地などを好む多年草。対生してつく葉は長さ2〜5cmの線形で、質は厚く表面にはつやがある。6〜7月、茎の上部には紫色の唇形花を複数咲かせる。花は長さ3〜4cm、下唇が大きく3つに裂けている。

DATA
園芸分類	多年草
科／属名	シソ科ムシャリンドウ属
原産地	日本、朝鮮半島、中国、シベリア
花　色	●
草　丈	15〜40cm
花　径	3〜4cm（花長）
花　期	6〜7月
生育環境	山野、草原

MEMO（観察のポイント）
滋賀県で発見されたことから名づけられたと言われるが、北海道、本州中部地方に自生しており、実際に滋賀県では見ることができない。よく似ているラショウモンカズラは、花弁の下唇に斑点模様が目立つ。

花は唇形

夏から咲く野草・山草

ムラサキカタバミ
紫傍食

識別ポイント	花弁にすじ模様がある
名前の由来	花が紫色のカタバミなので
花ことば	恋愛恐怖症
特徴	南アフリカ原産の帰化植物。江戸時代に園芸用として輸入されたものが野生化して広がった。結実しないので、地下にある小さな鱗茎をつくって増殖する。ハート形の小葉が3枚輪生し、夕方になると葉を閉じる睡眠運動をする。花は先が5つに分かれているろうと状で、紅紫色。

DATA
園芸分類	多年草
科／属名	カタバミ科カタバミ属
原産地	南アフリカ
花色	●
草丈	10〜30cm
花径	1〜2cm
花期	5〜7月
生育環境	野原、道ばた

MEMO（観察のポイント）
関東地方以西に広く生育している多年草。カタバミの仲間は種類が多く、黄色い花を咲かせるカタバミ、地下にイモのような塊茎をもつイモカタバミ、白い花を咲かせるミヤマカタバミ、コミヤマカタバミ、濃い紅色の花をつけるベニカタバミ（ブラジルカタバミ）などがある。

花は茎先につく

ムラサキミミカキグサ
紫耳掻草

識別ポイント	紫色の可憐な花
名前の由来	紫色の花の下に耳かきのような実がつくため
花ことば	少女趣味
特徴	やや湿った場所を好んで生える食虫植物。地下茎には捕虫嚢があり、地中の小動物を捕らえる。葉は長さ3〜6mmの小さく細いへら形。8〜9月には、細長い花茎の上方に小さな淡い紫色の花を咲かせる。花後、下につくガクが大きく発達して耳かきのようになり、果実を包む。

DATA
園芸分類	多年草
科／属名	タヌキモ科タヌキモ属
原産地	日本
花色	●
草丈	5〜15cm
花径	1cm以下
花期	8〜9月
生育環境	湿原、水辺

MEMO（観察のポイント）
北海道〜本州、四国、九州の屋久島まで広く分布している。タヌキモやミミカキグサ、ホザキノミミカキグサなどが仲間。すべて虫をつかまえて栄養吸収する食虫植物。

花は淡い紫色で小さい

メタカラコウ
雌宝香

識別ポイント	舌状花が1～3枚の黄花が咲き溢れる
名前の由来	オタカラコウよりやわらかいイメージなので
花ことば	従順
特徴	宝香は防虫剤に利用される竜脳香をさし、根の匂いと似ている。葉は長さ20～25cmの大きな三角状心形で、地面を覆うように生える。初夏～秋にかけて黄色い頭花が多数集まり、総状花序をなす。花は長さ1～2cm、筒形の総苞があり舌状花は1～3枚。雄しべが長く突き出し、先端が2つに割れて反転する。

DATA
園芸分類	多年草
科／属名	キク科メタカラコウ属
原産地	日本、中国
花色	●
草丈	60cm～1m
花径	1～2cm（花長）
花期	6～9月
生育環境	深山

MEMO（観察のポイント）
本州～四国、九州に生育する多年草。オタカラコウは高さ1～2mになり、葉もメタカラコウより大型。頭花は径約4cmで舌状花は5～9枚ある。

舌状花は1～3枚

メハジキ
目弾き　　別名：ヤクモソウ（益母草）

識別ポイント	花はピンク色の唇形
名前の由来	短く切った茎を子供がまぶたに挟んで遊んだことから
花ことば	現実逃避
特徴	全草に白い毛が密生している。根から伸びる葉は、長い柄をもつ卵心形。茎につく葉は長さ5～10cmで深く3つに裂け、裂片はさらに細かく羽状に切れ込む。花は直立する太い茎の上方の葉腋に、数個ずつまとまって咲く。

DATA
園芸分類	多年草
科／属名	シソ科メハジキ属
原産地	日本、朝鮮半島、中国
花色	●
草丈	50cm～1.5m
花径	1～2cm
花期	7～9月
生育環境	野山、荒れ地、道ばた

MEMO（観察のポイント）
本州～四国、九州、沖縄で見られる多年草。唇形の花は上唇が裂けず下唇は3裂し、中央の裂片はさらに2つに分かれている。濃紅色のすじが目立ち、毛が生える。

花は直立した太い茎の先につく

from Summer

夏から咲く野草・山草　　　　　　　　　　　　　　　　　　　　　　　　　　　　　　メヒシバ・メマツヨイグサ

メヒシバ
雌日芝
別名：メシバ

- **識別ポイント**　花は小さく目立たない
- **名前の由来**　オヒシバよりやさしい草姿なので
- **花ことば**　情緒不安定
- **特　徴**　葉は長さ8〜20cm、幅約1cmの線形で、長毛が見られる。7〜11月の花期には黄緑色〜褐色の小穂が密に集まり、長さ5〜15cmの放射状の花序をなす。花序の枝のふちにある細かい小穂は、長さ3〜5mmの披針形。

DATA
園芸分類	1年草
科／属名	イネ科メヒシバ属
原産地	日本、全世界の温帯
花色	● ●
草丈	30〜90cm
花径	5〜15cm（花序）
花期	7〜11月
生育環境	田畑、道ばた、荒れ地

MEMO（観察のポイント）
北海道〜本州、四国、九州に広く自生している1年草。小型のコメヒシバ、秋に花をつけるアキメヒシバなどがある。

いたるところで目にする

メマツヨイグサ
雌待宵草

- **識別ポイント**　花の形は変化に富む
- **名前の由来**　女性らしいイメージのマツヨイグサ
- **花ことば**　恋に恋するお年頃
- **特　徴**　明治時代に渡来し、野生化して日本各地で見ることができる。マツヨイグサの仲間の中ではもっとも多く生育している。茎には上向きの毛が密生し、分枝をくり返す。葉は先がとがった披針形で、ふちには小さなギザギザがある。6〜9月には黄色い花が開く。花後には、長さ2〜4cmの円柱形のさく果がなる。

DATA
園芸分類	2年草
科／属名	アカバナ科マツヨイグサ属
原産地	北アメリカ
花色	●
草丈	50cm〜1.5m
花径	2〜5cm
花期	6〜9月
生育環境	野原、河原、空き地

MEMO（観察のポイント）
花びらと花びらとの間があいているものをアレチマツヨイグサ、くっついているものをメマツヨイグサと分けていることもある。花がしぼんだあと赤く変色する性質はマツヨイグサのみ。

マツヨイグサの仲間ではもっとも多く生育

メヤブマオ
雌藪麻芋

識別ポイント	ヤブマオより花序が細い
名前の由来	全体に弱い印象のヤブマオなので
花ことば	真相究明
特　徴	日本各地の林内に自生する多年草。対生する葉は長さ10〜20cmの卵形で、ふちにはギザギザが目立つ。質は薄く、両面に短毛が見られる。花期は8〜10月。茎の上部につく花は雄花序と雌花序に分かれ、ヤブマオより少なく細い。

DATA
園芸分類	多年草
科／属名	イラクサ科カラムシ属
原産地	日本
花色	○
草丈	1m
花径	5〜10cm（花序）
花期	8〜10月
生育環境	山地、林縁

MEMO（観察のポイント）
カラムシ属の仲間、アカソは茎や葉柄、花が赤みを帯びている。クサコアカソは別名マルバアカソと呼ばれ、葉の先が3裂せずに鋭くとがっている。ヤブマオはメヤブマオより大型で、花序も太い。

弱々しく見える

from Summer

301

モウセンゴケ
毛氈苔

識別ポイント	赤い腺毛が特徴的
名前の由来	赤い毛氈を敷きつめたように生えるため
花ことば	無神経
特　徴	日当たりがよいやや湿った場所に群生して生える食虫植物の一種。ロゼット状に根生する葉は、長い柄の先につく円形。赤い消化腺や腺毛が密生し、奇妙な姿を見せる。腺毛の先から粘液を出し、虫を捕らえて離さない。白い小花が総状につき、花序ははじめはうずを巻いているが、花が開くにつれてまっすぐになる。

DATA
園芸分類	多年草
科／属名	モウセンゴケ科モウセンゴケ属
原産地	日本、北半球に広く分布
花色	○
草丈	5〜20cm
花径	1〜1.5cm
花期	6〜8月
生育環境	山地、湿地、林内

MEMO（観察のポイント）
花は朝開いて夕方には閉じてしまう。全体が小型で紅色の花をつけるコモウセンゴケ、互生する葉には長めの腺毛が密生するイシモチソウ、葉に白い腺毛がびっしりつくナガバノイシモチソウなどが仲間。

葉は赤い腺毛に覆われる

夏から咲く野草・山草　　　　　　　　　　　　　　　　　　　　　　　　　　　モミジガサ・ヤクシソウ

モミジガサ
紅葉傘

識別ポイント	若苗は山菜として食用にされる
名前の由来	モミジ状の傘のような葉をつけるため
花ことば	罪と罰
特徴	林内の木陰や礫地などに自生する多年草。互生する葉は長い葉柄をもち、長さ幅とも約15cmのモミジ形。切れ込みが深く葉脈が目立つ。8～9月には、細い花茎に白い筒状の花をまばらにつける。頭花は5個の小花からなり、先端が強く反り返っている。

DATA
園芸分類	多年草
科／属名	キク科コウモリソウ属
原産地	日本
花色	○●
草丈	80cm～1m
花径	1cm
花期	8～9月
生育環境	山地、林縁、岩礫地

MEMO（観察のポイント）
北海道南部～本州、四国、九州に生育している。高知県手箱山で発見されたテバコモミジガサは、モミジガサより小型で頭花は5～6個の小花からなる。また、葉裏の葉脈がよく目立つ。地下茎を引いて繁殖するのも相違点。

花は白でわずかに紅紫色を帯びる

ヤクシソウ
薬師草

識別ポイント	鮮やかな黄色い花が多数咲く
名前の由来	薬師堂の近くで発見されたので
花ことば	不信感
特徴	名前の由来は、薬用に利用されたため、葉を薬師如来に見立てたなど諸説がある。多数分枝して伸びる茎は、赤紫色を帯びている。根から出る葉はへら形で、花が咲くころには枯れる。茎を抱くように互生する葉は、長さ5～10cmの楕円形。

DATA
園芸分類	2年草
科／属名	キク科オニタビラコ属
原産地	日本
花色	●
草丈	30cm～1.2m
花径	1～2cm
花期	8～11月
生育環境	山地、林内、日なた

MEMO（観察のポイント）
北海道～本州、四国、九州に分布する2年草。花期は8～11月と長く、黄色い頭花が枝いっぱいに咲き溢れる。舌状花は12～13枚つき、花びらの先は切れ込みが入る。

日当たりがよい道ばたでよく見かける

ヤクシマススキ
屋久島薄

- **識別ポイント** 草丈は低い
- **名前の由来** 屋久島に生えるススキなので
- **花ことば** 孤立
- **特徴** 屋久島のみに自生するススキの仲間。日当たりがよくやや乾燥した場所に多い。葉は細長い線形で、長さ10～30cm。質はかたく、ふちにはギザギザがある。8～10月の秋に、細く短い穂ができる

DATA
園芸分類	多年草
科／属名	イネ科ススキ属
原産地	日本
花色	●
草丈	60～90cm
花径	1cm以下
花期	8～10月
生育環境	山地、草原

MEMO（観察のポイント）
世界自然遺産に指定されている屋久島に生える多年草。草丈、葉の長さ、花穂すべて小型で鉢植えや山野草仕立てにして楽しまれている。

穂はか細い

ヤグルマソウ
矢車草

- **識別ポイント** 山地～深山の湿地に多く群生する多年草
- **名前の由来** 葉形が矢車を思わせる
- **花ことば** 清楚
- **特徴** 根から伸びる葉は、長い葉柄のさきに大きな小葉を5枚輪生する。小葉は長さ20～40cm、掌状に裂けている。6～7月、80cm～1.2mほどの高さの花茎に白い小花が円錐花序につく。花びらはなく花弁状のガク片と雄しべ、雌しべがついている。

DATA
園芸分類	多年草
科／属名	ユキノシタ科ヤグルマソウ属
原産地	日本、朝鮮半島
花色	○
草丈	80cm～1.2m
花径	1cm以下
花期	6～7月
生育環境	山野、深山

MEMO（観察のポイント）
北海道～本州に自生する。花がよく似ているイワユキノシタも、花びら状のガクのみで本当の花弁はついていない。イワユキノシタは葉が楕円形なので、見分けることができる。

大きな葉が輪になってつく

夏から咲く野草・山草

ヤナギラン
柳蘭

識別ポイント	美しい紅色の花
名前の由来	花はランに似て葉がヤナギのようなので
花ことば	二人三脚
特徴	山地の日なたでよく見られる多年草。互生する葉は長さ5〜18cmの披針形。葉裏は粉白色を帯び、ふちには細かいギザギザがある。6〜8月の花期には、まっすぐに伸びた花茎の上部に小花が集まって総状花序をなし、下から上へ咲き上がる。

DATA

園芸分類	多年草
科／属名	アカバナ科アカバナ（ヤナギラン）属
原産地	日本、アジア、ヨーロッパ、北アメリカ
花色	●
草丈	1〜1.5m
花径	3〜4cm
花期	6〜8月
生育環境	山地

MEMO（観察のポイント）

北海道〜本州中部地方以北に分布している。濃いピンク色の美しい花は径3〜4cm、花びらが4枚、雄しべ8本、雌しべ1本。秋にできる果実は、長さ4〜8cmの蒴果。熟すと4つに裂けて白い毛が生えた種子が飛び出す。

総状花序をつくる

白い毛がある種子

高原を彩る

ヤブガラシ
藪枯らし　　別名：ビンボウカズラ

- **識別ポイント**　小さい花は目立たない
- **名前の由来**　藪を枯らしてしまうほど繁殖力が強いため
- **花ことば**　不倫
- **特　徴**　地下にある茎は生長が早く、藪を枯らしてしまうほど増殖する強い植物。貧乏くさい場所にでも繁茂するため別名がつけられた。卵形の小葉が5枚まとまり、鳥足状につく。頂小葉がもっとも大きく長さ4〜8cm。6〜8月に咲く花は、緑色の4弁花。雌しべのまわりにつく花盤がオレンジ色になる。

DATA
- 園芸分類　多年草
- 科／属名　ブドウ科ヤブガラシ属
- 原産地　日本、アジア
- 花　色　●●
- 草　丈　つる性
- 花　径　1cm以下
- 花　期　6〜8月
- 生育環境　山野、藪、荒れ地

MEMO（観察のポイント）
北海道西南部〜本州、四国、九州、沖縄、小笠原諸島まで広く生育している。ヤブガラシは朝、花を咲かせると昼までに花びらと雌しべを落下させる。その後、花盤の色がオレンジ色に色変わりする性質をもつ。果実は球状で黒く熟す。

from Summer

305

花盤のオレンジが美しい

ヤブカンゾウ
藪萱草　　別名：オニカンゾウ

- **識別ポイント**　花は八重咲きになる
- **名前の由来**　藪に生えるカンゾウであることから
- **花ことば**　理想郷
- **特　徴**　中国から渡来した帰化植物。葉は長さ40〜60cm、幅2〜4cmの線形。若葉は山菜のひとつとして食用にされている。真っ直ぐに伸びる花茎の先には、黄赤色の花が上向きに数個開く。ろうと状の花は、雄しべと雌しべが花弁状になった八重咲き。

DATA
- 園芸分類　多年草
- 科／属名　ユリ科ワスレグサ属
- 原産地　中国
- 花　色　●
- 草　丈　80cm〜1m
- 花　径　6〜8cm
- 花　期　7〜8月
- 生育環境　人里、野原、土手

MEMO（観察のポイント）
北海道〜本州、四国、九州に自生する多年草。仲間のノカンゾウ、ハマカンゾウは花が一重咲きで葉が細い。ゼンテイカやユウスゲなど、近縁種も多い。

八重咲きで種子はできない

ヤブタバコ

藪煙草

識別ポイント	長い枝が放射状につく
名前の由来	藪に多く見られ、葉がタバコの葉に似ている
花ことば	豊かな感情
特徴	長く太い茎は、上部で四方に広がって伸びている。根から出る葉と下方につく葉は、長さ25～30cm、幅10～15cmの広めの楕円形で、しわがよっている。茎葉は楕円形で上へいくほど小さくなる。秋になると、葉のわきには黄色い頭花が下向きにつく。花柄はないに等しく、まわりには雌性の筒状花、中央には両性の筒状花がまとまっている。

DATA

園芸分類	1～2年草
科／属名	キク科ヤブタバコ属
原産地	日本、朝鮮半島、中国
花色	〇（黄）
草丈	50cm～1m
花径	1cm
花期	9～10月
生育環境	藪、林、人里

MEMO（観察のポイント）

日本各地に広く生育している1～2年草。コヤブタバコは2年草で、名前と異なり頭花は径1～2cmとヤブタバコより大きい。

花は筒状花だけ

ヤブマメ

藪豆　　別名：ギンマメ

識別ポイント	紫色の蝶形花
名前の由来	藪などに生えるマメ科の植物なので
花ことば	二股
特徴	つるを長く伸ばし、ほかの植物などに絡みついて生長する。葉は両面に毛が密生する3小葉が茎につく。小葉は長さ3～6cmの卵形。秋になると、マメ科特有の蝶形花が咲きはじめる。花は1～2cmの紫色で、基部は白い。

DATA

園芸分類	1年草
科／属名	マメ科ヤブマメ属
原産地	日本
花色	●〇
草丈	つる性
花径	1～2cm（長さ）
花期	9～10月
生育環境	山地、藪、林

MEMO（観察のポイント）

日本全国に自生するつる性植物。花後にできる果実は、長さ2～3cmの豆果。なかにできる3mmほどの小さな種子は、灰白色に黒い斑点がある。

蝶形の花が葉のわきにつく

ヤブラン
藪蘭

識別ポイント	小さな花が穂状に集まる
名前の由来	藪に生え、葉がランの葉に似るので
花ことば	妥協点
特　徴	山地の木陰や藪、公園などで見かける多年草。根生葉は長さ30～60cm、幅約1cmの線形で、つやがある。夏になると高さ30～50cmの花茎を伸ばし、淡い紫色の小花が総状花序につく。花被片は長さ5mmほど、花房の長さは8～12cmになる。

DATA

園芸分類	多年草
科／属名	ユリ科ヤブラン属
原産地	日本、中国、朝鮮半島
花色	●●
草丈	40～60cm
花径	8～12cm（花序）
花期	8～10月
生育環境	野山、林内、藪

MEMO（観察のポイント）

本州～四国、九州、沖縄に分布している。花後には径約1cmの球状の種子がなり、黒くつやがある。小型のヒメヤブラン、コヤブランもあり、斑入りの品種も人気が高い。

from Summer

果実は黒く熟す

淡紫色の花穂

葉は線形

夏から咲く野草・山草　　　　　　　　　　　　　　　　　　　　　　　　　　　ヤブレガサ

ヤブレガサ
破れ傘、破れ唐傘

識別ポイント	大きな葉が特徴的
名前の由来	若葉を破れた傘に見立てた
花ことば	復縁
特徴	若葉が出てきたころ直立した葉柄につく葉は、深い切れ込みが入り傘を閉じたようなおもしろい草姿を見せる。生長すると大きな掌状複葉に展開する。7〜10月、花茎の先に白〜乳白色の筒状花が7〜13個集まり、円錐花序をなす。

DATA

園芸分類	多年草
科／属名	キク科ヤブレガサ属
原産地	日本、朝鮮半島
花色	○
草丈	50cm〜1m
花径	1cm以下
花期	7〜10月
生育環境	森林、雑木林、木陰

MEMO（観察のポイント）

本州〜四国、九州に生育する多年草。四国の高知県、愛媛県に分布するヤブレガサモドキは、葉の切れ込みが少なく、花は散房花序に咲く。

破れた唐傘のように見える

芽出しごろが特に風変わり

ヤブミョウガ

藪茗荷

- **識別ポイント** 食用になるミョウガとは別種
- **名前の由来** 藪に多く生え、葉がミョウガに似ているため
- **花ことば** 報われない努力
- **特徴** 山地の林の中などに自生する多年草。茎や葉は触るとざらざらしている。葉は長さ15～30cmの披針形、基部は茎を抱いて数枚が輪生状につく。径1cm未満の小さい白花が茎の上部にまとまって段のように咲く。ひとつの株に両性花と雄花が混在する。

DATA
- 園芸分類　多年草
- 科／属名　ツユクサ科ヤブミョウガ属
- 原産地　日本、中国
- 花色　○
- 草丈　50cm～1m
- 花径　1cm以下
- 花期　8～9月
- 生育環境　林内、山野、藪

MEMO（観察のポイント）
本州関東地方以西～四国、九州、沖縄に生えている。花は1日花で、朝に開いて夜にはしぼんでしまう。花後にできる果実は、径5mmくらいの球状で黒紫色に熟す。野菜として食べられるショウガ科のミョウガとは別の種類。

球状の果実　　茎先に白い花がつく

from Summer

309

ヤマオダマキ

山苧環

- **識別ポイント** 花は下向きに咲く
- **名前の由来** 山で見かけるオダマキなので
- **花ことば** 協調性
- **特徴** 高さ30～60cmに生長する多年草。根生葉は2回3出複葉で、小葉は長さ2～4cmでてのひら状に2～3裂する。まっすぐに伸びた茎先には、乳白色の花が下向きに咲く。花は径3～4cmで花びらが5枚あり、基部は背後に長く伸びて距になっている。

DATA
- 園芸分類　多年草
- 科／属名　マメ科オダマキ属
- 原産地　日本
- 花色　●
- 草丈　30～60cm
- 花径　3～4cm
- 花期　6～8月
- 生育環境　山地、草地、林内

MEMO（観察のポイント）
北海道～本州、四国、九州で見られる。ヤマオダマキの黄花種は、キバナノヤマオダマキと呼ばれる。虫を誘うための蜜が入っている距が内側に巻き込むものを、オオヤマオダマキという。

花は下向きにつく

夏から咲く野草・山草

ヤマゴボウ
山牛蒡

識別ポイント	花には花弁がない
名前の由来	山に生え、ゴボウのような根をつけるため
花ことば	思いやり
特徴	明治時代に渡来した帰化植物。根には薬効があるとされ、栽培されていた。葉は長さ10〜20cmの卵状楕円形。花期は6〜9月、真っ直ぐに伸びた花茎の先に小花がまとまって咲く。花に見えるのは白いガク片で、紅色の葯が目立って可愛らしい。秋になると球状の実がなり、つやがある黒紫色に熟す。

DATA

園芸分類	多年草
科／属名	ヤマゴボウ科ヤマゴボウ属
原産地	中国
花色	○
草丈	80cm〜1m
花径	1cm以下
花期	6〜9月
生育環境	山地

MEMO (観察のポイント)

北海道西南部〜本州、四国、九州にまで分布する多年草。北アメリカ原産の仲間にはヨウシュヤマゴボウ、濃い紅色の花を咲かせるマルミノヤマゴボウなどがある。

花茎の先に小花がまとまる

ヤマジノホトトギス
山路の杜鵑草

識別ポイント	花は上向き
名前の由来	山地の林で多く見かけるホトトギスの仲間。
花ことば	愛しい
特徴	茎には下向きの毛が多数生え、葉は長さ8〜18cmの披針形。8〜10月には、葉のわきから出た花茎に1〜3個の花が上向きに咲く。花びらには濃い紫色の斑点が目立ち、ヤマホトトギスのようにそり返らずに平開する。

DATA

園芸分類	多年草
科／属名	ユリ科ホトトギス属
原産地	日本
花色	○ ●
草丈	30〜60cm
花径	2〜5cm
花期	7〜9月
生育環境	山野、森林

MEMO (観察のポイント)

北海道西南部〜本州、四国、九州に自生する。花は上向きにつき、花びらの斑点模様が多い。ヤマホトトギスの花は上向きにつき、花びらはつよく反転する。タイワンホトトギスは沖縄の西表島で見られ、紅色の花が多数咲く。

濃い紫色の斑点が目立つ

ヤマシロギク
山白菊　　別名：イナカギク（田舎菊）

識別ポイント	筒状花と舌状花からなる
名前の由来	山に多く生えるキクなので
花ことば	失恋の痛み
特　徴	山地の林内や岩礫地の日なたに自生する多年草。互生する葉は両面に毛が多い披針形で、ふちにはギザギザがある。枝分かれした花茎の先に咲く花は、径約2cmで中央に黄色の筒状花、まわりに白い舌状花がつく。総苞は3列並び毛が密生する。

DATA
園芸分類	多年草
科／属名	キク科シオン属
原産地	日本
花　色	○○
草　丈	50cm〜1m
花　径	約2cm
花　期	9〜11月
生育環境	山地、林縁

MEMO（観察のポイント）
本州東海地方以西〜四国、九州に分布している。クルマギク、シロヨメナ、ハコネギクなどが仲間。

中央は黄色い筒状花

ヤマトキソウ
山朱鷺草

識別ポイント	花は上向きにつく
名前の由来	山で見られるトキソウなので
花ことば	喜怒哀楽
特　徴	日当たりを好む高さ10〜20cmの多年草。葉は長さ4〜10cmの線形で、茎を抱くようにつく。花期は6〜8月、直立した茎の頂部に小さい花が上向きに咲く。花は長さ1〜2cm、色は白く基部が紅色になる。

DATA
園芸分類	多年草
科／属名	ラン科トキソウ属
原産地	日本
花　色	○○
草　丈	10〜20cm
花　径	1cm前後
花　期	6〜8月
生育環境	山野、草原

MEMO（観察のポイント）
北海道〜本州、四国、九州に広く生育している。5〜7月に咲くトキソウの花は、茎の先端に横向きにつく。花の大きさはヤマトキソウより大きい。

小さい花が上向きに咲く

from Summer

ヤマトラノオ
山虎の尾

識別ポイント	花は穂状に咲く
名前の由来	山に多く生え、花序を虎のしっぽに見立てた
花ことば	冷えきった愛
特徴	山地の草原や林内で見られる多年草。対生する葉は長さ5〜11cm、幅1〜3cmの披針形。両面には毛が散生し、ふちには鋭いギザギザがある。花期には茎の頂部に小花が集まり、穂状花序をつくる。ひとつひとつの花は、紫色で長さ約5mm。花後には小さな蒴果ができる。

DATA
- 園芸分類　多年草
- 科／属名　ゴマノハグサ科ルリトラノオ属
- 原産地　日本
- 花色　●
- 草丈　40〜90cm
- 花径　5mm（花長）
- 花期　8〜9月
- 生育環境　山野、林縁、草地

MEMO（観察のポイント）
本州〜四国、九州に分布する多年草。トラノオの仲間は種類が多く、ハマトラノオ、ヤマルリトラノオ、キタダケトラノオ、エチゴトラノオ、ヒメトラノオなどがある。

穂状花序をつくる

ヤマハハコ
山母子

識別ポイント	花びらのような総苞片がつく
名前の由来	山で多く見られるので
花ことば	親子愛
特徴	地下茎を伸ばして殖える多年草。茎や葉には綿毛が密生し、白っぽく見える。互生する葉は長さ6〜9cmの披針形。質は厚く、基部は茎を抱くようにつく。花期は8〜9月、茎の上部に頭花が集まって散房状に咲く。筒状の両生花と花弁のような白い総苞片をもつ。雌雄異株。

DATA
- 園芸分類　多年草
- 科／属名　キク科ヤマハハコ属
- 原産地　日本、中国
- 花色　○●
- 草丈　40〜60cm
- 花径　約1cm
- 花期　8〜9月
- 生育環境　山地、草原

MEMO（観察のポイント）
北海道〜本州長野県・石川県以北に自生する。雄株の頭花と雌株の頭花とを見比べると、雄株のほうが筒状花が多い。ホソバノヤマハハコは西日本に分布し、全体が小型で葉も細い。

ヤマトリカブト
山鳥兜

識別ポイント	珍しい形の花をつける
名前の由来	山に生えるトリカブトなので
花ことば	狂愛
特　徴	日本原産のトリカブト。茎は草地などでは直立し、林などでは斜めに伸びる。葉は長さ幅とも6～20cmで、3～5裂浅く切れ込む。9～11月には紫色の奇妙な花が散房状に並び、上から順に開花する。花の後ろには白く長い距があり、先端を巻き込んでいる。

DATA

園芸分類	多年草
科／属名	キンポウゲ科トリカブト属
原産地	日本
花色	●
草丈	0.6cm～2m
花径	3～4cm（花長）
花期	9～11月
生育環境	山地

MEMO（観察のポイント）

本州の関東地方西部と中部地方東部のみに自生している。イブキトリカブト、オクトリカブト、タンナトリカブト、ツクバトリカブトなどの仲間があり、有毒植物として知られている。

奇妙な花形

from Summer

草丈は長く伸びる

■ 夏から咲く野草・山草 ■　　　　　　　　　　　　　　　　　　　　　　　　　　　ヤマノイモ

ヤマノイモ
山の芋　　　　　　　別名：ジネンジョ

識別ポイント	葉のわきにはムカゴがつく
名前の由来	太い根茎をイモに見立てた
花ことば	人手不足
特徴	熱帯地域に多く分布しているつる性植物。対生してつく葉は、長い葉柄をもつハート形。葉にできるムカゴは食用にもされ、地面に落ちたものは翌年発芽する。雌雄異株で、雄花序は直立し、雌花序は垂れ下がっている。

DATA

園芸分類	多年草
科／属名	ヤマノイモ科ヤマノイモ属
原産地	日本
花色	○
草丈	つる性
花径	1cm以下
花期	7〜8月
生育環境	山野、林縁

MEMO（観察のポイント）

本州〜四国、九州、沖縄で見られる多年草。ヤマノイモ科の植物は11属があり、地下に多肉根をもつものと木質根をもつものがある。オニドコロ、カエデドコロ、キクバドコロ、タチドコロなどが仲間。

◀白色の花をつける

雄花　　　　　　　　　　　　　　　　　　　ムカゴ

ヤマブキショウマ
山吹升麻

識別ポイント	白い小花が茎の上部にまとまる
名前の由来	山に生えるショウマの仲間なので
花ことば	さわやか
特徴	草丈0.3～1mに生長する多年草。葉は2回3出複葉で、小葉は長さ3～10cmの卵形。ふちにはギザギザがあり、葉脈がはっきりと目立つ。花期は6～8月。茎の上部に白い小花が多数まとまってつき、円錐花序をつくる。

DATA
園芸分類	多年草
科／属名	バラ科ヤマブキショウマ属
原産地	日本
花色	○
草丈	0.3～1m
花径	1cm以下
花期	6～8月
生育環境	山地

MEMO（観察のポイント）
北海道～本州、四国、九州に広く分布している。雌雄異株で、雄株は花が多く集まって太い花序をつくり、雌株の花序は花がまばらについて細く淋しいイメージ。

円錐花序をつくる

from Summer

315

ヤマホタルブクロ
山蛍袋

識別ポイント	付属体がない
名前の由来	山に多く生えるホタルブクロなので
花ことば	激しい束縛
特徴	ホタルブクロよりも高地に自生する多年草。互生する葉は長さ5～8cmの披針形で、ふちには不ぞろいのギザギザがある。6～8月には、茎先に大きな鐘形の花が下向きに咲く。花は長さ4～6cmで、先端は5つに裂けている。

DATA
園芸分類	多年草
科／属名	キキョウ科ホタルブクロ属
原産地	日本
花色	●
草丈	30～60cm
花径	4～6cm（花長）
花期	6～8月
生育環境	山野

MEMO（観察のポイント）
本州の東北地方南部～近畿地方東部に生育している。ホタルブクロの花はヤマホタルブクロより淡いピンク色で、ガク片の湾入部に反返った付属体が見られる。ヤマホタルブクロは付属体はなく、基部がふくらんでいる。

鐘形のかわいらしい花

■ 夏から咲く野草・山草 ■　　　　　　　　　　　　　　　　　　　　　　　ヤマホトトギス・ヤマホロシ

ヤマホトトギス

山杜鵑草

識別ポイント	花は上向きに咲く
名前の由来	山に生育するホトトギスなので
花ことば	優柔不断
特徴	茎の上方には下向きの毛が生えている。葉は長さ8〜15cmの披針形で、基部は茎を抱くようにつく。茎先や葉のわきに咲く花は、白地に紅色の斑点模様が目立つ。6枚の花びらは反り返り、花柱の先端は3つに分かれている。

DATA

園芸分類	多年草
科／属名	ユリ科ホトトギス属
原産地	日本
花色	●○
草丈	40〜70cm
花径	2〜4cm
花期	7〜9月
生育環境	野山、林

MEMO（観察のポイント）

北海道西南部〜本州、四国、九州で見かける多年草。ホトトギス、キバナノホトトギス、ジョウロウホトトギス、タマガワホトトギス、ヤマジノホトトギスなど多くの種類があり、いずれも花弁の斑点模様が特徴的。

花は上向きにつく

ヤマホロシ

山ほろし　　　別名：ホソバノホロシ

識別ポイント	花びらの先は反り返る
名前の由来	不明
花ことば	同情
特徴	山地の日当たりなどに自生する多年草。葉は先がとがった卵状披針形で、長さ3〜8cm。上部の葉は切れ込みがないが、下部につく葉は3〜5片に深く裂けている。花は葉のわきから出た花柄の先に、集散花序につく。花は淡い紫色で基部が黄色く目立ち、花びらの先は5裂する。秋には径1cm以下の丸い液果がなり、赤く熟す。

DATA

園芸分類	多年草
科／属名	ナス科ナス属
原産地	日本
花色	●
草丈	つる性
花径	1cm前後
花期	7〜9月
生育環境	山野、林内

MEMO（観察のポイント）

北海道〜本州、四国、九州に生育している。マルバノホロシ、オオマルバノホロシ、ヒヨドリジョウゴなどの仲間はすべて、花冠の先が5つに裂けて反転している。

淡い紫色の花がつく

ヤマユリ
山百合

識別ポイント	白い花びらには斑点模様が目立つ
名前の由来	山地に多いユリなので
花ことば	容姿端麗
特徴	神奈川県の県花に指定されている日本特産のユリ。地下にできる鱗茎は、食用にされる。葉は長さ10〜15cmの披針形。花期には、15〜18cmの大きな花が横向きに咲く。6枚の花被片は反転し、甘い香りを放つ。花色は白地に黄色い筋があり、赤い斑点模様が入る。

DATA
- 園芸分類　多年草
- 科／属名　ユリ科ユリ属
- 原産地　日本
- 花色　○
- 草丈　1〜1.5m
- 花径　15〜18cm
- 花期　7〜8月
- 生育環境　野山、丘陵

MEMO（観察のポイント）
本州近畿地方以北で見られる。ユリの仲間は非常にさまざまな種類があり、オニユリ、コオニユリ、ヒメユリ、ヒメサユリなど美花揃いで、愛好家も多い。

甘い香りを放つ

ユウガギク
柚香菊

識別ポイント	舌状花と筒状花からなる
名前の由来	ユズの香りがするため
花ことば	天真爛漫
特徴	ユズに似た芳香からと名づけられたが、実際にはあまり匂いがない。地下茎を伸ばして増殖し、群生していることが多い。葉は長さ7〜8cm、幅3〜4cmの長楕円形で、ふちには切れ込みが入る。7〜10月、多数分枝した花茎の先に2〜3cmの花が開く。頭花は中央に黄色い筒状花、まわりを白い舌状花が囲むようについている。

DATA
- 園芸分類　多年草
- 科／属名　キク科ヨメナ属
- 原産地　日本
- 花色　○
- 草丈　40cm〜1.5m
- 花径　2〜3cm
- 花期　7〜10月
- 生育環境　山地、草原

MEMO（観察のポイント）
本州の近畿地方以北に生育する多年草。カントウヨメナは舌状花が淡い紫色で、葉質はユウガギクよりやや薄い。よく似ているため、区別するのはむずかしい。

しばしば群生する

夏から咲く野草・山草

ユウスゲ
夕菅　　　　　　　　　別名：キスゲ

識別ポイント	ラッパ状の美しい黄色い花
名前の由来	夕方に開花し、葉がスゲに似ているため
花ことば	自意識過剰
特　徴	根生葉は長さ40～60cm、幅5～15mmの線形。高さ1～1.5mの花茎の上部は二股に分かれ、黄色い花が上向きに開く。花は夕方に開花し、翌日の午前中には閉じてしまう。花びらは6つに深く裂け、芳香がある。

DATA
園芸分類	多年草
科／属名	ユリ科ワスレグサ属
原産地	日本
花色	○
草丈	50～100cm
花径	8～12cm
花期	7～9月
生育環境	高山、林縁

MEMO（観察のポイント）
本州～四国、九州に生えるキスゲの仲間。ゼンテイカ（ニッコウキスゲ）、エゾキスゲ、トビシマカンゾウ、ノカンゾウ、ヤブカンゾウなど近縁種は多い。

黄色い花は上向きに咲く

ヨウシュヤマゴボウ
洋種山牛蒡　　　　　別名：アメリカヤマゴボウ

識別ポイント	花は横向きに咲く
名前の由来	洋種のヤマゴボウなので
花ことば	内縁の妻
特　徴	明治時代初期に渡来した帰化植物。高さ1～2mに伸びる茎は、赤みを帯びている。葉は先がとがった長楕円形で、長さ10～30cm。長い花柄に小花が集まり、房状の花房をつくる。開花中は横向きについていた花穂は、果期になると垂れ下がる。果実は径約1cmの液果で、黒紫色に熟す。

DATA
園芸分類	多年草
科／属名	ヤマゴボウ科ヤマゴボウ属
原産地	北アメリカ
花色	○●
草丈	1～2m
花径	5～6mm
花期	6～9月
生育環境	空き地、道ばた

MEMO（観察のポイント）
日本各地で野生化している。根はゴボウに似ているが有毒で、中国では下剤として用いられている。ヤマゴボウの花序は直立し、果実ができても垂れ下がらない。マルミノヤマゴボウの花序も上向きにつき、花は紅色になる。

花序には長い柄がある

ヨシ(アシ)

識別ポイント	群生して生える
名前の由来	漢名を和音読みにしたもの
花ことば	我慢強い

ヨシ
葦、蘆、葭

別名：アシ

特　徴　世界の温帯〜亜寒帯の水辺などに自生する多年草。太い地下茎を伸ばして増殖し、群生する。かたく丈夫な茎は、簾などの材料として重宝される。互生する葉は長さ20〜50cm、幅2〜4cmの線形。夏の終わりから秋にかけて、大きな円錐状の穂をつくる。小穂は紫褐色で長さ1〜2cm、先が鋭くとがる。

DATA
園芸分類　多年草
科／属名　イネ科ヨシ属
原産地　日本
花　色　●
草　丈　1.5〜3m
花　径　15〜40cm（花序）
花　期　8〜10月
生育環境　池、沼、湿地、水辺

MEMO（観察のポイント）
日本全土に分布する。仲間のツルヨシ（ジシバリ）は、ほふく根を伸ばして繁茂していく。セイコノヨシ（セイタカヨシ）は、全体に大型で草丈は2〜4mにもなる。

from Summer

319

晩秋の渓流で

河川に群生する

■夏から咲く野草・山草■

ヨメナ
嫁菜

別名：オハギ

識別ポイント	若菜は食べられる
名前の由来	美しい姿を嫁にたとえた
花ことば	新婚夫婦
特徴	山地の湿地を好んで生える多年草。オオユウガギクとコヨメナの交雑によってできたとされる。葉は長さ8〜10cm、幅2〜3cmの長楕円形で、ふちにはギザギザが目立つ。7〜10月には、径約3cmの淡い青紫色の花が、枝先に多数咲き溢れる。

DATA

園芸分類	多年草
科／属名	キク科ヨメナ属
原産地	日本
花色	●●
草丈	1〜1.5m
花径	約3cm
花期	7〜10月
生育環境	野山、草地、湿地、道ばた

MEMO（観察のポイント）
本州中部地方以西〜四国、九州に生育している。オオユウガギクとの見分け方は、頭花と果実。オオユウガギクの舌状花は細く花弁と花弁との間があいていて、果実はやや大きい。

淡い青紫色の花

大群生

ヨツバヒヨドリ
四葉鵯

識別ポイント	筒状の小花がまとまって咲く
名前の由来	葉が3～4枚のヒヨドリバナ
花ことば	少女の純愛
特　徴	深山で見かけるヒヨドリバナの一種。葉は長さ10～15cmの長楕円形で、3～4枚が輪生してつく。花期は8～9月、直立して伸びる花茎の先が枝分かれし、淡いピンク色の花が散房状に咲く。頭花は5～6個の筒状花からなり、すべて両性。花冠の先は浅く5つに裂け、花柱が長く飛び出している。

DATA
園芸分類	多年草
科／属名	キク科フジバカマ属
原産地	日本
花　色	●
草　丈	0.8cm～1.2m
花　径	1cm以下
花　期	8～9月
生育環境	山地、深山

MEMO（観察のポイント）
北海道、本州近畿地方以北、四国に分布する多年草。ヒヨドリバナ、サワヒヨドリ、サケバヒヨドリ、ヤマヒヨドリなどの仲間がある。

from Summer

ラセイタソウ
羅背板草

識別ポイント	花は穂状に咲く
名前の由来	葉の表面が毛織物のラセイタに似ているので
花ことば	家庭円満
特　徴	海岸や浜辺に自生する多年草。対生する葉は長さ6～15cmの幅が広い卵形。質は厚くしわが多い。雄花は茎の下方につき、雌花は上部につく。

DATA
園芸分類	多年草
科／属名	イラクサ科カラムシ属
原産地	日本
花　色	○●
草　丈	30～70cm
花　径	1cm
花　期	7～9月
生育環境	海辺、浜辺、林内

MEMO（観察のポイント）
北海道南部～本州紀伊半島までの太平洋側に多い。仲間にはカラムシ、アオカラムシ、ナンバンカラムシなどがある。

雄花序は赤みがある

■ 夏から咲く野草・山草　　　　　　　　　　　　　　　　　　　　　　　　　　リンネソウ・レンゲショウマ

リンネソウ
リンネ草
別名：メオトバナ

識別ポイント	2花が1対になってつく
名前の由来	植物学者リンネの名に由来する
花ことば	夫婦円満
特徴	2つの花が1セットになって咲くことからメオトバナという別名がある。針金状のつるを長く伸ばし、地面を這って生長する。花期は7〜8月。高さ10cmほどの花茎の先がY字に分岐し、先端に小さな花をひとつずつ咲かせる。

DATA
園芸分類	小低木
科／属名	スイカズラ科リンネソウ属
原産地	ヨーロッパ
花色	○●
草丈	つる性
花径	1cm
花期	7〜8月
生育環境	高山、深山、林内

MEMO (観察のポイント)
北半球北部に広く分布し、日本では本州長野県以北〜北海道で見かける小低木。花は淡いピンク色で、先端が5裂した鐘形。枝の先に下向きに咲き、可愛らしいイメージ。

2つの花がセットで咲く

レンゲショウマ
蓮華升麻

識別ポイント	花は下向きに咲く
名前の由来	花は蓮、葉がサラシナショウマに似るため
花ことば	可憐
特徴	落葉樹林内に多く見られる多年草。根生葉や下部につく葉は、2〜4回3出複葉。小葉は長さ4〜10cmの卵形で、浅く切れ込みが入る。まっすぐに伸びた茎の上方には、淡いピンク色の花が下向きにつく。外側には花弁状のガク片、直立する花びら、多数のおしべとめしべがある。

DATA
園芸分類	多年草
科／属名	キンポウゲ科レンゲショウマ属
原産地	日本
花色	○●
草丈	0.5cm〜1m
花径	2〜5cm
花期	7〜8月
生育環境	山地、林内

MEMO (観察のポイント)
本州福島県〜奈良県に分布する日本特産種。花後にできる果実は、長さ1〜2cmの袋果。サラシナショウマとは花が異なる。

花は下向きにつく

ワタスゲ
綿菅

識別ポイント	白い綿毛ができる
名前の由来	花後、綿のような果穂ができるので
花ことば	揺らぐ想い
特徴	根から伸びる葉は、細長い線形で質はかたい。花期は6〜8月、直立する花茎の頂部に緑褐色の小穂をひとつつける。小穂は小さく細い鱗片が多数まとまって、長さは1〜2cm。花が終わると、白い綿毛が伸びて径約3cmの球状になる。

DATA
園芸分類	多年草
科／属名	カヤツリグサ科ワタスゲ属
原産地	日本
花色	
草丈	20〜50cm
花径	1〜2cm（花長）
花期	6〜8月
生育環境	高地、湿原

MEMO（観察のポイント）
北海道〜本州中部地方以北で見られる多年草。北海道の大雪山に分布するエゾワタスゲ、小型の小穂が数個茎先につくサギスゲなどもある。

from Summer

白い綿毛の群生

地塘とワタスゲ（尾瀬上田代）

夏から咲く野草・山草　　　　　　　　　　　　　　　　　　　　　　　　　　　　　　　　　ワルナスビ・ワレモコウ

ワルナスビ
悪茄子
別名：オニナスビ

識別ポイント	星形の花を開く
名前の由来	茎や葉に刺が多いため
花ことば	悪戯
特　徴	昭和時代のはじめに発見された帰化植物。繁殖力が強いため、野生化して日本各地に広がっている。茎や葉には鋭い星状毛があり、枝分かれして伸びていく。互生する葉は長さ8〜15cm、幅4〜8cmの楕円形で、ふちには大きなギザギザがある。

DATA
園芸分類	多年草
科/属名	ナス科ナス属
原産地	北アメリカ
花色	●○
草丈	0.5cm〜1m
花径	約2cm
花期	6〜10月
生育環境	野山、森林、空き地

MEMO（観察のポイント）
繁殖力が旺盛で害草として扱われているが、6〜10月に開く花は星形で可愛らしい。花色は白または淡い紫色で、基部の黄色い葯が突き出している。秋には、径1〜2cmの球状の果実が黄色に熟す。

花は可愛い

ワレモコウ
吾木香

識別ポイント	楕円形の穂をつける
名前の由来	さまざまな説がある
花ことば	甘えんぼ
特　徴	日当たりがよい場所を好んで群生する。根から伸びる葉は奇数羽状複葉で、小葉は長さ4〜6cmの長楕円形で2〜6対ある。茎には小さい葉が互生する。茎は分枝をくり返し、頂には小花が集まって実のような花穂をつける。花は赤褐色で花弁はない。

DATA
園芸分類	多年草
科/属名	バラ科ワレモコウ属
原産地	日本
花色	●
草丈	0.5cm〜1m
花径	1〜2cm（花序）
花期	8〜10月
生育環境	山地、草地

MEMO（観察のポイント）
北海道〜本州、四国、九州に分布する多年草。コバノワレモコウは、白い花に雄しべの黒い葯が目立つ。ナガボノアカワレモコウは赤褐色で長い花穂をつけ、ナガボノシロワレモコウは白く長い花穂をつける。

穂は楕円形

from
Autumn / Winter

秋・冬から咲く
野草・山草

62種

■秋冬から咲く野草・山草■　　　　　　　　　　　　　　　　　　　　　　　　　　　　　　アカザ・アキチョウジ

アカザ
藜

識別ポイント	シロザの変種
名前の由来	若株の中心部（座）が赤いため
花ことば	恥じらい
特徴	ユーラシア原産だが、古い時代に中国から渡来した帰化植物。葉はふちにギザギザがある菱形〜卵形。若葉の表面が赤く見えるのは紅紫色の粉状物に覆われているため。葉はシロザと同様食べられる。かつては食用に栽培されていた。

DATA
園芸分類	1年草
科／属名	アカザ科アカザ属
原産地	ユーラシア
花色	〇（緑）
草丈	1〜1.5m
花径	5mm前後
花期	9〜10月
生育環境	田畑、荒れ地

MEMO（観察のポイント）
日本全国の畑の付近や荒れ地に生えている。茎は直立し、大きなもので1.5㎝、茎の径は3㎝くらいになる。葉は互生し、先はとがり、ふちにはギザギザがある。

晩秋のアカザ

アキチョウジ
秋丁字

識別ポイント	セキヤノアキチョウジより花柄が短くて毛がある
名前の由来	秋に丁字形の花を咲かせることから
花ことば	清潔な人
特徴	名前の由来のひとつに、胴長の花がフトモモ科のチョウジノキのつぼみに似ているからという説もある。葉は狭卵形で対生し、ふちにはギザギザがある。花は筒形で先が2つに分かれた唇形をしている。花柄は長さが1㎝以下と小さい。

DATA
園芸分類	多年草
科／属名	シソ科ヤマハッカ属
原産地	日本、中国
花色	●（青紫）
草丈	0.7〜1m
花径	5mm前後
花期	9〜10月
生育環境	山地の木陰

MEMO（観察のポイント）
本州の岐阜県以西〜四国、九州の山地の木陰に生育する多年草。同属のセキヤノアキチョウジは花柄が本種より細くて長いので見分けられる。両者とも群生する。

花は筒状で先が2つに分かれる

アケボノソウ
曙草

識別ポイント	花弁の黄緑色の斑が特徴的
名前の由来	花冠に散布する細い点を暁の星に見立てて
花ことば	今日も元気で
特　徴	葉は対生する長めの卵形で、長さ5〜12cm。3つの主脈が目立つ。葉のわきから分枝した枝の先に白い花を1花ずつ咲かせる。花冠は深く5裂し、基部で合着している。

DATA
園芸分類	2年草
科／属名	リンドウ科センブリ属
原産地	日本、中国、朝鮮半島
花色	○
草丈	60〜90cm
花径	1.5cm前後
花期	9〜10月
生育環境	山地の水辺

MEMO（観察のポイント）
北海道〜本州、四国、九州の山地の水辺や木陰に生育する2年草。同属に薬草として有名なセンブリ、暗紫色のミヤマアケボノソウ、花が葉のわきに集まって咲くシノノメソウなどがある。

花冠は深く5裂する

アメリカセンダングサ
亜米利加栴壇草　別名：セイタカウコギ

識別ポイント	ガク苞が四方に開く
名前の由来	北米原産で葉がセンダンに似ていることから
花ことば	近寄らないで
特　徴	茎は濃紫色でやや角ばっており、1.5mくらいまで伸びるものもある。下部の葉は2回3出複葉、上部の葉は3出複葉で、つき方が違う。茎先につく頭花は黄色い筒状花。

DATA
園芸分類	1年草
科／属名	キク科センダングサ属
原産地	北アメリカ
花色	●
草丈	1〜1.5m
花径	5〜8mm
花期	9〜10月
生育環境	湿り気がある荒れ地、道ばた

MEMO（観察のポイント）
北海道を除く日本全国の湿り気がある荒れ地や道ばたで雑草化している。花芯には黄色い筒状花があり、下に葉状のガク苞がついていて四方に開く。その下に隠れるように黄色い舌状花がつく。

道ばたでふつうに見られる

■ 秋冬から咲く野草・山草　　　　　　　　　　　　　　　　　　　　　　　アワコガネギク・イソギク

アワコガネギク

泡黄金菊　　　　　　　　　別名：キクタニギク

識別ポイント	筒状花も舌状花も黄色
名前の由来	黄色い花があたかも泡のように密集してつくことから
花ことば	押し合わないで
特徴	葉は長さ6〜7cmの広卵形で羽状に深く裂けて互生し、裂片にはギザギザがあり、表面には細かい毛がある。茎先に多数の頭花が集まり、直径15cmくらいの花房をつくる。

DATA

園芸分類	多年草
科／属名	キク科キク属
原産地	日本、中国、朝鮮半島
花色	◯
草丈	1〜1.5m
花径	1.5cm
花期	10〜11月
生育環境	やや乾いた山麓、土手

MEMO（観察のポイント）

本州東北地方〜近畿地方や北九州、四国の一部に分布する多年草。頭花は花後下を向く。花は外側1列が舌状花で中心には筒状花が集まる。別名のキクタニギクは「菊渓菊」で、京都地方の地名に由来するという。

茎先に頭花が集まる

イソギク

磯菊

識別ポイント	葉は厚く裏に銀白色の毛が密生
名前の由来	磯に生えるキクであることから
花ことば	強健
特徴	茎は斜めに立ち上がり、上部まで密に葉をつけ、群生する。葉は厚く、長さ4〜8cm、幅1.5〜2.5cmの倒披針形〜倒卵形。上半分は羽状に浅く裂けるか、切り込みがある。頭花は黄色の筒状花。

DATA

園芸分類	多年草
科／属名	キク科キク属
原産地	日本、中国、朝鮮半島
花色	◯
草丈	20〜40cm
花径	5mm
花期	10〜12月
生育環境	海岸の崖など

MEMO（観察のポイント）

関東〜東海地方、伊豆諸島の海岸の崖に生える多年草。頭花は黄色の筒状花で密集して多数つく。舌状花はない。古くから栽培もされ、イエギクとの雑種で、舌状花を混生するものはハナイソギクと呼ばれている。

頭花は密集してつく

イワシャジン
岩沙参

識別ポイント	花はツリガネニンジンのように輪生しない
名前の由来	岩場に生えるシャジンの仲間であることから
花ことば	可憐
特　徴	沢ぞいや湿り気がある岩場に生える多年草。茎は細く、長さ30～70cmで垂れ下がる。葉は茎に互生してつき、広線形または披針形で長さ7～15cm。花は青紫色で長さ2～5cmの細い花柄の先に複数吊り下がって咲く。

DATA
- 園芸分類　多年草
- 科／属名　キキョウ科ツリガネニンジン属
- 原産地　日本
- 花　色　■
- 草　丈　30～70cm
- 花　径　1.5～2.5cm（花冠）
- 花　期　9～10月
- 生育環境　山地の湿り気がある岩地

MEMO（観察のポイント）
日本の特産種である。本州の中部地方、関東地方西北部に野生。花は鐘形をしていて青紫色。渓流の岸壁などに生えて風に揺れる風情は、釣り人の竿をしばし止めさせ、安らぎを与えてくれる。本種の高山型で、南アルプスの高山に生ずるものをホウオウシャジンという。

花は垂れ下がる

from Autumn / Winter

329

エゾリンドウ
蝦夷竜胆

識別ポイント	花は段をなして咲く
名前の由来	エゾ（北海道）に多いリンドウであることから
花ことば	けなげ
特　徴	深山の湿地帯などに生える多年草。葉は対生し、長さ6～10cmの披針形。根茎は太く、全草が粉白色を帯びる。花は青紫色で茎の先や葉のわきにつき、長さは3～5cm。平開はせず、半開でとどまる。

DATA
- 園芸分類　多年草
- 科／属名　リンドウ科リンドウ属
- 原産地　日本
- 花　色　■
- 草　丈　30～80cm
- 花　径　3～5cm（長さ）
- 花　期　9～10月
- 生育環境　深山の湿地帯

MEMO（観察のポイント）
青みが強い長さ3～5cmの花は5～20個つく。切り花用として市販されているリンドウは本種の栽培種が多い。リンドウの仲間は多く、世界各地に約400種が自生するという。

花は半開のまま

■ 秋冬から咲く野草・山草　　　　　　　　　　　　　　　　　　　　　　　　　　　オギ・オケラ

オギ
荻

別名：オギヨシ

識別ポイント	ススキのように株をつくらない
名前の由来	熟した時の果穂が獣の狄の尻尾に似ているからという説がある
花ことば	清涼
特徴	河原や水辺に生える高さ1～2.5mの多年草。離れてみるとススキと間違いやすいが、ススキのように株立ちしないので見分けやすい。根茎は地中を横に這い、1本ずつ立ち上がる。葉は長さ50～80cm、幅1～3cmの線形で、ふちはざらつく。

DATA
園芸分類	多年草
科／属名	イネ科ススキ属
原産地	日本、中国、朝鮮半島
花色	○
草丈	1～2.5cm
花径	5～6mm（小穂）
花期	9～10月
生育環境	河原や水辺の湿地帯

MEMO（観察のポイント）
花期になると、下部の葉は枯れ落ちる。長さ5～6mmの小穂は密につき、基部には銀白色の長い毛が密生する。花序は長さ25～40cmとススキより大きく、枝も密に出る。

ススキと間違いやすい

オケラ
朮

識別ポイント	頭花をつつむカゴのような苞葉
名前の由来	古名の「ウケラ」が訛ったものという説がある
花ことば	驚かさないで
特徴	日当たりがよい山地の乾いたところに多く自生する多年草。雌雄異株。根茎は長く節があり、春になって古い根から出る若い苗は、白い軟毛をかぶっている。茎は高さ0.3～1mくらいで、硬い円柱形。

DATA
園芸分類	多年草
科／属名	キク科オケラ属
原産地	日本、中国、朝鮮半島
花色	○ まれに●
草丈	0.3～1m
花径	1.5～2cm
花期	9～10月
生育環境	山地のやや乾いた草地

MEMO（観察のポイント）
本州～四国、九州の日当たりがよい山地のやや乾いた草地に自生する。葉は長い柄があり、3～5裂する。裂片のふちには刺状のギザギザがある。頭花は直径1.5～2cmの筒状花で、白色まれに紅色を帯びる。

頭花は筒状をしている

オトコヨモギ
男蓬

識別ポイント	果実は小さい
名前の由来	全体にほとんど毛がない
花ことば	無表情
特徴	日当たりがよい山野に自生する多年草。茎は上方で分枝する。花をつけない茎の葉は長さ3.5〜8cmのへら形。花をつける茎は高さが0.5〜1mになる。中部の葉は長さ4〜8cmのへら状くさび形。

DATA
園芸分類	多年草
科／属名	キク科ヨモギ属
原産地	日本、中国、朝鮮半島
花色	〇
草丈	0.5〜1m
花径	約2mm
花期	8〜11月
生育環境	日当たりがよい山野

MEMO（観察のポイント）
日本全国に分布する。秋になると枝上に卵形で淡黄色の小さい花を多数つける。そう果は1mmたらず。果実が小さいためヨモギがないヨモギだから「雄」ヨモギだとされた。

淡黄色の小さい花

オヤマボクチ
雄山火口　別名：ヤマゴボウ

識別ポイント	アザミに似ているが花筒が短い
名前の由来	花の形状が雄山の火口に似ているという説もある
花ことば	たくましい
特徴	葉はゴボウの葉に似ていて先がとがる広めの卵形。葉の大きいものでは葉身が長さ30cmくらいになる。葉の裏には、白い綿毛が密生している。頭花は横向きにつく。

DATA
園芸分類	多年草
科／属名	キク科ヤマボクチ属
原産地	日本、中国
花色	●
草丈	1〜2m
花径	4〜5cm
花期	9〜10月
生育環境	日当たりがよい山野

MEMO（観察のポイント）
北海道〜本州、四国の日当たりがよい山野に生える多年草。茎先や分枝した枝先に横向きにつく頭花は硬く、とがった総苞片につつまれている。アザミ属の花に似ているが、花筒がアザミ属の花より短い。野菜のゴボウの近縁種で、根も葉も食べられる。

花は横向き

■ 秋冬から咲く野草・山草

カワラヨモギ
河原蓬

識別ポイント	葉の形状でほかのヨモギと区別する
名前の由来	河原に生えるヨモギであることから
花ことば	いそがしい
特　徴	葉は根生葉と茎葉があり、葉の形は変化が多い。花期には根生葉は枯れる。花がつかない茎は短く、先端にロゼット状に葉をつける。葉身は2回羽状に全裂する。葉は両面に灰白色の絹毛が密生する。

DATA
園芸分類	多年草
科／属名	キク科ヨモギ属
原産地	日本、中国、朝鮮半島
花　色	〇
草　丈	0.3〜1m
花　径	1.5〜2mm
花　期	9〜10月
生育環境	河原や海岸の砂地

MEMO（観察のポイント）
本州〜四国、九州、沖縄の河原や海岸の砂地に生える多年草。頭花はうつむいた球形〜卵形で小さく、円錐状に多数つく。中心の花は両性花。その周辺に雄花が並ぶ。

頭花はきわめて小さい

カンアオイ
寒葵　　　　　　　　　別名：カントウカンアオイ

識別ポイント	常緑で芳香がある
名前の由来	冬でも葉が枯れないことから
花ことば	若々しい
特　徴	葉は卵心形で基部は深い心形をしていて長い柄がある。葉の表面に白い斑が入るものが多い。花は葉柄の基部に1個つき、直径約2cm。なかば地に埋もれたように咲く。花弁はない。

DATA
園芸分類	多年草
科／属名	ウマノスズクサ科カンアオイ属
原産地	日本、中国、朝鮮半島
花　色	●
草　丈	6〜10cm
花　径	2cm
花　期	10〜2月
生育環境	山地、丘陵の林内

MEMO（観察のポイント）
関東地方南部〜東海地方の太平洋側の山地や丘陵の林内に生える常緑の多年草。花はカキのヘタのような形をしている。花びらに見えるのはガクで多肉質。ガク筒のなかに、雄しべと雌しべがある。

地に埋もれたように咲く

キイジョウロウホトトギス
紀伊上臈杜鵑草

識別ポイント	黄色の花が下向きにつき茎は垂れ下がる
名前の由来	紀伊半島に生えるジョウロウホトトギスであることから
花ことば	優雅
特　徴	長さ40～80cmで毛がほとんどない茎が、崖から垂れ下がって生育する。葉は先が尾状にとがる披針形で、基部は茎を抱く。表面の脈上には粗毛が散生する。花は、茎頂や葉脈に下向きにつく。

DATA
園芸分類	多年草
科／属名	ユリ科ホトトギス属
原産地	日本
花色	〇
草丈	40～80cm
花径	1～1.5cm
花期	8～10月
生育環境	深山の湿度が高い崖

MEMO（観察のポイント）
土佐や紀伊の深山の湿度が高い崖に自生する多年草。観賞用に栽培もされる。花は筒状の鐘形で全開しない。花被片は倒披針形でつやがある鮮やかな黄色。内面には紫褐色の斑点がたくさんある。土佐には、よく似た（トサ）ジョウロウホトトギスがあり、スルガジョウロウホトトギス、サガミジョウロウホトトギスなどの血縁種が知られている。

内面に紫褐色の斑点がある

花は全開しない

from Autumn / Winter

■ 秋冬から咲く野草・山草 ■　　　　　　　　　　　　　　　　　　　　キクイモ・キバナアキギリ

キクイモ
菊芋

識別ポイント	イヌキクイモより花期が遅い
名前の由来	花はキクに似て地下にイモができるから
花ことば	元気
特　徴	ヒマワリの仲間。日本には明治の初期に入ったといわれている。地下にできるイモは澱粉原料に使われるほか、家畜の飼料にもなる。やせ地や荒れ地でよく育ち、鉢植えやコンテナにも植えられる。

DATA
園芸分類	多年草
科／属名	キク科ヒマワリ属
原 産 地	アメリカ東部、北部
花　色	●
草　丈	0.5〜3m
花　径	6〜8cm
花　期	9〜10月
生育環境	荒れ地

MEMO（観察のポイント）
日本全国の荒れ地に自生する。下部の葉は対生し上部の葉は互生する。葉は卵形で先がとがり、ふちにはギザギザがある。花は舌状花10〜20枚でヒマワリに似ており、枝先に1個ずつつく。

やせ地や荒れ地でよく育つ

キバナアキギリ
黄花秋桐

識別ポイント	木陰でも黄色が目立つ
名前の由来	秋にキリに似た淡黄色の花をつけることによる
花ことば	可憐
特　徴	低山の木陰などに生える高さ20〜40cmの多年草。葉には柄があり、三角状の矛形で対生し、長さ5〜10cm、幅4〜7cm。ふちにはギザギザがある。茎は四角ばり、よく群生する。

DATA
園芸分類	多年草
科／属名	シソ科アキギリ属
原 産 地	日本、中国、朝鮮半島
花　色	●
草　丈	20〜40cm
花　径	2〜3cm（長さ）
花　期	8〜10月
生育環境	低山の木陰

MEMO（観察のポイント）
本州〜四国、九州の低山の木陰に自生する。花は唇型で、茎先に段になる花穂がつき、長さ2.5〜3.5cm。上唇は立ち上がり、下唇は3裂して突き出る。西日本に花色が紫の種が分布する。

花は唇形

クワクサ
桑草

識別ポイント	クワの葉をやや小型にした感じ
名前の由来	葉がクワに似ていることから
花ことば	ひっそり
特　徴	荒れ地や畑の中、道ばたでふつうに見られる1年草。茎は直立してまばらに分枝し、緑色だが暗紫色をしている場合もある。葉は卵形で互生し、先端は鋭くとがっている。

DATA
- 園芸分類　1年草
- 科／属名　クワ科クワクサ属
- 原産地　日本、中国、朝鮮半島
- 花　色　●
- 草　丈　30～60cm
- 花　径　2mm前後
- 花　期　9～10月
- 生育環境　道ばた、荒れ地

MEMO（観察のポイント）
日本全国の道ばた、荒れ地に自生。秋になると茎や小枝の葉腋から長短数本の柄を出して、淡緑色の小さな花を密につける。雌雄同株で、雌花と雄花は混生する。

葉がクワの葉に似ている

コウヤボウキ
高野箒

識別ポイント	頭花は1年目の枝先につく
名前の由来	高野山でこの枝で箒をつくっていたことから
花ことば	清潔
特　徴	山地の比較的日当たりがよく、やや乾きぎみな場所に生える落葉小低木。茎や葉には毛が生え、枝は細長くて、よく分枝する。

DATA
- 園芸分類　落葉小低木
- 科／属名　キク科コウヤボウキ属
- 原産地　日本
- 花　色　○
- 草　丈　60～100cm
- 花　径　1～2cm（長さ）
- 花　期　9～10月
- 生育環境　やや乾いた山地、林道の崖

MEMO（観察のポイント）
本州関東地方以西～四国、九州の山地に自生。頭花は白色で、10～15個の筒状花からなり、1年目の枝先につく。花冠の先は5つに切れ込んで、反り返る。仲間にナガバノコウヤボウキがあり、2年目の枝の各節に開花する。

1年目の枝先につく

クワクサ・コウヤボウキ

from Autumn / Winter

335

■ 秋冬から咲く野草・山草　　　　　　　　　　　　　　　　　　　　　　　　　コブナグサ・シオギク

コブナグサ
小鮒草　　　　　　　　　　別名：カリヤス

識別ポイント	小ザサのようだがやわらかい感じ
名前の由来	葉の形が魚のコブナを連想させるので
花ことば	やや暗い人
特徴	湿った草地や田のあぜ、道ばたでごくふつうに見かける。葉は長さ2〜6cm、幅1〜2cmで先がとがる披針形。基部は茎を抱く。茎は細く、茎先に長さ3〜5cmの花序の枝を3〜10個出す。

DATA
園芸分類　1年草
科／属名　イネ科コブナグサ属
原産地　　日本
花　　色　🟢🔴
草　　丈　20〜50cm
花　　径　3〜8mm（小穂）
花　　期　9〜11月
生育環境　やや乾いた山地、林道の崖

MEMO （観察のポイント）
八丈島では刈安（かりやす）とよんで、黄八丈（きはちじょう）の染料にする。花は茎の先に線香花火のような花穂になってつく。花色は淡緑色だが、ときに紅色を帯びる。果穂はイネに似て細長く、黄褐色に熟す。

魚のコブナに似た葉

シオギク
潮菊、塩菊　　　　　　　　別名：シオカゼギク

識別ポイント	頭花はイソギクよりやや大きい
名前の由来	海辺に生えているキクという意味から
花ことば	強健
特徴	四国南部の海岸の崖に生える多年草。横に這う根茎で繁殖する。葉は長さ5〜6.5cm、幅2.5〜3cmの倒卵形〜長楕円形で上半分は浅〜中裂する。葉のふちは白い。

DATA
園芸分類　多年草
科／属名　キク科キク属
原産地　　日本（四国）
花　　色　🟡
草　　丈　30〜40cm
花　　径　0.8〜1cm
花　　期　11〜12月
生育環境　海岸の崖

MEMO （観察のポイント）
秋に枝先に多数の頭花を散房花序につける。頭花は筒状花だけで、仲間のイソギクよりやや大きいが、数は少ない。総苞は半球形で総苞片は3列に並ぶ。

海辺に生えイソギクよりやや大きい

シオン
紫苑

識別ポイント	高さが2m近くなる
名前の由来	「紫苑」を音読みした
花ことば	華々しい
特徴	山間の湿った草地などに生える大型の多年草。茎は直立し、高さ1.5～2mにもなる。葉はざらつき、まばらに粗毛がある。根葉は群がって直立する。茎葉は長さ20～35cm、幅6～10cmの卵形～長楕円形。

DATA
園芸分類	多年草
科／属名	キク科シオン属
原産地	日本、中国、朝鮮半島、モンゴル、シベリア
花色	●
草丈	1.5～2m
花径	3～3.5cm
花期	8～10月
生育環境	山間の湿った草地

MEMO（観察のポイント）
本州の中国地方と九州に野性種があるといわれているが、よく一般の庭にも植えられている。平安時代から観賞用に栽培されていたともいわれる。舌状花は1列で淡い青紫をしている。

古くから親しまれている植物

from Autumn / Winter

337

シュウカイドウ
秋海棠　　別名：ヨウラクソウ

識別ポイント	ベゴニアの仲間
名前の由来	秋に海棠のような花を咲かせることから
花ことば	可憐な人
特徴	日本には江戸時代の寛永年間に到来したといわれる。寒冷地の戸外では球根で越冬できるので、日本各地で半野性化している。葉は先がとがった広めの卵形。

DATA
園芸分類	多年草
科／属名	シュウカイドウ科シュウカイドウ属
原産地	中国、マレー半島
花色	●
草丈	40～50cm
花径	15mm
花期	9～10月
生育環境	山野、家庭の庭先、道ばた

MEMO（観察のポイント）
秋に、長い花柄をもった花が数個集まり、まとまって下向きに垂れ下がる。雌雄異花で黄色いのは葯、貝殻のような形をしたのが雌花。半日陰を好む。葉の基部に珠芽を生じ、繁殖する。

ベゴニアのような花

■ 秋冬から咲く野草・山草 ■　　　　　　　　　　　　　　　　　　シモバシラ

シモバシラ
霜柱

識別ポイント	花よりも冬期の茎の氷結を観察
名前の由来	茎の氷結が霜の柱に見えることから
花ことば	けなげ
特徴	山地の木陰に生える多年草。茎は四角ばっていてやや硬く、上部でよく分枝する。葉は先がとがった長めの卵形で長さ8〜20cm、幅3〜5cm。両面に短い毛がある。

DATA

園芸分類	多年草
科／属名	シソ科シモバシラ属
原産地	日本
花色	○
草丈	40〜90cm
花径	7mm（花冠）
花期	9〜10月
生育環境	山地の木陰

MEMO（観察のポイント）

花は白色で小さく、花径の一方に片寄ってつき、唇形をしている。花穂は長さ5〜12cm。初冬のころ枯れはじめた茎の根元から、あたかも霜の柱のような氷柱が立つ。

霜の柱のよう

花は白色で小さい

花は花径の一方に片寄る

シュウメイギク
秋明菊

別名：キブネギク

識別ポイント	花色がいろいろある
名前の由来	秋にキクに似た花をつけるので
花ことば	耐え忍ぶ恋
特　徴	中国から渡来した多年草で、花が少なくなる秋に咲くので、さかんに園芸栽培されている。葉は根生葉で3～5裂する卵形の3小葉からなる。茎葉は葉柄がなく小形で輪生する。

DATA
- 園芸分類　多年草
- 科／属名　キンポウゲ科イチリンソウ属
- 原産地　中国
- 花　色　●〇〇
- 草　丈　50～80cm
- 花　径　5cm
- 花　期　9～10月
- 生育環境　山野、一般家庭の庭

MEMO（観察のポイント）
花は淡い紅紫色で、花びらに見えるのはガク片。交雑品種が多く一重咲き、半八重咲き、八重咲きなどさまざま。白色や淡桃色の花もある。果実はできず、地下を這う枝で殖える。古くに中国から移入して野生化しているものは、ガク片が細い八重咲きで、近年園芸用に輸入されているものはガク片が広い。

花びらに見えるのはガク片

淡桃色の花

白色の花

from Autumn / Winter

■ 秋冬から咲く野草・山草　　　　　　　　　　　　　　　　　　　　　　　　　　シロザ

シロザ

別名：シロアカザ

識別ポイント	アカザよりやや小ぶり
名前の由来	若葉が白っぽいアカザなので
花ことば	忍ぶ恋
特徴	ユーラシア原産の帰化植物。身近な所の畑や田のあぜ、道ばた、荒れ地などに生える1年草。若葉や葉の裏面は白い粉状のもので覆われている。下部の葉は卵形、上部の葉には、不ぞろいのギザギザがある。

DATA

園芸分類	1年草
科／属名	アカザ科アカザ属
原産地	ユーラシア
花色	●
草丈	60～150cm
花径	2～3mm
花期	9～10月
生育環境	畑、田のあぜ、道ばた、荒れ地

MEMO（観察のポイント）

花は黄緑色(淡桃色もある)で小さく、葉のわきに穂状にまとまってつく。アカザと混じって生育する場合もある。種子は直径1～1.3mmで偏平な広楕円形。アカザの仲間は、近年数多くの種が帰化しており、識別の難しいグループ。

下部の葉は卵形

開花前のシロザ　　　　晩秋のシロザ

スイセン
水仙

識別ポイント	園芸品種が多い
名前の由来	漢名の「水仙」の和音読み
花ことば	私は美しい
特　徴	代表的な秋植え、春咲きの球根植物。日本では伊豆半島や越前岬に野性状態のものが見られる。ヨーロッパでは300年前から品種改良がつづけられている。園芸品種が多い。

DATA
- 園芸分類　多年草（球根植物）
- 科／属名　ヒガンバナ科スイセン属
- 原産地　地中海沿岸
- 花　色　🟡🟠⚪
- 草　丈　20〜40cm
- 花　径　2〜8cm
- 花　期　12〜4月
- 生育環境　海岸（野生種）

MEMO（観察のポイント）
関東地方以西、四国、九州の海岸に野生化している。地中海沿岸原産の多年草。古い時代に中国を経由して日本に入ってきたといわれている。葉の中心から高さ20〜40cmの花径を伸ばし、芳香がある花を横向きにつける。

伊豆半島爪木崎のスイセン

ススキ
薄、芒　　別名：オバナ

識別ポイント	株立ちする
名前の由来	すくすく立つ木（草）という説がある
花ことば	素直
特　徴	秋の七草のひとつ。山野のいたるところに生える多年草。茎が直立し、葉は長い線形で長さが50〜80cm、幅0.7〜2cm。ふちはざらつき、うっかりつかむと、手の皮を傷つけるほど。

DATA
- 園芸分類　多年草
- 科／属名　イネ科ススキ属
- 原産地　日本、中国、朝鮮半島
- 花　色　🟡
- 草　丈　1〜2m
- 花　径　5〜7mm（小穂）
- 花　期　8〜10月
- 生育環境　山野の向陽地

MEMO（観察のポイント）
日本全国のいたるところの山野の向陽地に生息。しばしば大株になって群生する。花径を放射状に出し、長さ5〜7mmの小穂が多数集まって長さ15〜30cmの花穂をつくる。

株立ちになる

■ 秋冬から咲く野草・山草　　　　　　　　　　　　　　　セイタカアワダチソウ・セツブンソウ

セイタカアワダチソウ

背高泡立草　　別名：セイタカアキノキリンソウ

識別ポイント	同属のオオアワダチソウは茎や葉が無毛
名前の由来	背が高い泡立草という意味から
花ことば	威張らないで
特徴	明治時代に日本に到来し、観賞用に栽培されたが、戦後、休耕田などで野生化し、爆発的に繁殖した。しかし現在は繁殖力が弱まっている。葉は短毛が密生し、細長い披針形でざらつく。虫媒花である。

DATA
園芸分類	多年草
科／属名	キク科アキノキリンソウ属
原産地	北アメリカ
花色	●
草丈	2〜3m
花径	6mm
花期	10〜11月
生育環境	荒れ地、空き地

MEMO（観察のポイント）
茎の先に、直径6mmほどの黄色い花が集まった長さ10〜50cmの大型の円錐状の花房をつける。川の土手や荒れ地などで大群生している姿が、しばしば目につくが、花粉症の元凶として嫌われたこともある。

河川の土を埋めつくす大群生

セツブンソウ

節分草

識別ポイント	八重咲きの品種もある
名前の由来	節分の頃に花を咲かせるため
花ことば	清涼
特徴	石灰岩質の山地の落葉樹林下や土手などに生える多年草。茎は直立または斜上する。地下には径1〜2cmの丸い塊茎がある。根生葉は花茎とは別に出て、長さ幅とも3〜5cmの角ばった円形で、放射状に切れ込む。

DATA
園芸分類	多年草
科／属名	キンポウゲ科セツブンソウ属
原産地	日本
花色	○●
草丈	5〜15cm
花径	2cm
花期	2〜3月
生育環境	山地の落葉樹林下、土手

MEMO（観察のポイント）
花は白色で花茎の先に1個斜め上向きにつく。花の花弁状の部分はガク片で5個あり、中央の黄色い部分は花びらが退化したもの。初夏には地上部は枯れる。

石灰岩質の山地を好む（栃木市星野町）

タイアザミ

痛薊　　　　　　　　　別名：トネアザミ

識別ポイント	ナンブアザミより葉や総苞(そうほう)の刺が太くて長い
名前の由来	別名のトネアザミは利根川流域にあったから
花ことば	痛い
特徴	ナンブアザミの変種とされ、ナンブアザミと同じような場所に生える。葉や総苞の刺はナンブアザミより太くて長い。頭花は枝先に集まってつく。

DATA

園芸分類	多年草
科／属名	キク科アザミ属
原産地	日本
花色	●
草丈	1〜2m
花径	2.5〜3cm
花期	9〜11月
生育環境	山野

MEMO（観察のポイント）

関東地方の山野には、ごくふつうに生えている。中部地方や近畿地方でも見られる。頭花の柄はナンブアザミより短い。葉の切れ込みはナンブアザミより深い。

刺が太くて長い

from Autumn / Winter

343

タイワンホトトギス

台湾杜鵑草

識別ポイント	花は茎の上部で上向きに咲く
名前の由来	台湾でふつうにみられるから
花ことば	上を向いて
特徴	茎はよく分枝して直立し、高さ0.6〜1mになる。葉は先がとがった楕円形で、長さは7〜15cm。花は茎の上部に散房状につく。花が上向きに咲く点が、在来種と異なる。

DATA

園芸分類	多年草
科／属名	ユリ科ホトトギス属
原産地	台湾
花色	●
草丈	60〜100cm
花径	3〜4cm
花期	9〜10月
生育環境	山野

MEMO（観察のポイント）

沖縄の西表島(いりおもて)にも野生種があるという。観賞用に、ごくふつうに栽培されている。花被は斜めに開き、淡紅色で紅紫色の斑点がある。斑点には濃淡がある。外花被片の基部に2個のふくらみがある。

花は上向きに咲く

■ 秋冬から咲く野草・山草　　　　　　　　　　　　　　　　　　　　　　　ダンギク・ツメレンゲ

ダンギク
段菊

識別ポイント	花は輪生につく
名前の由来	花が段々になって咲くことから
花ことば	上を目指そう
特徴	日当たりがよい草地に自生する多年草。茎は直立し、下部は木質化する。茎と葉には短い軟毛が密生し、全体に灰緑色に見える。葉は卵形で先がとがり、長さ3〜6cm。葉のふちにはギザギザがある。

DATA
園芸分類	多年草
科／属名	クマツヅラ科カリガネソウ属
原産地	日本、中国、朝鮮半島
花色	●
草丈	50〜60cm
花径	2〜3mm（ガク片）
花期	9〜10月
生育環境	草地

MEMO（観察のポイント）
茎の上部の葉腋から集散花序を出して、紫色の花を輪生状に段をなして下段から上段へと1段ごとに咲き上がる。花冠の先は5裂する。ガクは5片に裂け、裂片は広披針形で毛がある。種子には翼がある。

花は段状に咲く

ツメレンゲ
爪蓮華

庭植えでも楽しまれる

識別ポイント	多肉質である
名前の由来	葉を動物の爪にたとえて
花ことば	誠実
特徴	葉は細長く、先端は刺のようにとがっている。暖地の岩上や古い家の屋根の上などに生える多年草。庭植えや鉢植えでも楽しまれている。葉は多肉質でロゼット状をなし、長さ3〜6cm、幅0.5〜1.5cmの披針形。

DATA
園芸分類	多年草
科／属名	ベンケイソウ科キリンソウ属
原産地	日本、中国、朝鮮半島
花色	○
草丈	10〜20cm
花径	5〜10mm
花期	9〜11月
生育環境	岩上、屋根上

MEMO（観察のポイント）
葉の中央に花柄を伸ばし、たくさんの小さな花が密生して10〜20cmの穂状の花穂となる。開花した株は枯れるが、種子と親株の周囲に数株出て殖えていく。株元に多数の子苗をつくって殖える変種をヤツガラシと呼び、園芸化されている。

ツリガネニンジン

釣鐘人参

- **識別ポイント** 花は輪生してつく
- **名前の由来** 朝鮮人参のような根と釣り鐘のような花が咲くことから
- **花ことば** すがすがしい
- **特徴** 山野でごくふつうに見られる多年草。根生葉は円心形で、花期には枯れてなくなる。茎は高さ0.4～1mでほとんど分枝しない。茎葉は長さ4～8cmで先がとがる卵形、3～4個が輪生する。

DATA
- 園芸分類　多年草
- 科／属名　キキョウ科ツリガネニンジン属
- 原産地　日本、中国、朝鮮半島
- 花色　●
- 草丈　0.4～1m
- 花径　1cm
- 花期　8～10月
- 生育環境　山野

MEMO（観察のポイント）
葉のふちにはギザギザがある。花は茎頂に出た円錐形の花序に1個から数個輪生し、やや下向きにつく。花弁は長さ1.5～2cmの鐘形で、先は5裂してやや広がる。若葉は食べられる。

花は輪生する

ツワブキ

石蕗

- **識別ポイント** 葉や花に観賞価値がある
- **名前の由来** 艶葉蕗が訛ったともいわれる
- **花ことば** よみがえる愛
- **特徴** 海岸の岩の上や崖などに生える多年草。濃い緑の光沢がある葉が特徴。葉形の変わったものや白色や黄色の斑が入ったものもある。日陰でよく育つ。常緑なので、日当たりがよくない場所に、よく植えられる。

DATA
- 園芸分類　多年草
- 科／属名　キク科ツワブキ属
- 原産地　日本、中国、朝鮮半島
- 花色　●
- 草丈　10～80cm
- 花径　4～6cm
- 花期　10～12月
- 生育環境　海岸の岩上や崖

MEMO（観察のポイント）
葉や花に観賞価値がある。葉は長い葉柄をもつ根生葉。長さ幅とも4～15cmの円状腎形。葉の上まで伸びる。花は茎頂に出た円錐形の花序に花径4～6cmの黄色い花がつく。

斑入り葉種（ホシツワブキ）

海岸の岩上や崖を彩る

■ 秋冬から咲く野草・山草 ■　　　　　　　　　　　　　　　　　　　　　　　　　テンニンソウ・トリカブト

テンニンソウ
天人草

識別ポイント	花は小さく唇形
名前の由来	近寄って見ると天人のように美しい花の意味から
花ことば	美麗
特徴	山地の木陰に生える多年草。茎は四角形で硬く直立し、高さ1mほどになる。葉は長めの卵形で先がとがり、長さ10～25cm、幅3～9cm。ふちにはギザギザがある。茎頂に直立した花穂がつく。

DATA
園芸分類	多年草
科／属名	シソ科テンニンソウ属
原産地	日本、中国
花色	黄
草丈	1m
花径	3～4mm
花期	9～10月
生育環境	山地の木陰

MEMO（観察のポイント）
北海道～本州、四国、九州の山地の木陰に群生している。地下に太い根茎がある。花は淡い黄色の小さな唇形で、花穂に密生してつく。仲間に、葉の裏に毛があるフジテンニンソウがある。

美麗な花穂

トリカブト
鳥兜

識別ポイント	花の形が独特
名前の由来	花形が舞楽でかぶる冠（鳥兜）に似ているため
花ことば	心を傷つける言葉
特徴	根茎に強いアルカイドを含む有毒植物のひとつ。強壮、強心、鎮痛作用をもつ薬草としても使用されるが、使用量を誤ると命取りになる。花は独特な形をしていて、庭植えにしたり切り花にも使われる。

DATA
園芸分類	多年草
科／属名	キンポウゲ科トリカブト属
原産地	中国、ヨーロッパ
花色	紫
草丈	30～100cm
花径	3～4cm（長さ）
花期	10～11月
生育環境	山地の木陰

MEMO（観察のポイント）
本州中部地方以北の山地の木陰に自生する多年草。葉は互生し、掌状に深裂する。裂片には粗いギザギザがある。仲間には有毒植物といわれるレイジンソウやヤマトリカブト、オクトリカブトなどがある。

独特の花形

ナカガワノギク

那賀川野菊

- **識別ポイント** 頭花は白色、のちに淡紅色
- **名前の由来** 徳島県那賀川(なかがわ)の中流の川岸に自生するため
- **花ことば** 不明
- **特　徴** 四国の渓流や乾いた川岸崖上に生える多年草。茎は上部でよく分枝し、葉は厚く倒卵状くさび形で、上半部は3中裂する。表面には短毛が密生し、裏面は灰白色の毛が密生している。頭花は白色、のちに淡紅色になる。総苞片は3列に並び、灰白毛がある。

DATA

園芸分類	多年草
科／属名	キク科キク属
原産地	日本
花色	○
草丈	50〜70cm
花径	3〜4cm
花期	11〜12月
生育環境	川岸の乾いた崖

MEMO（観察のポイント）

四国は徳島県の那賀川流域に自生する。分布域は狭いが、栽培しやすいため、庭などによく植えられる。白色の花びらは20枚前後。仲間にイワギクがあるが、花はノジギクなどの野菊によく似ている。

from Autumn / Winter

ナギナタコウジュ

薙刀香薷

- **識別ポイント** 花が片方だけに密生する
- **名前の由来** 花が片側につくさまを薙刀(なぎなた)に見立てて
- **花ことば** にぎやかな人
- **特　徴** 山地や道ばたに生える1年草。全体に強い香りがする。茎は四角ばり、軟毛がまばらにつく。葉は先がとがる長めの卵形で対生し、ふちにはギザギザがある。長さは3〜9cm、幅1〜4cm。

DATA

園芸分類	1年草
科／属名	シソ科ナギナタコウジュ属
原産地	日本、中国、朝鮮半島
花色	●
草丈	30〜60cm
花径	5mm
花期	9〜10月
生育環境	山地や道ばた

MEMO（観察のポイント）

北海道〜本州、四国、九州に分布する。茎先に長さ5mmの唇形をした花が一方向だけに向いて密生し、長さ5〜10cmの薙刀のような花穂をつくる。唇形の花は細かく裂ける。

花茎は2本

■ 秋冬から咲く野草・山草 ■　　　　　　　　　　　　　　　　　　　　　　　　　　　　　　　　　　　ノジギク・ノダケ

ノジギク
野路菊

識別ポイント	頭花は散房状に咲く
名前の由来	家菊に対して野や路地に育つので
花ことば	頑張ろう
特徴	海岸の日当たりがよい傾斜地に生える多年草。地下茎を伸ばして殖えていく。茎の下部は倒れるが、上部が斜めに立ち上がって分枝する。葉は長めの卵形で灰白色の毛が密生する。

DATA
園芸分類	多年草
科／属名	キク科キク属
原産地	日本
花色	○●
草丈	60〜90cm
花径	3〜5cm
花期	10〜12月
生育環境	海岸の日当たりがよい傾斜地

MEMO（観察のポイント）
本州〜四国、九州の太平洋岸、瀬戸内海に自生する多年草。互生してつく葉は広卵形で長さ3〜5cm、幅2〜4cmで3中裂または5中裂する。頭花は茎先につく。中央には黄色の筒状花、周りは白い舌状花。

花は散房状につく

ノダケ
野竹

識別ポイント	花弁は暗紫色
名前の由来	漢名の音読みが訛ったものという説がある
花ことば	静かな情熱
特徴	ふつうの山野に生える高さ1.5mほどの多年草。仲間にはシシウドやアシタバがあり、シシウドと間違う場合もある。茎は直立し暗紫色を帯びている。葉には柄があって3出羽状複葉。小葉は長楕円形で深く裂ける。

DATA
園芸分類	多年草
科／属名	セリ科シシウド属
原産地	日本
花色	○●
草丈	60〜150mm
花径	2〜3mm
花期	9〜11月
生育環境	海岸の日当たりがよい傾斜地

MEMO（観察のポイント）
枝先に複散形花序を出し、小さな花をたくさんつける。花色は白だが、ときに緑色の花をつけるものもある。花弁は5個。雄しべは長く、開化とともに開出する。

小さな花をたくさんつける（円内は果実）

ハマギク

浜菊

- **識別ポイント** 茎の下部は木質化する
- **名前の由来** 浜辺に咲くキクであることから
- **花ことば** にぎやか
- **特徴** 青森県から茨城県那珂湊市までの太平洋側に分布。海岸の崖や砂浜で日当たりがよい場所に生える亜低木。茎の下部は木質化し、上部で分枝する。葉はへら形で肉質。上半分に低いギザギザがある。

DATA
- **園芸分類** 亜低木
- **科／属名** キク科キク属
- **原産地** 日本
- **花色** ○
- **草丈** 50～100cm
- **花径** 6～9cm
- **花期** 9～11月
- **生育環境** 海岸の日当たりがよい崖や砂浜

MEMO（観察のポイント）
葉の表面は厚くて光沢があり、裏面は粉白色で潮風に耐えるのに適している。茎先につく花は径6～9cm。外側の舌状花は白で、中心の筒状花は黄色。園芸化され、広く栽培されている。

茎の下部は木質化する

ヒキオコシ

引起し

- **識別ポイント** 仲間とは花のつき方で区別する
- **名前の由来** 苦い葉を煎じて飲むと引き起こされるほどの力があるという意味から
- **花ことば** 支えてください
- **特徴** 北海道南部～本州、四国、九州の山野に分布する多年草。茎は四角ばっていて直立し、高さ1mくらいになる。茎には下向きの毛が密生している。

DATA
- **園芸分類** 多年草
- **科／属名** シソ科ヤマハッカ属
- **原産地** 日本、朝鮮半島
- **花色** ●
- **草丈** 60～90cm
- **花径** 5～7mm
- **花期** 9～10月
- **生育環境** 山野

MEMO（観察のポイント）
秋に、枝先や葉のわきに大きい円錐状の花穂を出して淡い紫色の唇型をした花をつける。仲間に暗紫色の唇型の花がつくクロバナヒキオコシや、花が大きいタカクマヒキオコシ、葉の形に特徴があるカメバヒキオコシなどがある。

花は唇形で小さい

from Autumn / Winter

■ 秋冬から咲く野草・山草 ■　　　　　　　　　　　　　　　　　　　　　　　　　　　　　　　　　　　ヒガンバナ

ヒガンバナ
彼岸花
別名：マンジュシャゲ

識別ポイント	花茎の先に赤花がつく
名前の由来	秋の彼岸のころ花が咲くため
花ことば	旅情
特徴	シビトバナ（死人花）、ハミズハナミズ（葉見ず花見ず）などの別名を500以上ももつ珍しい植物。花茎は直立し、先端に鮮紅色の花を散形状につける。花披は6枚で細長い。ふちは縮れて外側に強く反り返り、雄しべと雌しべは外へ長く突き出ている。花後に花茎が消えた後、光沢がある長さ30～60cm、幅6～8mmの線形の葉が広がる。

DATA

園芸分類	多年草
科／属名	ヒガンバナ科ヒガンバナ属
原産地	中国、日本
花色	🔴 ⚪
草丈	30～50cm
花径	5～15cm
花期	9月
生育環境	道ばた、田んぼ、あぜ

MEMO（観察のポイント）
地下にあるチューリップに似た球根を殖やして増殖。農作業や洪水などによってこの球根が移動するため、耕作地のあぜを中心に、道路や河原などに自生する。有毒植物だが、鱗茎はセキサンといい薬用・糊料となる。

シロバナマンジュシャゲ

河川の土手に群生（埼玉県利根川畔）

フユノハナワラビ
冬の花蕨

- **識別ポイント** 鉢植えにできる観賞用シダ類
- **名前の由来** あたかも花であるように見えることから
- **花ことば** 再出発
- **特徴** 秋に伸びた地上部は、春には枯れるというサイクルを繰り返す。根茎は短く直立し、先に毎年1枚の葉をつける。栄養葉はふちに鈍いギザギザがあり、胞子の表面は平らでなめらか。ワラビとは異なり食用にはならない。

DATA
- 園芸分類　多年草
- 科／属名　ハナヤスリ科ハナワラビ属
- 原産地　本州～四国、九州
- 花色　〇（胞子嚢）
- 草丈　10～30cm
- 花径　約10cm（花穂）
- 花期　10～11月
- 生育環境　山野

MEMO（観察のポイント）
十分な光合成によって生長するためには、草があまり生えていないか、刈りとられるところが必要。したがって主な生育地は人里やたびたび草刈りが行なわれるものの、人があまり踏みつけないような場所。

春には枯れる地上部

胞子葉に群がってつく

庭植えや鉢植えにしても楽しめる

■ 秋冬から咲く野草・山草 ■　　　　　　　　　　　　　　　　　　　　　　　　フクジュソウ

フクジュソウ
福寿草

識別ポイント	花弁が重なるように平開する
名前の由来	花がめでたい感じなので
花ことば	成就（じょうじゅ）
特　　徴	多数のひげ根を束生する太い根茎は、強心薬として利用される。葉は深緑色で切れ込みが多く、ニンジンの葉に酷似。花は黄色で3〜4cm、花びらは10〜20枚つく。暖地では茎が15cmくらい伸びたころに咲くが、寒冷地では高さ数cmで葉が出ないうちに開花する。

DATA

園芸分類	多年草
科／属名	キンポウゲ科フクジュソウ属
原産地	日本
花色	〇
草丈	15〜30cm
花径	3〜4cm
花期	2〜5月
生育環境	山地、落葉樹林内

MEMO（観察のポイント）

縁起がよい名称と花の少ない時期に咲くことが珍重され、正月用の花として広く栽培されている。主に北海道など雪の多い地域で自生し、東京近郊では野生のものが4〜5月に花開く。

埼玉県秩父市に自生するフクジュソウ　　　　　　　　　　　　　　　　　　　園芸品種も多い

円内は園芸品種

ホトトギス
杜鵑草

識別ポイント	花が連なって咲く
名前の由来	花の斑点模様をホトトギスに見立てた
花ことば	夢よりステキな現実
特徴	山地や渓谷などのやや湿った場所を好む多年草。葉は長さ8～18cm、幅2～5cmの披針形。葉の先端はとがり、基部は茎を抱くようにつく。葉のわきに咲く花は6枚の花披片をもち、内側には濃紫色の斑点模様が目立つ。6個の雄しべは先がふくらみ、花柱は先端が深く裂けて開き珍しい形をしている。

DATA
園芸分類	多年草
科／属名	ユリ科ホトトギス属
原産地	日本
花色	○●
草丈	0.4cm～1m
花径	4～7cm
花期	8～9月
生育環境	山地、林内

MEMO（観察のポイント）
北海道西南部～本州、四国、九州に生える。キバナノホトトギス、キイジョウロウホトトギス、タイワンホトトギス、ヤマホトトギス、ヤマジノホトトギスなどの仲間がある。

斑点模様が目立つ

ミズアオイ
水葵

識別ポイント	紫色の6弁花が咲く
名前の由来	水生し、葉形がアオイに似ているため
花ことば	雲隠れ
特徴	根から伸びる長い柄の先には、長さ幅ともに5～10cmの心形で、厚く光沢がある葉がつく。9～10月には、茎の上部に10～20個の青紫色の花が咲きはじめる。花弁は6枚あり、多数集まって円錐状につくのが特徴。

DATA
園芸分類	1年草
科／属名	ミズアオイ科ミズアオイ属
原産地	日本、朝鮮半島、中国
花色	●
草丈	20～40cm
花径	2.5～3cm
花期	9～10月
生育環境	湿地、水田、沼

MEMO（観察のポイント）
水田や沼地に生えるが、花の美しさから庭の池などで栽培されることも多い。かつては普通に見られたが湿地環境の減少により生育場所が減少し、絶滅が危惧されている。昔は葉を食用にしたという記録もある。

庭の池でも栽培される

■ 秋冬から咲く野草・山草 ■　　　　　　　　　　　　　　　　　　　　　　　　　　　　　　　　　　ミスミソウ・ミセバヤ

ミスミソウ
三角草

識別ポイント	花色は変化が多い
名前の由来	葉が3裂していて先がとがり、角が3つあるように見えるため
花ことば	移り気
特徴	根生葉は長い柄があり、長さ2〜3cmの扁三角形で3中裂し、やや革質。花期の2〜4月には葉の間から花茎を伸ばし、径1〜1.5cmの花を咲かせる。花びらのように見えるのはガク片で、6〜10枚つく。大型のオオミスミソウもある。

DATA
園芸分類	多年草
科／属名	キンポウゲ科ミスミソウ属
原産地	日本
花色	○●●
草丈	10〜15cm
花径	1〜1.5cm
花期	2〜5月
生育環境	山地、落葉樹林内

MEMO（観察のポイント）
雪解けが始まるころに茎を出し、白色、紅色、紅紫色などの花を開く。とくに日本海側に咲くミスミソウは色の変化が多いため、色の濃いものや八重咲きのものなどは盗掘が絶えず、自生地が激減している。

色の変化が多い

ミセバヤ
見せばや

識別ポイント	垂れ下がる茎の先に花がまとまる
名前の由来	花の美しさから「誰に見せよう」の意味
花ことば	型破り
特徴	長さ30cmになる多数の茎が垂れ下がる。3枚ずつ輪生する葉は扇状円形で多肉質。ふちには鈍いギザギザがあり、粉白緑色。花期には、桃色の小花が球状に多数重なり合うように咲く。ヒダカミセバヤは北海道の日高地方に多く分布する。

DATA
園芸分類	多年草
科／属名	ベンケイソウ科キリンソウ属
原産地	四国（小豆島）
花色	●
草丈	10〜30cm
花径	約1cm
花期	10〜11月
生育環境	山地、岩礫地

MEMO（観察のポイント）
日当たりがよい環境を好む多年草。古くから鉢花や庭園観賞用として栽培されてきた。丈夫で作りやすいが、日陰に置いたり水はけが悪いと根腐れを起こすことがある。

鉢花や庭植えでも楽しめる

メドハギ

蓍萩、目処萩

識別ポイント	古株は茎が木質化
名前の由来	茎を占いに使う「めど」にしたため
花ことば	人見知り
特徴	茎はよく分枝して、なかば低木状になる。葉は細長い3小葉からなる。小葉は倒披針形で密につき、頂小葉は下の2枚の葉より大きい。長さ6～7mmの蝶形の花は、マメ科らしい花穂をつくらず葉のわきに2～4個つく。花弁は黄白色で紫色の線が入る。

DATA

園芸分類	多年草
科／属名	マメ科ハギ属
原産地	日本、アジア
花色	○
草丈	60～90cm
花径	6～7mm
花期	8～10月
生育環境	野原、空き地

MEMO（観察のポイント）

日本全国の痩せ地に生育する多年草。中国、インド、アフガニスタンなどでは若芽の薬効に注目し、利尿・解熱剤など薬にも利用している。ハギ属の特徴があり、花後できる豆果の中には種子が1個だけ入っている。

蝶形の小さな花

メナモミ

豨薟

識別ポイント	茎は角ばり全体に毛がある
名前の由来	雄ナモミに対して華奢なので
花ことば	負けずぎらい
特徴	茎には毛が密生し、大きいものは1m以上にもなる。対生する葉は、長さ8～20cm、幅7～15cmの卵形。茎の先につく頭花は、雌性の舌状花、両性の筒状花からなり、いずれも黄色。舌状花冠は3裂して長さ3mm。その周りを総苞片が囲む。

DATA

園芸分類	1年草
科／属名	キク科メナモミ属
原産地	日本、朝鮮半島、中国
花色	○
草丈	60～120cm
花径	2cm
花期	9～10月
生育環境	山野

MEMO（観察のポイント）

山野のごみためや、落ち葉のたまった林道脇などで見かける。粘毛で覆われているため衣類につきやすい。コメナモミは全体が小さく、腺毛も少ない。

花は黄色（赤はミズヒキ）

■ 秋冬から咲く野草・山草　　　　　　　　　　　　　　　　　　モリアザミ・ヤマラッキョウ

モリアザミ
森薊

識別ポイント	根は細長いゴボウ状
名前の由来	森に生えるアザミ
花ことば	誘惑
特徴	根生葉は花期にはなくなる。茎葉は長さ15〜20cmの楕円形で、やや硬い革質。羽状に深く切れ込むことがある。9〜10月、枝分かれした茎の先には紅紫色の頭花が上向きに開く。総苞は披針形で大きく、6〜7列並び外片は開出する。

DATA
園芸分類	多年草
科／属名	キク科アザミ属
原産地	日本
花色	●
草丈	50〜100cm
花径	3.5〜4cm
花期	9〜10月
生育環境	山地、草地

MEMO（観察のポイント）
根はゴボウ状でヤマゴボウという商品名で市販されており、一部では栽培もされている。出雲の三瓶牛蒡（サンベゴボウ）、美濃の菊牛蒡などは漬物になることで知られる。

上向きにつく頭花

ヤマラッキョウ
山辣韮

識別ポイント	小花が多数集まって丸い花房をつくる
名前の由来	畑で栽培するラッキョウに対し、山の草原に自生する似た草だから
花ことば	八方美人
特徴	ラッキョウに似た鱗茎（りんけい）から細長い管状葉を数枚出し、葉の切り口は三角形で中空。葉は円柱状で長さ30〜60cm。根元から伸びた長い花茎の頂部に花びらを放射線状に多数つけ、花は球形になる。花びらは6枚あり半開状、雄しべが長く突き出る。

DATA
園芸分類	多年草
科／属名	ユリ科ネギ属
原産地	日本
花色	●
草丈	30〜60cm
花径	1cm以下
花期	9〜10月
生育環境	草地

MEMO（観察のポイント）
福島以南の本州〜四国、九州の草原にぽつんぽつんと点在するように自生。やや湿気を帯びた草原に生育することが多く、湿地の周辺でも見られる。ラッキョウに似た食感があり、食用にもされる。

花びらを放射状につける

ヨモギ

蓬

識別ポイント	淡黄〜淡褐色の花
名前の由来	もぐさがよく燃えるため「善燃草（よもぎ）」との説がある
花ことば	郷愁
特徴	根生葉と茎葉があり、いずれも羽状に裂ける。茎先につく花は1.5mmの小花で、多数集まって大きな円錐状をなす。ひとつの花には5〜6個の筒状花があり、花の下のガクに相当する部分には小さな総苞片が4列に並ぶ。

DATA

園芸分類	多年草
科／属名	キク科ヨモギ属
原産地	日本
花色	○
草丈	50〜120cm
花径	1.5mm
花期	9〜10月
生育環境	山野

MEMO（観察のポイント）

山野の日当たりに生育し、地下茎を伸ばして増殖して群生することが多い。まだ綿毛に覆われたやわらかい若葉は香り高く、草餅や草団子に使われる。成葉は山菜料理に、乾燥葉は揉んでもぐさとしても利用される。

花は小さい

リュウノウギク

竜脳菊

識別ポイント	花は白から淡紅色に変化する
名前の由来	葉や茎、花に「竜脳」の香りがあるため
花ことば	忠誠心
特徴	互生する葉は、先がとがる卵形で3中裂する。洋紙質で裏にはT字状の毛が密生して灰白色をおび、ふちにはギザギザがある。茎はやや曲がり、すくっと立つことがない。花期は10〜11月、茎の先につく花は3〜5cm。白い花びら状の舌状花は20枚ほど、中央の黄色い筒状花は多数つき、半球形になっている。

DATA

園芸分類	多年草
科／属名	キク科キク属
原産地	日本
花色	○
草丈	40〜80cm
花径	3〜5cm
花期	10〜11月
生育環境	山地

MEMO（観察のポイント）

分類上、近い関係にあたるノジギクは日本の西南地域に分布するのに対し、リュウノウギクは東日本に分布するため存在地域が重ならない。

舌状花は20枚ほど

■ 秋冬から咲く野草・山草 ■　　　　　　　　　　　　　　　　　　　　　　　　　　リンドウ

リンドウ
竜胆

from Autumn / Winter

識別ポイント	鐘形の花を上向きに咲かせる
名前の由来	漢名を和音読みにしたもの
花ことば	夢見心地
特徴	対生する葉は長さ3〜8cm、幅1〜3cmの披針形。茎の上部には涼しげな鐘形の花を開く。花は長さ4〜5cmで、先端は5つに裂けている。リンドウ属の花は光を好み、日が当たっているときに花を咲かせる性質をもつ。根を乾燥させたものは、薬効があり漢方として利用される。

DATA

園芸分類	多年草
科／属名	リンドウ科リンドウ属
原産地	日本、中国
花色	■
草丈	20〜80cm
花径	4〜5cm（花長）
花期	9〜11月
生育環境	野山

MEMO（観察のポイント）

本州、四国、九州に自生する多年草。フデリンドウ、エゾリンドウ、ツルリンドウ、ヤクシマリンドウ、コケリンドウ、ハルリンドウ、アサマリンドウなど仲間はさまざま。

鐘形の花

園芸種 'シラサギ'

紫色の花が上向きにつく

セイヨウタンポポ
西洋蒲公英

- **識別ポイント** 在来種よりも全体的に小型
- **名前の由来** 西洋から渡来したタンポポであることから
- **花ことば** 教養
- **特徴** 明治時代にヨーロッパから渡来し、増殖力が強いため日本各地に殖えた。葉は狭楕円形で波状に深く切れ込むが深裂～無鋸歯まで変化が多い。花は両性の舌状花のみから構成されている。直立した茎の先には、黄色の頭花が1個ずつつく。

DATA
- **園芸分類** 多年草
- **科／属名** キク科タンポポ属
- **原産地** ヨーロッパ
- **花色** ○（黄）
- **草丈** 15～30cm
- **花径** 3.5～4cm
- **花期** 周年
- **生育環境** 野原、道端、公園

MEMO（観察のポイント）
セイヨウタンポポは、総苞の小さな葉のような外片がめくれている。在来種はめくれていないため、見分けられる。タンポポの仲間は、カントウタンポポ、カンサイタンポポ、エゾタンポポ、シロバナタンポポ、など種類が多い。

All Season

総苞の外片がめくれる

ノボロギク
野襤褸菊

- **識別ポイント** 花の後に綿毛のようなものが伸びる
- **名前の由来** 花後のタネのついた綿毛が綿のボロのようであるため
- **花ことば** 蘇生
- **特徴** 明治初期にヨーロッパから渡来した1～2年草。茎はやわらかく、やや肉質で赤紫色をおびる。互生する葉は、不ぞろいに羽状に裂けている。葉のわきから伸びる花柄は、分枝を繰り返して先端に黄色い筒状の花を咲かせる。

DATA
- **園芸分類** 1～2年草
- **科／属名** キク科キオン属
- **原産地** ヨーロッパ
- **花色** ○（黄）
- **草丈** 20～30cm
- **花径** 1～3cm
- **花期** 周年
- **生育環境** 野原

MEMO（観察のポイント）
ボロギク(サワギク)が湿地に生えるのに対し、ノボロギクは乾いた土地に生育する。繁殖力が強く、野原だけではなく身近な道ばたや空き地など、人里近くでもよく見かけるようになった。

黄色い筒状の花

植物名 50音順さくいん

※太字はタイトル項目の植物名。細字はその他の和名、英名、別名などです。

ア行

アオカモジグサ ……………**42**
アオクスリ………………189
アオバナ…………………249
アカカモジグサ……………61
アカザ ……………………**326**
アカショウマ……………254
アカソ ……………………**156**
アカツメクサ ……………**42**
アカネ ……………………**156**
アカネスミレ………………75
アカマンマ………………166
アキタブキ………………126
アキチョウジ ……………**326**
アキノウナギツカミ ……**157**
アキノウナギヅル………157
アキノキリンソウ ………**157**
アキノタムラソウ ………**158**
アキノノゲシ ……………**158**
アキノハハコグサ………115
アケボノソウ ……………**327**
アサガオ…………………118
アサギリソウ ……………**159**
アサザ ……………………**160**
アサマフウロ ……………**159**
アザミ……………66・108・227
アシ………………………319
アシタバ …………………**161**
アズキナ…………………148
アスチルベ………………246
アズマイチゲ ……………**43**・64
アズマタンポポ……………63
アツモリソウ ……………**43**・71
アマドロ ………**44**・104・129
甘菜…………………………44
アミガサユリ……………112
アメリカセンダングサ …**327**

アメリカセンノウ………238
アヤメ ……………**44**・54・59
アヤメグサ…………………86
アリアケスミレ……………91
アリスガワセキショウ……92
アルファルファ……………49
アワコガネギク …………**328**
アワダチソウ……………157
アワモリショウマ………246
イ ……………………………**161**
イオウソウ………………215
イカリソウ ………………**45**・112
イギリスオオバコ………129
イグサ……………………161
イケマ ……………………**162**
イシミカワ ………………**162**
イソギク …………………**328**
イタドリ …………………**163**
イチゲ………………………45
イチノサカ………………126
イチョウ…………………168
イチリンソウ ……………**45**・64
イドクサ…………………149
イナカギク………………223
イヌガラシ ………………**46**
イヌキクイモ ……………**164**
イヌゴマ …………………**164**
イヌショウマ ……………**165**
イヌソラマメ………………62
イヌタデ …………………**166**
イヌタヌキモ……………244
イヌトウバナ……………101
イヌナズナ ………………**46**・103
イヌノフグリ ……………**47**・53
イノコズチ ………………**166**・276
イハイヅル………………219
イブキジャコウソウ ……**167**
イブキタイゲキ…………242
イモカタバミ ……………**60**・**167**
イロハソウ………………120

イワイチョウ ……………**134**・**168**
イワウチワ ………………**47**
イワウメ …………………**168**
イワカガミ ………………**47**・**48**
イワカラクサ ……………**48**
イワギボウシ ……………**169**
イワキリンソウ…………171
イワジャコウソウ………167
イワシャジン ……………**329**
イワタバコ ………………**170**
イワダレソウ ……………**169**
イワヂサ…………………170
イワヂシャ………………170
イワトユリ………………235
イワニガナ…………………83
イワブキ…………………241
イワベンケイ ……………**171**
イワユリ…………………235
インデアンレタス………158
ウォーターヒヤシンス…290
ウサギグサ………………158
ウシグサ…………………209
ウシノヒタイ……………294
ウシハコベ………………113
ウスユキソウ ……………**171**
ウツボグサ ………………**172**
ウド ……………**114**・**173**・229
ウバガチ……………………57
ウバユリ …………………**172**
ウマクワズ………………238
ウマゴヤシ ………………**49**・106
ウマツナギ………………222
ウマノアシガタ …………**49**
ウマノスズクサ …………**174**
ウメバチソウ ……………**174**
ウラシマソウ ……………**50**・135
ウラベニイチゲ……………43
ウリクサ …………………**175**
ウルイ……………………182
ウルシ……………………109

エイザンカタバミ…………137	オオバナニガナ……………115	オヤマボクチ ……………**331**
エイザンスミレ…**50**・104・122	オオバナノエンレイソウ……52	オランダガラシ ……………**194**
エゾウバユリ………………179	オオバノヨツバムグラ ……**183**	オランダゲンゲ ………………87
エゾクガイソウ……………**175**	オオハンゲ…………………**184**	オランダミミナグサ …**58**・136
エゾスカシユリ ………**51**・235	オオハンゴンソウ …………**185**	
エゾスミレ ……………………50	オオブタクサ ………………**184**	**カ**行
エゾトラノオ………………175	オオベニタデ………………180	
エゾリンドウ………………**329**	オオボロギク………………245	カイジンドウ…………………84
エノコログサ………………**176**	オオムカシヨモギ…………177	カエルノツラカキ…………162
エビネ ………………**52**・64・255	オオマツヨイグサ …………**186**	ガガイモ……………………**195**
エフデギク…………………219	オカオグルマ ……………**55**・81	ガガブタ……………………**196**
エボシグサ…………………137	オカトトキ…………………208	カキツバタ………………**44**・59
エリヌス・アルピヌス ………48	オカトラノオ ………………**186**	カキドオシ………………**59**・151
エンゴサク……………140・145	オカヒジキ …………………**187**	カコソウ……………………172
エンメイソウ………………200	オカミル……………………187	カズノコグサ ………………**197**
エンレイソウ…………………**52**	オギ …………………………**330**	カスマグサ……………………90
オウレン ……………**53**・93・94	オキザリス……………………60	カゼクサ……………………**196**
オウレンダマシ ………………94	オキナグサ …………………**56**	カセンソウ…………………**198**
オオアラセイトウ…………141	オギョウ……………………115	カタカゴ………………………60
オオアレチノギク…………**177**	オギヨシ……………………330	カタクリ …………………**43**・60
オオアワガエリ……………**177**	オグルマ …………………**81**・**188**	カタシログサ………………274
オオアワダチソウ…………**178**	オケラ………………………**330**	カタバミ …………………**60**・167
オオイ………………………285	オサバグサ …………………**188**	カッコウチョロギ…………164
オオイタドリ………………89・**178**	オタカラコウ ………………**189**	カナムグラ…………………**199**
オオイヌタデ……………166・**179**	オトギリソウ ………………**189**	カネノナルキ………………236
オオイヌノフグリ ………**47**・**53**	オトコエシ …………………**190**	カノコソウ……………………**61**
オオイワウチワ ………………47	オトコジュンサイ…………196	カノコユリ…………………**198**
オオイワカガミ ………………48	オトコヨモギ ………………**331**	カバユリ……………………172
オオウバユリ………………**179**	オドリコソウ ……………**56**・123	ガマ…………………………**200**
オオキンケイギク…………**180**	オドリバナ …………………56	カマキリソウ………………151
オオケタデ………………166・**180**	オナモミ ……………………**191**	カミソリナ……………………75
オオジシバリ………………**54**・83	オニカンゾウ………………305	カメバヒキオコシ…………**200**
オオゼリ……………………253	オニシモツケ ………………**191**	カモジグサ ………………**42**・**61**
オオダイコンソウ…………**181**	オニタビラコ …………………**57**	カヤツリグサ ………………**201**
オオチゴユリ…………………98	オニドコロ…………………252	カラスウリ………………**202**・234
オオニワゼキショウ …**54**・107	オニノゲシ……………………**57**	カラスノエンドウ …**62**・71・90
オオバキスミレ …………91・**181**	オニユリ……………………**192**	カラスビシャク ………………**63**
オオバギボウシ……………**182**	オバコ…………………………55	カラスムギ…………………**201**
オオバコ ……………**55**・129・252	オバナ………………………341	カラマツソウ……………**203**・228
オオバジャノヒゲ…………**183**	オヒシバ……………………**192**	カリガネソウ………………**203**
オオバショウマ……………165	オヘビイチゴ ……………**58**・65	カリヤス……………………336
オオバタネツケバナ…………97	オミナエシ …………………**193**	カワタデ……………………179
オオバツチグリ ………………65	オモダカ…………………**195**・225	カワホネ……………………218
オオハナウド………………114	オヤブジラミ………………143	

カワミドリ ……………**204**	キバナホトトギス…………**245**	コアカソ……………………**156**
カワノツメイ …………**204**	キツネギツ………………**339**	**コイワカガミ** ……………**48**
カワラナデシコ……**205**・230	キボウシ……………………**169**	**コウジュ** ………………**134**
カワラハハコ …………**205**	キミカゲソウ………………236	**コウキセッコク** …………**92**
カワラマツバ …………**206**	**キュウリグサ** ……………**67**	**コウゾリナ** ………………**75**
カワラヨモギ …………**332**	**キランソウ** ………………**68**	コウベナズナ……………**131**
カンアオイ ……………**332**	**キリンソウ** ……………**212**	**コウホネ** ………………**218**
カンキソウ……………… 148	**キンエノコロ** …………**213**	コウマゴヤシ………………**49**
ガンクビソウ …………**207**	キンポウゲ …………………49	**コウヤボウキ**……**255**・**335**
カンサイタンポポ ……………63	**キンミズヒキ** …………**213**	**コウリンタンポポ** ……**219**
カントウカンアオイ………**332**	**キンラン** ……………**68**・**69**	コオニタビラコ…57・130・144
カントウタンポポ ……**63**・**88**	**ギンラン** ……………**69**・80	**コオニユリ** ……………**219**
カントリソウ ……………… 59	**ギンリョウソウ** …………**69**	**コガマ** …………………**220**
キイジョウロウホトトギス 333	ギンリョウソウモドキ ………69	ゴカヨウオウレン…………266
キエビネ …………52・**64**・255	クカイソウ………………**214**	コゴメツメクサ………………78
キオノグラフィス………………86	**クガイソウ** ……………**214**	コジソウ…………………149
キオン …………………**207**	クサコアカソ………………156	**コスミレ** ………………**75**・91
キカラスウリ …………**208**	クサシモツケ………………230	**ゴゼンタチバナ** ………**220**
キキョウ ……………**208**・240	**クサタチバナ** …………**214**	コタヌキラン………………96
キキョウソウ …………**209**	**クサノオウ** ………………**70**	コチョウバナ…………………83
キク ……………………66・227	クサヒジキ………………187	コツマトリソウ……………248
キクイモ ……………164・**334**	**クサフジ** …………………**71**	**コニシキソウ** …………**221**
キクザキイチゲ ………43・**64**	クサヤマブキ………………147	**コバイケイソウ** …………**76**
キクザキイチリンソウ ………64	**クサレダマ** ……………**215**	コバイモ…………………112
キクタニギク …………328	**クズ** ……………………**215**	**コバギボウシ**……**221**・224
キクバオウレン ………………53	クズバイン…………………215	コハコベ…………………113
キケマン …………………**65**	クチベニケマン……………140	**コバノタツナミ** ………**76**・95
ギシギシ ………………**209**	**クマガイソウ** ………43・**71**	**コバンソウ** ……………**77**・123
キジムシロ ………………**65**	クマガエソウ…………………71	**コヒルガオ** ……………**222**
キショウブ ………………**66**	**クマツヅラ** ……………**216**	**コブナグサ** ……………**336**
キチガイナスビ……………247	**クリンソウ** ………………**72**	コマチソウ………………139
キッショウソウ……………127	クレソン…………………194	**コマツナギ** ……………**222**
キツネアザミ ……………**66**	クローバー…………………87	**ゴマナ** …………………**223**
キツネササゲ……………263	**クロバナヒキオコシ** …**217**	**コミヤタカバミ** ………**223**
キツネノカミソリ ……**210**	**クワクサ** ………………**335**	コムギセンノウ……………238
キツネノマゴ …………**210**	クワモドキ………………184	**コメガヤ** ………………**224**
狐の提灯……………………129	**グンバイナズナ** ………**73**・131	**コメツブウマゴヤシ** ……**77**・78
キツネノボタン ………**67**・73	**ケキツネノボタン** ………**73**	コメツブコウマゴヤシ………49
キツリフネ ……………**211**	クシ………………………109	**コメツブツメクサ** ……**77**・78
キヌタソウ ……………**211**	ケマンソウ………………140	コメツブマゴヤシ……………77
キバナアキギリ ………**334**	**ゲンゲ** ……………………**74**	**コモチマンネングサ** ……**78**
キバナガンクビソウ………207	**ゲンジスミレ** ……………**74**	コンゴウグサ………………222
キバナショウブ …………**66**	**ゲンノショウコ** ………**217**	
キバナノレンリソウ………151	**コアカザ** ………………**218**	

サ行

サイハイラン	……………**79**
サオトメカズラ	…………285
サギゴケ	………**79**・141
サギシバ	………………79
サギソウ	……………**224**
サギラン	…………………224
サクラ	……………………80
サクラソウ	………72・**80**
サクラタデ	……………**225**
ササバギンラン	……**69**・**80**
サジオモダカ	…………**225**
ザゼンソウ	………………**81**
サデクサ	…………………162
サラシナショウマ	…165・**226**
サワウルシ	…………101・109
サワオグルマ	………55・**81**
サワギキョウ	……………**226**
サワギク	……………**227**
サワヒヨドリ	……………**227**
サンガイグサ	………123・130
サンカヨウ	………………**82**
サンダイガサ	…………………250
ジイソブ	…………………250
シオカゼギク	…………………336
シオギク	……………**336**
シオデ	……………………**82**
シオン	……………………**337**
シオンデ	……………………82
シキンカラマツ	……………**228**
ジゴクノカマノフタ	………68
シシウド	……………**229**
ジジババ	……………………85
ジシバリ	………………54・**83**
シソ	……………………158
シソバタツナミ	…………………95
シデシャジン	……………**228**
シナオウレン	…………………53
シナノナデシコ	……………**230**
シバイモ	……………………91
シマジタムラソウ	…………158

シモツケ	…………………230
シモツケソウ	…………………230
シモバシラ	……………338
シャガ	………………83・124
シャクヤク	…………………146
シャジクソウ	……………**231**
ジャノヒゲ	……………**231**
シャミセングサ	…………103
シュウカイドウ	……………**337**
ジュウニヒトエ	……………**84**
シュウメイギク	……………**339**
ジュウヤク	…………………253
ジュズダマ	……………**232**
ジュンサイ	……………**233**
シュンラン	………………**85**
ショウジョウバカマ	………**84**
ショウブ	………66・**86**・92
ショウマ	…………………254
ショカツサイ	…………………141
シライトソウ	………………**86**
シラネチドリ	…………………269
シラヤマギク	……………**233**
シラン	……………………**87**
シロアカザ	…………………340
シロザ	……………**340**
シロツメクサ	……42・**87**・231
シロバナアキノタムラソウ…158	
シロバナエンレイソウ	………52
シロバナショウジョウバカマ 84	
シロバナタンポポ	……………**88**
シロバナニガナ	…………115
シロバナノヘビイチゴ	……**88**
シロヨメナ	…………………223
ジンジソウ	………**234**・241
スイスイ	……………………89
スイセン	……………**341**
スイセンノウ	…………………238
スイバ	……………**89**・125
スイレン	………………233・278
スカシタゴボウ	…………………46
スカシユリ	………51・**235**
スカンポ	……………………89
スズガヤ	…………………123
ススキ	……………**341**

スズメウリ	……………**234**
スズメノエンドウ	………62・**90**
スズメノコメ	…………………224
スズメノテッポウ	……………**90**
スズメノヒエ	……………………91
スズメノマクラ	…………………90
スズメノヤリ	………………**91**
スズラン	……………**236**
スベリヒユ	……………**236**
スミレ…74・**91**・95・105・122	
スルボ	…………………250
セイタカアキノキリンソウ…342	
セイタカアワダチソウ	……**342**
セイタカタウコギ	…………327
セイヨウタンポポ	……63・**359**
セキショウ	………86・**92**・107
セタサル	…………………175
セッコク	………………**92**
セツブンソウ	……………**342**
セトガヤ	……………………90
セリ	…………**93**・**237**・253
セリバオウレン	…………**93**・94
センダイハギ	………………**93**
ゼンテイカ	…………………259
セントウソウ	………………**94**
センニンソウ	……………**238**
センノウ	……………**238**
センブリ	……………**239**
センボンヤリ	………………**94**
ゾウジョウジビャクシ	………114
ソナレムグラ	……………**239**
ソバナ	……………**240**

タ行

タイアザミ	……………**343**
ダイコンソウ	……………**240**
ダイサギソウ	…………………224
タイトゴメ	……………**241**
ダイモンジソウ………**234**・**241**	
タイリントキソウ	…………102
タイワンホトトギス	………**343**
タカトウダイ	………101・**242**

50音順さくいん

タカネナデシコ……………230
タガラシ……………………73
タケニグサ…………………**243**
タチイヌノフグリ……………47
タチツボスミレ……91・**95**・105
タチフウロ…………………**242**
タツナミソウ………………76・**95**
タデクサ……………………179
タヌキマメ…………………**244**
タヌキモ……………………**244**
タヌキラン…………………**96**
タネツケバナ………………**97**・103
タビラコ……………………57・67
タマガワホトトギス………**245**
タマズサ……………………202
ダルマソウ…………………81
タワラムギ…………………77・123
ダンギク……………………**344**
ダンダンギキョウ……………209
ダンドボロギク……………**245**
チガヤ………………………**97**
チカラグサ…………………192
チカラシバ…………………**246**
チクセツニンジン……………254
チゴユリ……………………**98**
チシマフウロ…………………159
チダケサシ…………………**246**
チチクサ……………………158
チチコグサ…………………**98**・99
チチコグサモドキ…………**98**・**99**
チドメグサ…………………**247**
チメグサ……………………193
チモシー……………………177
チャヒキグサ…………………201
チャンパギク…………………243
チョウジ……………………99
チョウジソウ………………**99**
チョウセイラン………………92
チョウセンアサガオ………**247**
チョウセンニンジン…250・254
チョロギダマシ………………164
ツキクサ……………………249
ツキミソウ…………………131
ツクシショウジョウバカマ…84

ツクバキンモンソウ………84
ツチアケビ…………………**248**
ツチグリ……………………135
ツボスミレ…………………91・95
ツボミスミレ…………………95
ツマトリソウ………………**248**
ツメクサ……………………**100**
ツメレンゲ…………………**344**
ツユクサ……………………**249**
ツリガネソウ…………………104
ツリガネニンジン
　　　　　　　　228・240・**345**
ツリフネソウ………………**249**
ツルナ………………………**100**
ツルニガナ…………………54
ツルニンジン………………**250**
ツルボ………………………**250**
ツルリンドウ………………**251**
ツワブキ……………………**345**
テガタチドリ…………………110
テンガイユリ…………………192
天人唐草……………………47
テンニンソウ………………**346**
ドイツアザミ…………………108
ドイツスズラン……………236・**251**
トウオオバコ………………**252**
トウシンソウ…………………161
トウダイグサ…**101**・103・242
トウバナ……………………**101**
トウムギ……………………232
トウヤク……………………239
トキソウ……………………**102**
トキワザクラ…………………80
トキワハゼ…………………**102**・141
ドクゼリ……………………237・**253**
ドクダミ……………………**253**
ドクバナ……………………240
トクワカソウ…………………47
トコロ………………………**252**
トチノキ……………………254
トチバニンジン……………**254**
トネアザミ…………………343
トリアシショウマ…………**254**
トリカブト…………………**346**

ドロボウハギ………………260
ドンクイ……………………178
トンボソウ…………………249

ナ行

ナカガワノギク………………347
ナガバノコウヤボウキ……**255**
ナギナタコウジュ…………**347**
ナズナ………………………46・**103**・131
ナツエビネ…………………52・**255**
ナツズイセン………………**256**
ナツトウダイ…**101**・**103**・242
ナツノタムラソウ…………**256**
ナツノチャヒキ………………42・61
ナデシコ……………………205・230
ナニワズ……………………127
ナブキ………………………126
ナミキソウ…………………**257**
ナルコユリ…………………44・**104**
ナンゴクウラシマソウ………50
ナンザンスミレ……………**104**
ナンテンハギ………………**257**
ナンバンギセル……………**258**
ニオイエビネ…………………64
ニオイスミレ………………**105**
ニオイタチツボスミレ
　　　　　　　　91・**95**・**105**
ニガナ………………………**106**・115
ニシキゴロモ…………………84
ニシキミヤコグサ……………137
ニッコウキスゲ……………**259**
ニリンソウ…………………45
ニワゼキショウ……………54・**107**
ヌスビトハギ………………**260**
ヌナワ………………………233
ネコジャラシ…………………176
ネコノシタ…………………**260**
ネコノメソウ…………………146
ネジバナ……………………**107**
ネズミフリ…………………172
ネムチャ……………………204
ノアザミ……………………**108**

ノウルシ …………………109	ハシリドコロ ……………113	ハンゲショウ ……………274
ノカンゾウ ………………261	ハタザオ ……………114・117	ヒイラギソウ ………………84
ノゲイトウ ………………261	ハチジョウソウ……………161	ヒオウギ …………………275
ノゲシ …………………57・109	ハチジョウナ ……………270	ヒオウギアヤメ …………59・276
ノコギリソウ ……………262	ハツカ ……………………270	ヒカゲイノコズチ ………166・276
ノコンギク ………………262	ハットウダイ ………………103	ヒガンバナ ………………350
ノササゲ …………………263	ハトムギ……………………232	ヒガンマムシグサ…………135
ノジ …………………………75	ハナウド …………………114	ヒキオコシ ………………349
ノジギク …………………348	ハナガサギク………………185	ヒゴオミナエシ……………207
ノジスミレ …………………95	ハナカタバミ………………167	ヒゴスミレ………………104・122
ノシュンギク………………138	ハナグワイ…………………195	ヒシ ………………………277
ノシラン …………………263	ハナジュンサイ……………160	ヒダカミセバヤ …………277
ノダケ ……………………348	ハナショウブ ………………59	ヒツジグサ ………………278
ノチドメ …………………264	ハナダイコン………………141	ヒッツキグサ………………213
ノニガナ……………………106	ハナニガナ…………106・115	ヒデコ ………………………82
ノハナショウブ …44・59・264	ハナハタザオ………………114	ヒトリシズカ……………122・127
ノハラアザミ ……108・265	ハナワサビ…………………150	ヒナタイノコズチ …………278
ノビネチドリ ……………110	ハハコグサ …………98・115	ヒナタイノコヅチ…………166
ノビル ……………………110	ハプテコブラ………………180	ヒメイチゲ …………………64
ノブキ ……………………265	バベンソウ…………………216	ヒメオドリコソウ …56・123
ノボロギク ………………359	ハマアザミ ………………271	ヒメガマ …………………279
ノミノツヅリ………………111	ハマエンドウ ……………116	ヒメコバンソウ …………77・123
ノミノフスマ………………111	ハマオモト…………………272	ヒメザゼンソウ ……………81
ノラニンジン ……………266	ハマカンゾウ ……………271	ヒメシャガ ………………124
	ハマギク …………………349	ヒメジョオン……………117・279
ハ行	ハマグルマ…………………260	ヒメスイバ ………………125
	ハマゴボウ…………………271	ヒメマイヅルソウ…………130
バイカイカリソウ ……45・112	ハマダイコン ……………116	ヒメヤブラン ……………280
バイカオウレン …………266	ハマナ……………………100	ヒャクニチソウ ……………72
バイケイソウ……76・169・267	ハマナデシコ ……………272	ヒャクリコウ………………167
ハイジシバリ ………………83	ハマニガナ…………………106	ヒユ ………………………236
ハイショウ…………………190	ハマハタザオ………114・117	ヒョウノセンカタバミ……223
ハイソウコウ………………204	ハマヒルガオ ……………118	ヒヨス ……………………113
バイモ ……………………112	ハマボウフウ ……………273	ヒヨドリジョウゴ ………280
ハエドクソウ ……………268	ハマボッス ………………119	ヒヨドリバナ ……………281
ハエトリソウ………………268	ハマユウ …………………272	ヒルガオ …………118・222・281
ハガクレツリフネ ………267	ハヤチネウスユキソウ……171	ヒレアザミ ………………125
ハギ…………………………222	ハルジオン ………………117	ビロードタツナミ …………76
ハキダメギク ……………269	ハルトラノオ ……………120	ビンボウカズラ……………305
ハクサンチドリ …………110・269	ハルノノゲシ………109・158	フウロソウ…………………242
ハクサンフウロ …………159・242	ハルユキノシタ …………121	フキ ………………………126
ハクサンヨモギ……………159	ハルリンドウ ……………121・128	フクジュソウ ……………352
ハコベ ……………………113・136	バレリアン …………………61	フジ …………………………71
	ハンゲ ………………………63	フジアザミ ………………282

フジカンゾウ……………282	ボタンボウフウ……………289	ミチシバ………………106・246
フクロセンノウ……208・283	ホテイアオイ………………290	ミツガシワ…………………134
フジナデシコ………………272	ホトケノザ……………56・130	ミツバ………………………295
フシネハナカタバミ………167	ホトトギス…………………353	三葉葵…………………………52
フジバカマ…………………283	ボロギク……………………227	ミツバサワヒヨドリ………227
フジハタザオ……………114・117	ホンセッコク…………………92	ミツバゼリ…………………295
ブタクサ……………………284		ミツバツチグリ………65・135
ブタナ………………………284	**マ行**	ミドリハコベ………………113
フタリシズカ……………122・127		ミノゴメ……………………197
フッキソウ…………………127	マイヅルソウ………………130	ミミガタテンナンショウ…135
フデクサ………………………56	マクズ………………………215	ミミダレグサ………………121
フデリンドウ……………121・128	マサロルンペ…………………51	ミミナグサ……………58・136
フトイ………………………285	マスクサ……………………201	ミヤコグサ…………………137
フユノハナワラビ…………351	マダー………………………156	ミヤコワスレ………………138
フリチラリア・ツンベルギー112	マツカゼソウ………………290	ミヤマアキノキリンソウ……
ヘクソカズラ………………285	マツムシソウ………………291	…………………………157・296
ベニカタバミ………………167	マツモトセンノウ…………238	ミヤマエンレイソウ…………52
ベニカンゾウ………………261	マツヨイグサ………………131	ミヤマカタバミ………………
ベニチガヤ……………………97	ママコナ……………………292	………………………60・137・223
ベニバナイチゴ………………88	ママコノシリヌグイ………157	ミヤマキケマン………………65
ベニバナイチヤクソウ……286	マムシグサ……………132・135	ミヤマシウド………………229
ベニバナナンザンスミレ…104	マメグンバイナズナ…………	ミヤマスミレ…………………50
ベニバナボロギク…………286	……………………73・103・131	ミヤマナデシコ……………230
ベニバナヤマシャクヤク…146	マメチャ……………………204	ミヤマハタザオ……………114
ヘビイチゴ…58・88・128・145	マルスゲ……………………285	ミヤマヨメナ………………138
ヘビノコンニャク…………135	マルバルコウ………………292	ミョウガ……………………297
ヘビノダイハチ……………132	マンジュシャゲ……………350	ミルナ………………………187
ヘビノマクラ………………133	ミオソチス…………………154	ムノゴ……………………110・146
ヘラオオバコ………………129	ミクリ………………………293	ムサシアブミ………………138
ヘラオモダカ……………225・287	ミコシグサ…………………217	ムシトリナデシコ…………139
ペンペングサ……………103・131	ミズアオイ…………………353	ムシャリンドウ……………297
ボウシバナ…………………249	ミズイチョウ………………168	ムラサキ……………………140
ホウセンカ…………………249	ミズガラシ…………………194	ムラサキウマゴヤシ…………49
ホウチャクソウ…………98・129	ミスクサ……………………200	ムラサキカタバミ……………
ホオコグサ…………………115	ミズタマソウ………………293	………………………60・167・298
ホオズキ……………………287	ミズバショウ……………81・133	ムラサキケマン………65・140
ホカケソウ…………………203	ミズヒキ……………………294	ムラサキサギゴケ……………
ホクロ…………………………85	ミスミソウ…………………354	………………………79・102・141
ホコガタスイバ……………125	水百合………………………172	ムラサキセンダイハギ………93
ホザキノイカリソウ…………45	ミセバヤ……………………354	ムラサキタンポポ……………94
ホシナシサワヒヨドリ……227	ミゾコウジュ………………134	ムラサキツメクサ……………42
ホソバノヨツバムグラ……150	ミゾソバ……………………157・294	ムラサキツリフネ…………240
ホタルブクロ………………288	ミソハギ……………………295	ムラサキハナナ……………141
ボタンヅル……………238・289		ムラサキミミカキグサ……298

366

メオトバナ	322
メグスリバナ	210
メシバ	300
メタカラコウ	**299**
メドハギ	**355**
メナモミ	**355**
メノマンネングサ	241
メハジキ	**299**
メヒシバ	**300**
メマツヨイグサ	**300**
メヤブマオ	**301**
モウセンゴケ	**301**
モジズリ	107
モミジガサ	**302**
モミジバダイモンジソウ	234
モリアザミ	**356**
モリイチゴ	88

ヤ行

ヤイトバナ	285
ヤエムグラ	**142**・239
ヤガラ	147
ヤクシソウ	189・**302**
ヤクシマススキ	**303**
ヤクモソウ	299
ヤグルマソウ	**303**
ヤナギラン	**304**
ヤブガラシ	**305**
ヤブカンゾウ	**305**
ヤブケマン	140
藪蒟蒻	50
ヤブジラミ	**143**・144
ヤブタバコ	**306**
ヤブタビラコ	57・**144**
ヤブニンジン	**144**
ヤブヘビイチゴ	128・**145**
ヤブマメ	**306**
ヤブミョウガ	**309**
ヤブラン	231・**307**
ヤブレガサ	**308**
ヤマイワカガミ	48
ヤマウグイス	147

ヤマウリカズラ	208
ヤマエンゴサク	**145**
ヤマオダマキ	**309**
ヤマゴボウ	**310**・331
ヤマジノホトトギス	**310**
ヤマシャクヤク	**146**
ヤマシロギク	**311**
ヤマトウバナ	101
ヤマトキソウ	102・**311**
ヤマトナデシコ	205
ヤマトラノオ	**312**
ヤマトリカブト	**313**
ヤマネコノメソウ	**146**
ヤマノイモ	252・**314**
ヤマノカミノシャクジョウ	248
山宇波良	52
ヤマハタザオ	114
ヤマハハコ	**312**
ヤマブキ	147・245
ヤマブキショウマ	**315**
ヤマブキソウ	**147**
ヤマホタルブクロ	**315**
ヤマホトトギス	**316**
ヤマホロシ	**316**
山茗荷	59
ヤマユリ	**317**
ヤマラッキョウ	**356**
ヤマルリソウ	**147**
ユウガギク	**317**
ユウスゲ	**318**
ユウレイタケ	69
ユキザサ	**148**
ユキノシタ	121・**149**・241
ユキミソウ	134
ユキモチソウ	**148**
ユキワリイチゲ	64
ユリワサビ	**150**・153
宵待草	131
ヨウシュヤマゴボウ	**318**
ヨウラクソウ	337
ヨシ	**319**
ヨシノシズカ	122
ヨツバヒヨドリ	**321**
ヨツバムグラ	**150**

ヨメナ	138・**320**
嫁袋	43
ヨモギ	**357**

ラ行

ラショウモンカズラ	**151**
ラセイタソウ	**321**
ラナンキュラス	49
ラマ	195
ラン	68・79
リクニス	238
リュウキンカ	**152**
リュウノウギク	**357**
リュウノヒゲ	231
リンドウ	121・128・251・**358**
リンネソウ	**322**
ルピナス	93
ルメクス	89
ルリソウ	147
ルリニワゼキショウ	54
レンゲ	74
レンゲショウマ	**322**
レンゲソウ	74
レンリソウ	**151**
ロートコン	113

ワ行

ワイヤーグラス	192
ワサビ	**153**
ワスレナグサ	67・**154**
ワタスゲ	**323**
ワドクカツ	173
笑草	44
ワルナスビ	**324**
ワレモコウ	**324**

監修者紹介

高村忠彦（こうむら ただひこ）

1938年、東京生まれ。1962年、東京農工大学農学部を卒業後、武田薬品工業㈱入社。農薬・花卉関係業務に従事する。1998年に退社。現在は野草友の会会長、京葉洋ラン同好会理事として活躍中。著書に『洋ランの育て方のコツ』（主婦の友社）、『洋ラン―作り方・楽しみ方』（誠文堂新光社）、監修書には『山野草ガイド』（新星出版社）などがある。

Staff

カバーデザイン	釜内由紀江（GRiD）	写真	全通フォト
本文デザイン	杉本　徹		高村　忠彦
	永野　公子		小熊　靜
執筆協力	フジエリコ（P42～128）		木島　功
	辻　あゆ子（P129～200、225～256）		株式会社アルスフォト企画
	林　愛子（P201～224）	編集制作	株式会社全通企画
	朝岡てるえ（P257～359）		朝岡てるえ

色・大きさ・開花順で引ける 季節の野草・山草図鑑

監修者	高村忠彦
発行者	中村　誠
印刷所	玉井美術印刷株式会社
製本所	株式会社越後堂製本
発行所	株式会社　日本文芸社
	〒101-8407　東京都千代田区神田神保町1-7
	TEL　03-3294-8931（営業）
	03-3294-8920（編集）
	URL http://www.nihonbungeisha.co.jp

Printed in Japan
ISBN978-4-537-20367-7　112050510-1121503200Ⓝ12

編集担当　石井

落丁・乱丁などの不良品がありましたら、小社製作部宛にお送りください。
送料小社負担にておとりかえいたします。
法律で認められた場合を除いて、本書からの複写・転載（電子化を含む）は禁じられています。
また、代行業者等の第三者による電子データ化及び電子書籍化は、いかなる場合も認められていません。